カナディアンロッキー

山岳生態学のすすめ

大園享司

学術選書 071

京都大学学術出版会

KYOTO UNIVERSITY PRESS

図0-2●ロブソン氷河の末端。氷河は、思ったよりずっと巨大な「氷のかたまり」だった（viii 頁）。
図1-5●カナディアンロッキーの最高峰、ロブソン山。左がバーグ氷河、右がミスト氷河、手前がバーグ湖（10 頁）。

図2-14●ムース・ミードウ。バンフ国立公園、標高約1400メートル。この草地はかつてボウ川の氾濫原だった（52頁）。
図3-17 b ●ファースト・バーミリオン湖 First Vermillion Lake 岸の湿原（バンフ近郊）。正面の山はランドル山（95頁）。

図3-22●マウンテンパインビートルによって枯れたマツ林。枯死木の葉が赤茶色に変色している（103頁）。

図3-25 a ●ドッグ・ヘアー・フォレスト。ボウ谷の1896年の火災後に更新したコントルタマツの一斉林（119頁）。

図4-2●カナナスキスのアメリカヤマナラシ林（143頁）。
図6-5●ハイイログマ（214頁）。

はじめに

深夜、ドーンという大きな音が遠くから響いてくる。キャンプ場の対岸にある「氷のかたまり」が、白煙を上げながら崩れ落ちる音だ。寝袋のなかで、目が覚める。暗闇のなかで耳を澄ましていると、またドーンという音が聞こえる。氷河の末端が崩れ落ちて湖に流れ込む様子を思い浮かべながら、また眠りに落ちた。

二〇一〇年八月、私はカナディアンロッキーの西端に位置するマウントロブソン州立公園にいた。「最終氷期」とよばれる時代を今に伝える「氷河」を見て、そこで今、何が起きているのかを、自分自身の目で確かめるためだ。

私たちが暮らす日本には、多種多様な環境条件のもと、さまざまな自然が存在する。南は沖縄の亜熱帯林から、北は北海道の亜寒帯林まで。標高〇メートルの海岸部から、標高三七七六メートルの富士山の頂上まで。一年を通じて比較的温暖な場所から、冬の寒さの厳しい寒冷な場所まで。さまざまな場所で、生物と人の暮らしが営まれている。
しかし地球は、ほんの一万年ほど前まで、最終氷期とよばれる時期だった。その頃の日本は、今よりずっと寒かった。高い山の上は、氷河とよばれる厚い氷に覆われていたという。二〇一二年、日本にも氷河が現存することが確認された（文献４）。とはいえ、かつての最終氷期の最寒冷期の様子を今に伝えるような、大規模な氷河は今の日本には存在しない。

近年、地球の温暖化が進行しているという話をよく耳にする。地球は温暖期に入っているが、人間の活動が活発になり、その温暖化を加速させているという。そして、温暖化にともなって、極地や高山の氷河が融解している。溶けた水が海水面を上昇させ、私たち人間の暮らしが少しずつ、危機にさらされる。こんなストーリーを、誰もがどこかで聞いたことがあるだろう。

では一体、氷河とはどのようなものなのか。氷河の後退は、どういうメカニズムで起こるのだろうか？　氷河が後退すると、一体何が起こるのか。実際に氷河を見たことがない人にとって、地球の温暖化と氷河の融解というシナリオは、フィクションと大差のない話にも聞こえる。

地球環境問題とひとくちに言っても、その内容は実にさまざまだ。地球温暖化と氷河の融解に限らず、砂漠化の進行や、熱帯林の破壊もそうだ。人類が直面し、解決を迫られている環境問題は、枚挙に暇がない。しかし、人間自身が作り出した市街地という空間で暮らしていると、地球上の自然環境のダイナミクスや、自然が直面しているさまざまな問題が、何となく自分とは関係のない、どこか遠い世界の話のような気がしてくる。生きていくためにもっと大事なことが、目の前にはたくさんあると思っているので、身近に実感できない問題は、どうしても後回しにして考えてしまう。

それなら、まず行動しよう。自分の足でフィールドに出て、自分の目で見て、自分の身体で実感して、それから自分の頭で考えよう。氷河が溶けている。氷の下から出現した大地に、生物が定着する。そこから、生態系が始まる。そんな地球環境の変化の最前線で、地球環境と生態系が動いている様子を、身をもって実感するところから始めよう。

図0-1●マウントロブソン州立公園、バーグ湖畔でのフィールドワーク

京都大学では、ポケット・ゼミナールとよばれる一回生向けの少人数ゼミが、数多く開講されている（平成28年度からは、新たな名称の少人数教育科目として提供される予定）。個性豊かな教員が、様々なテーマでゼミを開講しているが、その一科目として、二〇一〇年、この氷河巡検の企画が採用された。目的地には、比較的アクセスのよいカナディアンロッキーを選んだ。こうして、参加学生たちとともに、マウントロブソン州立公園で「氷河を経験する」機会が実現したというわけだ。

バーグレークトレイルとよばれる片道九時間の山道を、四泊五日分のキャンプ道具や食料や調査道具を担いで歩く。氷河を眼前に望むキャンプ地に、ベースキャンプを設営する。自炊しながら、氷河や、氷河が後退したあとの大地を巡検する（図0-1、図0-2）。なかなか体力と気力のいる活動だったが、このフィールド経験は、参加した学生にとっても得難いものとなったに違いない。このフィールドワークは私にとっても、カナディアンロッキーという山岳の自然を体感し、その自然と生態系の成り立ちについて改めて考える、いい機会になった。

図0-2●ロブソン氷河の末端。氷河は、思ったよりずっと巨大な「氷のかたまり」だった（口絵参照）。

前置きが長くなったが、この本の目的を述べておく。この本は、さまざまな時間・空間スケールでみられる山岳生態系のダイナミクスと、人間活動の影響に関する知見を、具体例を通じて解説することを目的としている。対象とする山岳フィールドとして、カナディアンロッキーを取りあげた。カナディアンロッキーで明らかにされてきた、

（1）気候変動と植生の変遷
（2）生態系の遷移
（3）生態系の物質循環

（4）土壌生物の働き
（5）人間活動が大型動物と生態系に及ぼす影響

に関連する幅広いトピックを紹介していく。この本を通じて、生態学の基礎と、生態系の見方、そして生態系と人間社会との接点について、実例を通じて理解を深めることを狙いとしている。

山岳地域は、自然生態系の成り立ちやダイナミクスを学べる、絶好のフィールドである。なかでも、カナディアンロッキーは、ユネスコの世界自然遺産にも指定された、貴重な自然・生態系を誇る地域である。ツンドラから森林まで、北半球高緯度地域の生態系をすべて見ることができる、世界的にも希有な場所である。さらに、氷河後退域や森林火災の跡地など、世界的には普通だが日本ではあまり見ることのできない、生態学的に興味深い現象を、いたるところで観察できる。アクセスもよいため、研究事例が豊富で、科学的な知見も数多く集積している。生態系の物質循環と土壌生物の生態に関する研究センターが位置しており、同分野に関しては世界でもっとも活発に研究が行われた場所の一つとなっている。そして何より、カナディアンロッキーは市街に近く、観光地でもあるため、自然と人間との関わりあいを見るにもいい。

つまり、山岳生態学の基礎と応用を習得する上で、カナディアンロッキーは絶好のモデルケースなのである。

この本では、カナディアンロッキーで明らかにされてきた、気候変動と植生の変遷、生態系の遷移、生態系の物質循環と土壌生物の役割、そして人間活動が生態系に及ぼす影響について、具体的な事例を、写真・図版とともに紹介していく。

この本では、カナディアンロッキーを訪ねた経験のない人でも理解できるよう記述しているが、カナディアンロッキーや他の山岳生態系を実際に訪れた経験のある人なら、この本の内容をより身近に、より深く理解できると思う。また、カナディアンロッキーを訪ねる前に、この本を読んでおくと、山岳生態系から受け取ることのできるメッセージの豊かさを、より深く味わうことができるだろう。

図0-3●北極の様子。2003年7月、カナダ・エルズミア島のオーブロヤ湾周辺。

この本を書くに至った動機を、述べておきたい。

私は、森林の生態学、特に、土壌を対象とした生態学を専門にしている。これまで、日本各地のブナ林やシイ林を中心にフィールドワークを行ってきた。転機になったのは、二〇〇三年と二〇〇四年に、北極ツンドラでの野外調査に参加したことだ（図0-3）。

カナダの最北端に、エルズミア島という島がある。エルズミア島に設定された、氷河を抱く山並みを眼前に望む調査地で、二年間でのべ五週間にわたって、氷河後退域の生態系を調査した。いま思い出すと恥ずかしい話だが、エルズミア島に行く前は、北緯八一度の世界がどんな様子なのか、果たして、生身の人間が野外調査などできる環境なのかなど、正直なところ、まったく想像がつかなかった。そのときの調査の様子については、この本の内容から外れるので、ここでは詳しく紹介できない。しかし、この北極調査の経験を通じて私が学んだのは、生態系をダイナミック（動的）に捉えることの大切さだ。

目の前にひろがる景色との出会いは、多くの場合、一度きりで、しかも短時間で終わってしまう。そのため、その景色から得られる情報はスタティック（静的）なものになりがちである。遠くに見えるきれいな氷河も、眼前に咲き乱れる花々も、以前からずっとそこにあるように見えてしまう。

しかし、例えば、氷河の間近に近づいてみる。轟々と音を立てながら、氷河の溶け水がすごい迫力で流れ落ちている。これを見れば、氷河が「常に動いている」ことを実感できる。ツンドラに咲く花々は、短い夏のあいだに、葉を開き、花を咲かせて実を結ばなくてはいけない。そのために、植物はその姿を、短い期間でめまぐるしく変えている。

もし同じ場所を、時間をかえて再び訪問する機会があれば、その景色の変化に気付くかもしれない。しかし、たとえたった一度の訪問でも、自然や生態系、生物についての知識や経験があれば、一見スタティックにみえる生態系の裏側にある、ダイナミックな姿に思いを馳せることができる。自然を知る面白さや醍醐味は、そんなところにもあるのだと思う。

二〇〇五年には、カナダで一年間の在外研究に携わる機会を得た。その夏に初めて、カナディアンロッキーを訪ねた。これが、当初の予想をはるかに上回る、素晴らしい経験になった。はるばる北極にまで出向かなくても、ここに来れば、氷河や、氷河の後退域を間近に観察できることを知った。

それだけではない。カナディアンロッキーでは、森林火災の跡地など、生態学的に面白い現象をいたるところで観察できる。アクセスもよいため、研究事例が豊富で、科学的な知見も数多く集積している。市街にも近く、観光地でもあるため、自然と人間との関わりあいを見るにもいい。先にも述べたが、生態学の基礎と応用を実地で体得する上で、カナディアンロッキーは絶好のモデルケースとなることを確信したのだ。

その後、折に触れて、カナディアンロッキーの自然と生態系に関する書籍や文献を収集するようになった。これらの文献のほとんどが英語で書かれているため、それらの要点を日本語でまとめる作業を進めてきた。

図0-4●南極の様子。2010年1月、南極リュッツ・ホルム湾沿岸の露岩域（ブライボーグニッパ）。

そして二〇〇九年、こんどは南極観測隊に参加する機会を得た（図0-4）。南極は、北米大陸ほどの大きさの陸地が、平均二五〇〇メートルを超える分厚い氷（大陸氷床）に覆われている場所である。一万年以上前のカナダも、そんな様子だったのだろう。地球のスケールの大きさと、人間という存在の小ささを実感する経験であった。

そんな南極の感動さめやらぬ二〇一〇年、カナディアンロッキーを再訪することになった。ポケット・ゼミナールの氷河巡検である。そのときの様子は、先に少し紹介したとおりである。両極を経験した私の目にも、カナディアンロッキーの山岳地帯と、その自然と生物の営みの素晴らしさと面白さは格別だった。

その感動が、これまでに書きためてきたカナディアンロッキーの山岳生態系の姿を、不勉強は承知の上で、一冊の本にまとめる動機になっている。

この本の内容と構成

この本では、カナディアンロッキーの自然を素材として、山岳生態系のダイナミクスを解説していく。生態系とは、ある地域に生息するすべての生物と、それら生物の生活に関与する土壌や大気といった無機的な環境を合わせたシステムのことである。

この本は、山岳生態系を、五つの視点から眺めることで、そのダイナミクスを重層的に、かつ立体的に描こうとする試みであるといえる。その五つの視点とは、気候変動と植生の変遷、生態系の遷移、生態系の物質循環、土壌生物の働き、人間活動が生態系に及ぼす影響である。

生態系は、決して不動不変ではない。生態系は、さまざまな時間スケールで、ダイナミックに変化し続けている。カナディアンロッキーの自然環境は、このような生態系のダイナミクスについて知る、絶好の機会を私たちに提供してくれている。

第1章では、導入として、この本で対象とする「カナディアンロッキー」の地理的な範囲を明確にしてから、カナディアンロッキーの自然環境の成り立ちを、大きく三つの時間スケールに区分して概観する。すなわち、過去二億年にわたる山脈の形成過程、過去一万年のあいだに起こった気候変化が及ぼした影響、そして最近二五〇年ほどの人間による入植と開発である。

第2章では、カナディアンロッキーの植生（vegetation）と、過去の気候変動にともなう植生の変遷について述べる。

植生とは、ある地域にみられる植物（樹木や草本やコケ類など）の集まりを指す。植生は、時間的、空間的に均一ではない。例えば、カナディアンロッキーでは、森林や草原や、植被の乏しい裸地などが、モザイク状に分布して、景観を形作っている。

それらの植生は、標高や緯度に沿って、あるいは生育環境や、過去の撹乱の履歴を反映して、比較的明瞭なパターンを形成している。しかも、その植生の分布パターンは、過去一万年の気候の変化にともなって、ダイナミックに変化してきた。そして、現在でも変化しつつある。

第3章では、生態系の遷移（succession）について述べる。

遷移とは、時間の経過にともなって、生物の組成や、生物どうしの関係性が変化する現象である。ここでいう時間とは、樹木の寿命に相当する一〇〇年から五〇〇年くらいのスケールを指している。カナディアンロッキーでは、氷河の後退、森林火災など、さまざまな自然・人為起源の撹乱が発生し、それらに起因する生態系の遷移が、随所で進行している。

これらの撹乱の多くは、自然災害や、自然破壊という負の面から捉えられることが多い。しかし、これらの撹乱は、生態系をリセットする役割を担うと同時に、さまざまな生物に新しい住み場所や食料を提供することによって、地域的な生物相の豊かさに貢献している。第2章で紹介する植生の長期的な変遷も、この遷移のプロセスの積み重ねにより実現している。

生態系の遷移は、さまざまな時間的・空間的スケールで起こるが、その多くは私たち人間の寿命より長い時間をかけて進行するため、その変化に気付かないことも多い。しかし生態系の遷移は、事実上、地球上のあらゆる場所で進行している。カナディアンロッキーの景観は、さまざまな遷移段階にある生態系のモザイクからなっているのである。

第4章では、生態系の物質循環（matter cycling）を扱う。

物質循環とは、地上部を構成する樹木などの植物体と、地下部の土壌のあいだでの物質のやり取りをさす。物質というのは具体的には、炭素や窒素・リンなどの栄養素を指す。植物はモジュール生物であり、例えば、樹木個体自体は百数十年の寿命を持つが、個体を構成する葉や枝などの、枝先の個々のパーツ（モジュール）は、半年から、せいぜい十年程度の寿命しかない。このため森林では、落葉や落枝といった植物遺体が、毎年のように、土壌に大量に供給されている。

土壌に供給された植物遺体は土壌生物による分解を受けて、無機物に変換される。植物は無機栄養といって、植物遺体に含まれる有機物のままの養分物質を、栄養素として利用できない。無機物に還元されてはじめて、栄養素として根から吸収し、利用することができる。こうして物質は、地上部と地下部とのあいだを循環する。森林にみられる巨大な樹体の生産は、この物質循環が正常に機能してはじめて維持されるのである。

第5章では、土壌において物質循環の一翼を担う、小さな生物たちの営みに光を当てる。地上から落ちてくる植物遺体を、住み場所や食物として利用しているこれらの生物は、土壌生物とよばれる。土壌生物には、菌類や細菌などの微生物や、ダニやミミズといった土壌動物が含まれる。カナディアンロッキーは、土壌菌類と土壌動物の生態に関して、世界でもっとも詳細な研究が実施された場所の一つである。普段あまり注目されることのない、それら土壌生物の暮らしを紹介する。

人間は今日、生態系にもっとも重大な影響を及ぼしうる生物となった。人間の存在は、直接的に、あるいは植生や野生動物への影響を通じて間接的に、生態系を改変している。第6章では、カナディアンロッキーの生態系が直面する問題を通じて、人間活動が野生動物と生態系に及ぼす影響について考える。市街の発展や開発と、大型野生動物の保全（conservation）との軋轢や、レクリエーション利用が引き起こす直接的な影響などを、詳しく取り上げていく。

この本の記述は、学術論文の内容や、カナディアンロッキーに関する成書（例えば、文献3）に基づいている。それらの参考文献を末尾にリストにまとめた。用語説明は、『生物学辞典』（第4版）、『オックスフォード地球科学辞典』、『生態学事典』、『森林大百科事典』、『広辞苑』（第5版）などに準拠している。生物名は付録にまとめており、特に植物の和名は文献8や文献11などに従った。

カナディアンロッキーの自然を紹介する写真集（文献5、7、9、10）や、カナディアンロッキーの植物図鑑（文献1、6、12、13）もあわせて参照すれば、理解の手助けになるだろう。カナディアンロッキーのハイキングコースを紹介した書籍もあり（文献2）、現地を実際に訪れるとき役立つ情報がまとめられている。適宜、参考にすると、この本の内容を理解する上で手助けになるだろう。

カナディアンロッキー◉目　次

第3章……生態系の遷移　65

第1章　自然環境

1　ロッキー山脈とは

アメリカ合衆国アラスカ州に、ブルックス山脈とよばれる山並みがある。そのブルックス山脈から始まり、北米大陸の西側、太平洋岸に沿ってカナダを通って、再びアメリカ合衆国に入って最後はニューメキシコ州に至る、巨大な山塊がある。長さ四八〇〇キロメートル、幅四〇〇〜五五〇キロメートルにも及ぶ、北米大陸を縦断する山並みである（図1-1）。この山並み全体を指して、ロッキー山脈とよぶ場合がある（文献4）。

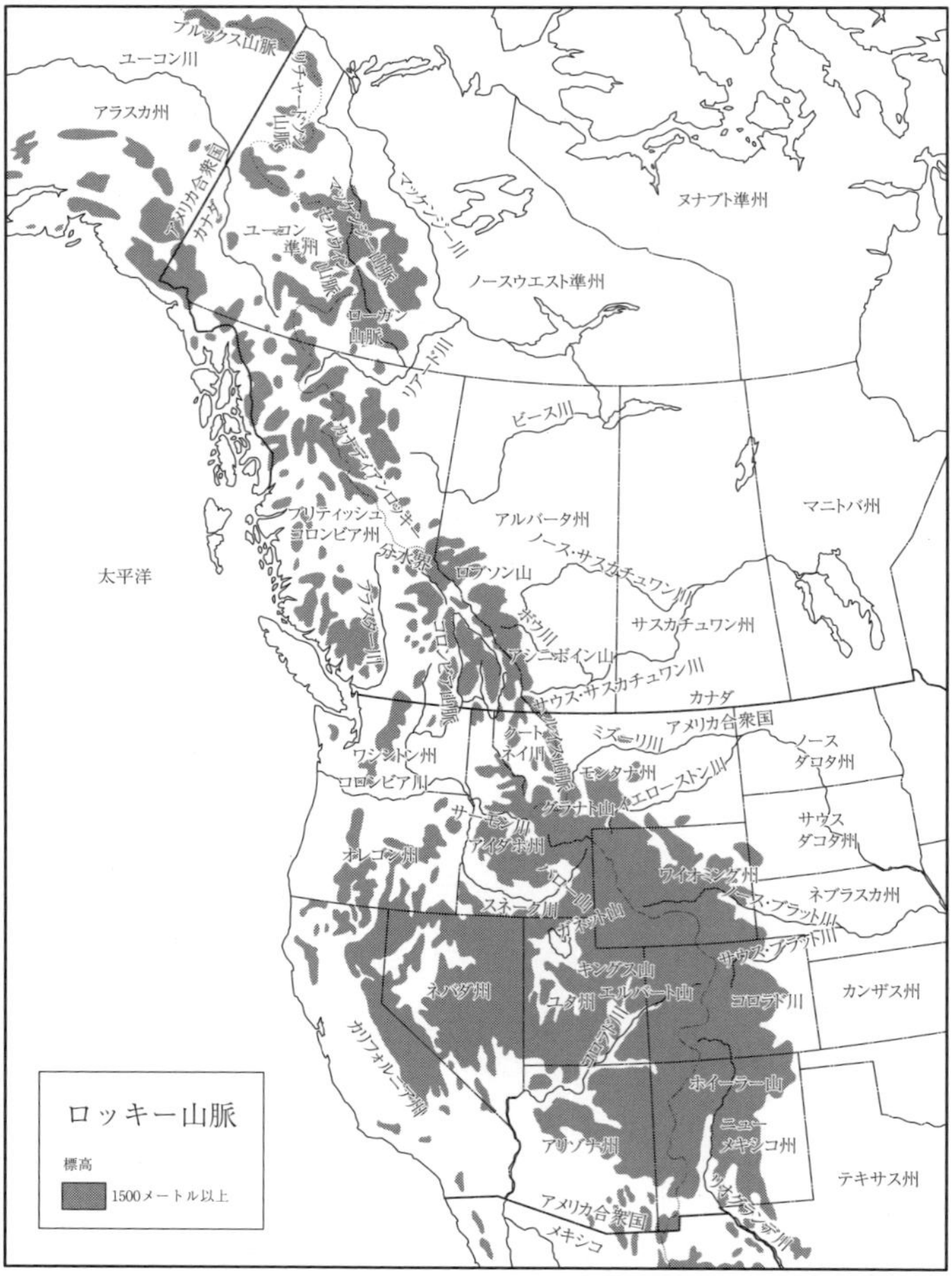

図1-1●北米大陸とロッキー山脈

しかしこれは、ロッキー山脈のもっとも広い定義だ。これよりも狭い範囲を、ロッキー山脈という場合もある。北の端は、アラスカではなく、カナダのブリティッシュ・コロンビア州の北部までとする見方もある。それより北の、カナダのユーコン準州とノースウェスト準州の境界部にある、マッケンジー山脈・セルウィン山脈・リチャードソン山脈までをロッキー山脈に含むこともある。

いずれにせよ、ロッキー山脈に降った雨は、川となって太平洋か大西洋か、あるいは北極海に注ぐ。ロッキー山脈が、北米大陸の屋根、あるいは大分水嶺といわれる所以である。

ロッキー山脈は、いくつかのゾーンに区分される。北から順にみると、カナダでは、ユーコン準州とノースウェスト準州の境界部にひろがるエリアが「ノーザンレンジ」である。その南に、ブリティッシュ・コロンビア州とアルバータ州の境界部に位置するエリアが「カナディアンロッキー」とよばれる。

北緯四九度を境に、ロッキー山脈はアメリカ合衆国に入る。国境に接するモンタナ州のエリアは「ノーザンロッキー」、その南、ワイオミング州のエリアは「セントラルロッキー」、そしてさらに南のコロラド州では「サザンロッキー」とよばれる。

ここで、この本の対象となる、カナディアンロッキーの範囲を決めておこう。ブリティッシュ・コロンビア州の北部のリアード川から、カナダとアメリカ合衆国モンタナ州との国境線まで。この本では、この範囲をカナディアンロッキーとする。このカナディアンロッキーは、東側でプレーリー(prairie)

とよばれる草原に接し、西側はロッキーマウンテン・トレンチ（Rocky Mountain trench）とよばれる峡谷で区切られている。なおプレーリーとは、北アメリカ大陸の中部および西部にひろがるイネ科草原で、温帯草原ともよばれている。

ロッキー山脈の西側にあるロッキーマウンテン・トレンチをはさんで、ロッキー山脈に並走する山並みがある。コロンビア山脈である。このコロンビア山脈を、ロッキー山脈に含めるという見方もある。

しかし、コロンビア山脈は、カナダのロッキー山脈が形成された造山活動とは別の、それよりも古い造山活動によって形成された山脈である。このため、ロッキー山脈とは区別されるのが普通である。なお、アメリカ合衆国のノーザンロッキーのうち、カナダ国境に接するモンタナ州の北部にグレイシャー国立公園が設置されている。この国立公園のエリアは、成因や地質の点で、国境を挟んだカナディアンロッキーと同一であると考えられている。グレイシャー国立公園は、カナダ側のウォータートン・レイク国立公園とあわせて、ウォータートン・グレイシャー国際平和自然公園とよばれている。

ただし、グレイシャー国立公園より南のロッキー山脈（ここではまとめてアメリカロッキーとよぶ）は、成因や地質の点で、カナディアンロッキーと異なる山塊である。例えば、アメリカロッキーは、主に火山活動により形成されたか、あるいは大陸プレートを構成する変成岩や火成岩からなり、大部分が断層により形成されている。これに対し、カナディアンロッキーは、主に海底由来の石灰岩や頁岩といった堆積岩からなる、という違いがある。

カナディアンロッキーでもっとも人気のあるエリアは、バンフ、ジャスパー、ヨーホー、クートネイなどの国立公園が集まり、ブリティッシュ・コロンビア州のカムループス、プリンスジョージや、アルバータ州のカルガリー、エドモントンといった主要都市からのアクセスが良い、南部のエリアであろう（図1-2）。このエリアは一九八四年、ユネスコの世界自然遺産に指定された。カナディアンロッキーの自然や生態系に関する知見が集積しているのも、このエリアである。

その一方で、ブリティッシュ・コロンビア州の北部に位置する、カナディアンロッキーの北部エリアは、アクセスが比較的難しく、また高緯度に位置するため、観光に適したシーズンも比較的短い。そのため、観光客が訪れることも少なく、自然や生態系に関する調査・研究も、南部のエリアに比べてあまり進んでいない。

このような状況を反映して、この本で紹介する記事の大部分は、カナディアンロッキーの南部エリアに基づくものとなっている。なお、いくつかの箇所では、カナディアンロッキーに隣接する、アメリカ合衆国モンタナ州のグレイシャー国立公園についての記述にも言及している。

図1-2●サルファーマウンテンから見たバンフ市街

2 カナディアンロッキーの五つのゾーン

現在のカナディアンロッキーの景観は、大きく五つのゾーンに区分される(文献8)。この五つのゾーンは東西に並んでいて、その区分はカナディアンロッキーのなかでの、地質や気候の違いを反映している。

アルバータ州のカルガリーから西に向かい、カナディアンロッキーを越えて、ブリティッシュ・コロンビア州のゴールデンに至る道路は、トランスカナダ・ハイウェイ(ハイウェイ1)とよばれる。この道路を辿りながら、五つのゾーンを順に見ていく(図1-3)。

フットヒル

カルガリーは、プレーリーに位置する。カルガリーからカナディアンロッキーを目指して西に向かうと、しばらくは平坦な道が続くが、やがて標高が少しずつ上がっていく。カルガリーから約八〇キロメートル西方に位置するカナナスキス周辺は標高一一五〇メートル程度で、比較的平坦な高原となっており樹木も見られる。この高原は、フットヒルとよばれている。ロッキー山脈が形成された造山活動と、同じ造山活動によって形成された地形である。

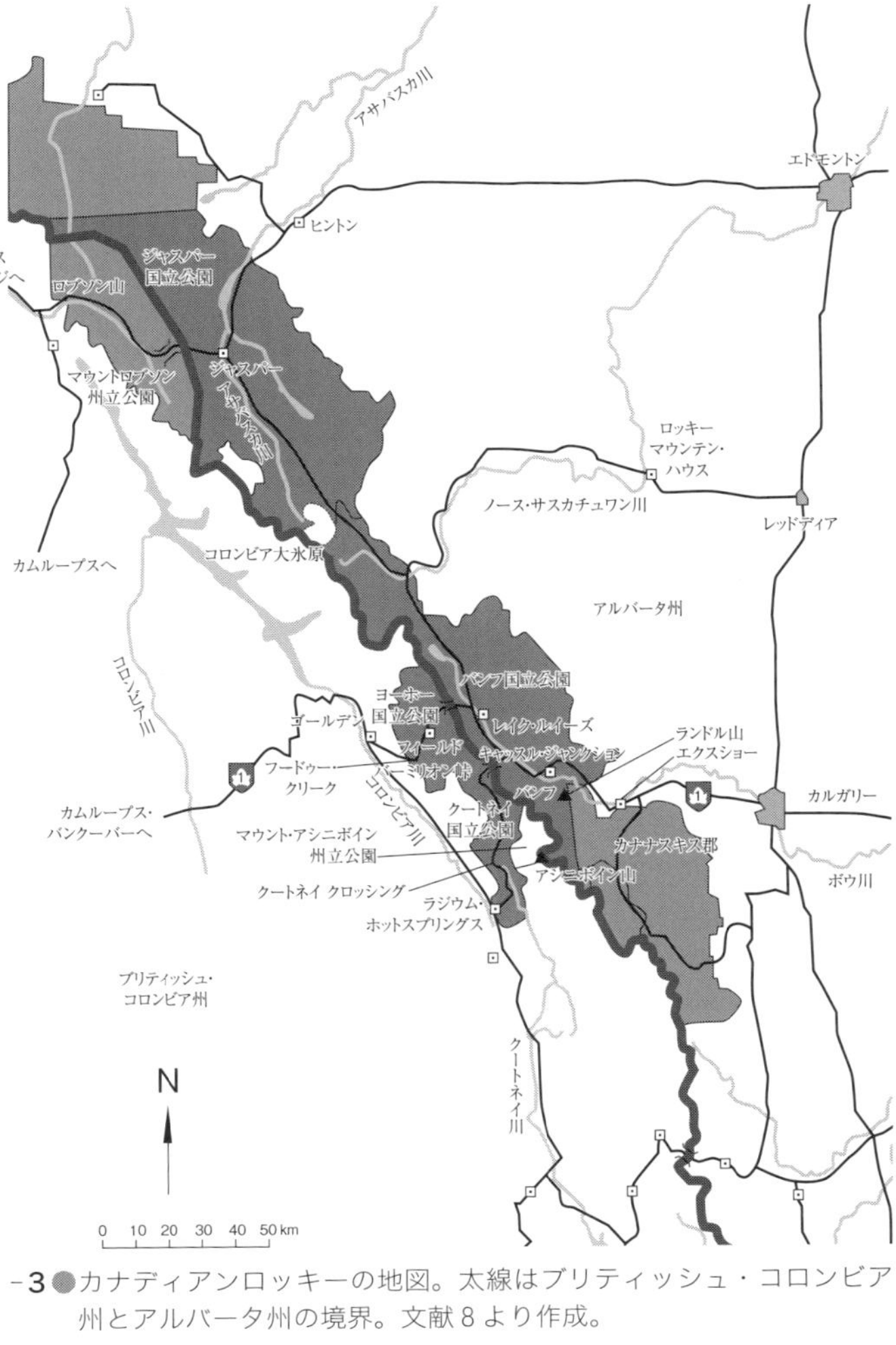

図1-3●カナディアンロッキーの地図。太線はブリティッシュ・コロンビア州とアルバータ州の境界。文献8より作成。

フロント・レンジ

カナナスキスの西に位置するエクスショーに入ると、景色が突然変わる。さらに西にあるバンフまでの一帯には、高い山がそびえ立っている。これがフロント・レンジである。

フロント・レンジは、主に石灰岩からなる山々である。石灰岩は、フットヒルを形作る頁岩や砂岩に比べると、侵食を受けにくいという特徴を持つ。

フロント・レンジでは、幾筋もの山脈と谷が、南東から北西の方向に並行して走っている。ところどころで、プレーリーに向かって流れるボウ川、ノース・サスカチュワン川、アサバスカ川などによって分断されている。バンフ近郊のランドル山は、比較的緩やかな南西斜面と、北東側の急崖からなっており、フロント・レンジに特徴的な押しかぶせ断層（overthrust）である。押しかぶせ断層とは、上の地盤が水平方向に大きく動いて下の地盤の上にのり上げてできる逆断層を指す。

フロント・レンジは、カナディアンロッキーの主峰からみると東側にあたるが、ここは偏西風とよばれる西風の風下側にあたる。このため、チヌーク（chinook）とよばれる乾燥した強風が吹くことでも知られる。チヌークは、太平洋からの西風が、ロッキー山脈の西斜面にあたったのちに山を越え、暖かくて乾いた下降気流となりロッキー山脈の東側に吹き下ろす強風である。雪を溶かすので、雪食い（snow-eater）ともよばれる。

イースタン・メイン・レンジ

バンフの北西、キャッスル・ジャンクションのあたりから始まるのが、イースタン・メイン・レンジである。

この山並みを形作るのは、珪岩、石灰岩、苦灰岩（ドロマイト）などの硬い岩質であり、侵食を受けにくい。キャッスル・マウンテン（図1-4）などの、堂々とした、城郭風の山々が多く見られる所以である。ここには、カナディアンロッキーの上位二〇ピーク（全て標高三三五三メートル以上）が位置する。ここが、大陸の分水嶺である。カナディアンロッキーの最高峰であるロブソン山（図1-5）は、標高が三九五四メートルに達する。

これらの山岳地帯では、山頂部に樹木がみられず、草花の点在する植生帯がひろがっている（高山帯）。さらに高山の頂上付近や北側斜面には、氷河が認められる。多くの山脈が南東から北西の方向に走るが、フロント・レンジほど規則的ではない。気候は全般に冷涼であり、植物の生育に好適な期間（生育期）は短い。

図1-4●キャッスルマウンテン（バンフ国立公園）

図1-5●カナディアンロッキーの最高峰、ロブソン山。左がバーグ氷河、右がミスト氷河、手前がバーグ湖（口絵参照）。

ウェスタン・メイン・レンジ

キャッスル・ジャンクションのさらに先に、フィールドという街がある。ここから西の山塊は、石灰岩が少なく、比較的侵食を受けやすい頁岩や粘板岩（スレート）からなる。ウェスタン・メイン・レンジである。

山頂の標高はせいぜい三〇〇〇メートル程度で、氷河や大氷原はほとんど認められない。山脈の多くが南東から北西の方向に走るが、フロント・レンジほど規則的でないのはイースタン・メイン・レンジと同じである。河川の傾斜は、イースタン・メイン・レンジの東側の河川に比べて急であり、V字谷を形作っている。谷底部の標高は、イースタン・メイン・レンジの東側に比べて低く、降水量も多いことが特徴となっている。

ウェスタン・レンジ

カナディアンロッキーのもっとも西側のゾーンは、ウェスタン・レンジとよばれる。フードゥー・クリークとクートネイ・クロッシングの南側、ゴールデンとラジウム・ホットスプリングスの東側に位置するエリアがそれにあたる。

岩質はウェスタン・メイン・レンジに似て、浸食を受けやすい頁岩や粘板岩からなる。ウェスタン・レンジに氷河は現存しておらず、過去にも、ほとんど氷河に覆われることはなかったと考えられている。河川はV字谷を形作っている。

3 山脈の成り立ち

カナディアンロッキーにみられる五つのゾーンの景観は、長い年月をかけて形作られてきた。地表を変化させる力を地形営力とよび、地形営力には、地殻変動や火山活動など地球の内部から作用する内的営力と、水などが外部から地表面に作用する外的営力がある。カナディアンロッキーの形成には、内的営力・外的営力の両方が働いているが、その過程は大きく、堆積、隆起、侵食の三つの段階（図1-6）に分けられる（文献1）。

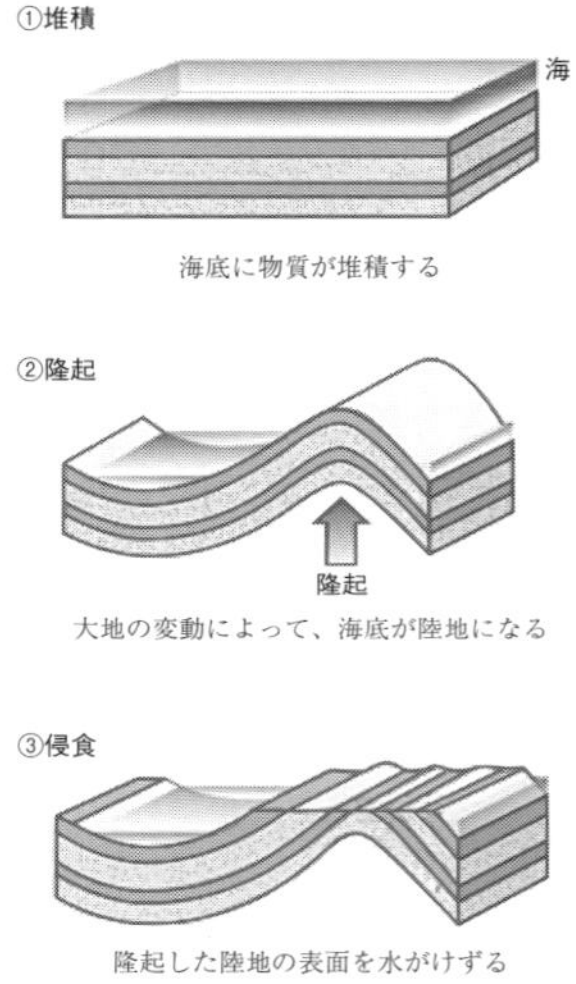

海底に物質が堆積する

大地の変動によって、海底が陸地になる

隆起した陸地の表面を水がけずる

図1-6●堆積、隆起、浸食

堆積（deposition）

現在のカナディアンロッキーは、石灰岩、頁岩、苦灰岩、珪岩などの物質により形作られている。これらの岩石は、一五億年前に海底に降り積もった堆積物であると考えられている。カナディアンロッキーは、海洋由来の堆積岩からなる山岳である。

カナディアンロッキーのヨーホー国立公園に、バージェス頁岩（Burgess shale）という岩がある。現存する生物には見られない、奇妙な形態をもつ、さまざまな動物の化石を産することで知られる。この岩を含む地層は、フィールド山とワプタ山をつなぐ尾根部、標高約二三〇〇メートルで発見された。そこは五億三千万年前のカンブリア紀には、海岸線に近い浅い海の底であった（文献2）。

隆起（uplift）

今から約二億年前、北米大陸の乗る大陸プレートと、太平洋の海底にある海洋プレートとが衝突をはじめた。これにともなって、海底が隆起して陸地になった。約一億五千万年前までに、コロンビア山脈が、ロッキー山脈に先立って形成された。

その後、ウェスタン・レンジが一億二千万年前頃に、ウェスタン・イースタンの両方のメイン・レンジが一億年前頃に、そしてイースタン・レンジとフットヒルが、隆起の終わる六千万年前頃までに形成されたと考えられている。隆起という地球の活動が、長い年月をかけて海底を山脈に押し上げた。

侵食（erosion）

カナディアンロッキーは陸地になったその瞬間から、雨水や氷河による侵食を絶え間なく受けてきた。

今から七万五千年前から一万一千年前頃までは、最終氷期（Last glacial period）とよばれる時期だった。最終氷期はウィスコンシン氷期ともよばれ、もっとも最近にあった氷期である。この時期に、極地の氷床や山地の氷河群が拡大した。年平均気温でみると、現在より七～八℃ほど低かったと考えられている。

この時期には、標高の高い山頂部を除いて、カナディアンロッキー全体が大陸氷床に覆われていた。カナディアンロッキーだけでなく、現在のカナダの国土のほとんどが分厚い氷床に覆われていた（図1-7）。大分水嶺であるカナディアンロッキーは、西側のコーディレラ氷床（Cordilleran ice sheet）と、東側のローレンタイド氷床（Laurentide ice sheet）の境界になっていたと考えられている。

図1－7●最終氷期に北米大陸を覆っていた大陸氷床の範囲。矢印は、氷河が流れていたと考えられる方向。文献5より作成。

第3章で詳しく述べるように、氷河は大地を削る。この氷河の侵食作用にともなって、圏谷（カールcirque）や、U字谷（U-shaped valley）といった氷河地形が形成された。また、降水は、川の流れとなって川底を深くえぐり、大地にV字谷（V-shaped valley）を刻んだ。こうして、現在みられるカナディアンロッキーの景観が形作られた。そしてあなたがこの本を読んでいるこの瞬間にも、氷河や降水による浸食は進行中である。

4　過去一万年の気候変動

約一万年前から現在までのあいだの期間は、完新世（Holocene）とよばれる。最終氷期が終わり、人類が大発展した時期でもある。

カナディアンロッキーでは、完新世の約一万年にわたって、何度も暖かい時期と寒い時期をくり返してきた。氷河の末端部が前進・後退した痕跡や、湿原や湖底の堆積物に含まれる花粉、および肉眼でも観察できる木片などの大型化石（macrofossil）を手がかりに、そのような気候の変化が明らかにされている（文献6）。

カナディアンロッキーでは、遅くとも現在より九六〇〇年前までに、主要な谷部から氷河が消失したと考えられている。そしてこの時期に、カナディアンロッキーへの人間の定着が始まった。六六〇〇年前までの時期に、冷涼でかつ湿潤な時期があり、そのとき多くの氷河の末端が前進したようだ。

その後、六千年前くらいをピークに、現在よりも温暖で乾燥した時期があったと考えられている。ヒプシサーマル（Hypsithermal）とよばれる時期である。

約四千年前から、気候は再び冷涼で湿潤になった。この冷涼・湿潤な時期は、ネオグラシエーション（neoglaciation）とよばれる。

一四～一六世紀頃、つまり現在から五〇〇～七〇〇年前には、再び寒冷な時期があった。小氷期（Little Ice Age）とよばれる時期で、このとき地球全体で寒冷化が進行した。小氷期には、カナディアンロッキーにある、いくつかの氷河の末端が前進した。一七世紀後半から一八世紀初頭にかけてと、一九世紀前半、そして二〇世紀初頭にも、主要な氷河の末端が前進した。

一九〇〇年以降、気候は温暖化の傾向を示している。それにともなって、カナディアンロッキーにある氷河の多くでは、末端の大幅な後退が認められている。

5 人間の歴史

谷部から氷河が消えた約一万年前から、カナディアンロッキーには人間が定住するようになった（文献3、7、8、9）。ネイティブ・カナディアンとよばれる人々である。

ただし、通年でカナディアンロッキーに滞在して生活を営むネイティブ・カナディアンは、ほとんどいなかったようだ。冬にはフットヒルや、さらに内陸の、プレーリーに移行する低地帯で過ごし、夏になると狩猟・採集のため、カナディアンロッキーを訪れるという生活を送っていたと考えられている。

一七世紀になると、ヨーロッパ人が大西洋岸から北米大陸に入植しはじめた。このヨーロッパ人の入植は、カナディアンロッキーのみならず、北米大陸の自然を大きく変化させる契機となる。

ヨーロッパ人は、まず毛皮交易を主な目的として、大陸の西部へと向かった。一八世紀中頃には、毛皮商人が交易ルートの開発のため、カナディアンロッキーを訪れるようになる。一九世紀に入ると、乱獲による資源の減少のため毛皮交易は衰退したが、その後もカナディアンロッキーの探検は続けられた。

一八四八年、当時はニュー・カレドニア（New Caledonia）とよばれていた場所（現在のブリティッシュ・コロンビア州）で、金鉱が発見された。ゴールドラッシュの始まりである。大陸の東部に建設されたイギリスの植民地から、一攫千金を夢見て、カナディアンロッキーを越えてニュー・カレドニアに向かう人々も見られた。

そして一八六七年。北アメリカ東部のオンタリオ、ケベック、ニューブランズイック、ノバスコシアの四つのイギリス植民地は、イギリスの首都ロンドンで開催されたロンドン会議を経て連邦を結成し、「カナダ自治領（Dominion of Canada）」としてスタートした。

このとき、カナディアンロッキーの西側の土地は、ブリティッシュ・コロンビアとよばれる人口三万六千人ほどのイギリス植民地であった。ブリティッシュ・コロンビアは一八七一年に、連邦に参加して州となった。反対側にある、カナディアンロッキーの東側、すなわち現在のアルバータ州、サスカチュワン州、マニトバ州に相当する地域は、ルパーツランド（Rupert's Land）とよばれていた。ルパーツランドは、ハドソン湾会社の領有する土地であった。

カナダ自治領はルパーツランドを買収し、ノースウェスト準州として一八六九年に連邦に編入した。こうして、北米大陸の東岸から西岸にまたがる大陸横断国家・カナダが成立した。

カナダの成立とともに、大陸を横断するカナダ太平洋鉄道（Canadian Pacific Railway）の敷設工事が計画され、実行された。カナディアンロッキーでは、一八八三年、三人の工夫が鉄道の建設中に、偶然、温泉を発見した。この温泉の発見がきっかけとなり、現在のバンフ周辺が温泉保護区に指定されることになる。

この保護区は、一八八五年に、カナダ初の国立公園となる。ロッキーマウンテン国立公園（Rocky Mountain Park）の誕生である。その後、ヨーホー国立公園（一九〇一年）、ジャスパー国立公園（一九〇七年）、クートネイ国立公園（一九二〇年）が次々と指定され、一九三〇年にはこれら国立公園の境界が定まった。

一八八五年、カナダ太平洋鉄道はブリティッシュ・コロンビア州に達して、完成した。一九一〇年からは、カナディアンロッキーで自動車道路の建設も始まった。これらを契機に、カナディアンロッキーの観光開発が本格的に進められた。この時期から、人間の活動は、カナディアンロッキーの自然に、目に見える影響を及ぼすようになる。

二〇世紀に入って、一九八四年、ジャスパー、バンフ、ヨーホー、クートネイの四つの国立公園は、カナディアンロッキーとして、ユネスコの世界自然遺産（Natural World Heritage）に登録された。一九九〇年にはブリティッシュ・コロンビア州の州立公園であるマウントロブソン、マウントアシニボイン、およびハンバーが、カナディアンロッキーの世界自然遺産に追加登録された。これにより、世界自然遺産への登録エリアは総面積二万三四〇一平方キロに達した。

一九八八年には、カルガリーで冬季オリンピック大会が開催された。このとき、フットヒルに位置するカナナスキスでは、アルペンスキーやノルディックスキーの試合が行われた。オリンピックを契機に、カナディアンロッキーはさらに世界中の人々に知られることとなる。しかし同時に、人間の活動は、カナディアンロッキーの自然にさらなる負荷を与えるようになる。

コラム01 *column* 世界自然遺産とは

世界遺産条約は、正式には「世界の文化遺産及び自然遺産の保護に関する条約」とよばれる。一九七二年にユネスコ（国際連合教育科学文化機関）の総会で採択された。条約の目的は、世界で唯一の価値を有する遺跡や自然地域などを、人類全体のための遺産として、損傷、または破壊などの脅威から保護・保存し、国際的な協力および援助の体制を確立することにある。日本は一九九二年に、世界遺産条約を締結している。

世界遺産には、「自然遺産」、「文化遺産」、両方の価値を兼ね備えている「複合遺産」の三種類がある。二〇一四年三月現在、世界遺産は合計で九八一件（うち日本は一七件）ある。うち、自然遺産一九三件（日本四件）、文化遺産七五九件（日本一三件）、複合遺産二九件（日本〇件）となっている。世界自然遺産として認定されるには、世界遺産委員会により、「顕著な普遍的価値（人類全体にとって特に重要な価値）」を有し、将来にわたり保全すべき遺産として認められる必要がある。具体的には、次の三つの条件を満たす必要がある：

（1）「自然美」、「地形・地質」、「生態系」、「生物多様性」の四つの「評価基準」のいずれか一つ以上を満たすこと。

（2）顕著な普遍的価値を示すための要素がそろい、適切な面積を有し、開発等の影響を受けず、自然の本来の姿が維持されていること（完全性の条件）。

(3) 顕著な普遍的価値を長期にわたって維持できるよう、十分な保護管理が行われていること。

カナディアンロッキーの世界自然遺産は、「カナディアンロッキー山脈自然公園群（Canadian Rocky Mountain Parks)」とよばれる。当初は一九八〇年に、バージェス頁岩が単独の世界遺産として登録されたが、一九八四年に四つの国立公園にバージェス頁岩を含む形で、新たに登録された。一九九〇年にはさらに三つの州立公園を加え、現在に至っている。四つの評価基準のうち、「自然美」と「地形・地質」が登録基準となっている。

図1－A1●屋久島

図1－A2●知床

なお日本では、屋久島（一九九三年登録、鹿児島県）（図1-A1)、白神山地（一九九三年登録、青森県・秋田県)、知床（二〇〇五年登録、北海道）（図1-A2)、小笠原諸島（二〇一一年登録、東京都）の四件が、世界自然遺産に登録されている。

評価基準は、屋久島が「自然美」と「生態系」、白神山地が「生態系」、知床が「生態系」と「生物多様性」、小笠原諸島が「生態系」である。いずれの世界自然遺産も、環境省の国立公園や自然環境保全地域などとして、保護管理がなされている。

第2章　植生とその変遷

1　植生の特徴

カナダ全土からの視点

本章では、カナディアンロッキーの植生と、気候変動にともなう植生の変遷について紹介する。それに先立って、カナディアンロッキーの現在の植生について、概要を述べておく。そのためには、カナディアンロッキーの植生を、カナダの他の地域の植生と対比するのが有効である。

まず、カナダの位置を確認しよう。カナダは、北米大陸のいちばん北にある。最北端はエルズミア島である。エルズミア島は、北極圏をわける北緯六六度よりもさらに北の、北極点に近い北緯八三度に達している。

次に、カナダの南端に目を向けると、五大湖の西ではアメリカ合衆国と北緯四九度線で接している。五大湖周辺では、国境線は北緯四一度近くまで南下している。カナダは、地球上でもっとも北に位置する国の一つである。

カナダは、世界でロシアに次いで面積の大きい国である。そのカナダ全土で、植生はどのように分布しているのだろうか。

カナダの植生区分については、小島覚著『カナダの植生と環境』（文献24）に詳しく解説されている。その概要をまとめると（図2-1）、カナダの北東にある北極海・ハドソン湾を中心にして、北から順に、凍土帯の荒原である北極ツンドラ（tundra）、地球上でもっとも北に位置する森林帯であり主に針葉樹からなる北方林（boreal forest）、そして草原であるプレーリーが、帯状に分布している。

なおツンドラとは、極地方でみられる、高木が分布しない地域を指す。ツンドラは、森林限界（forest line, forest limit, timberline）よりも極側に位置している。森林限界とは、高山・高緯度・乾燥などの樹木の生育にとって不適な環境条件により、鬱閉した森林が成立できなくなる限界をいう。高山や高緯度にみられるツンドラでは、高木の生育が低温によって制限されるため森林が成立せず、植生は連続し

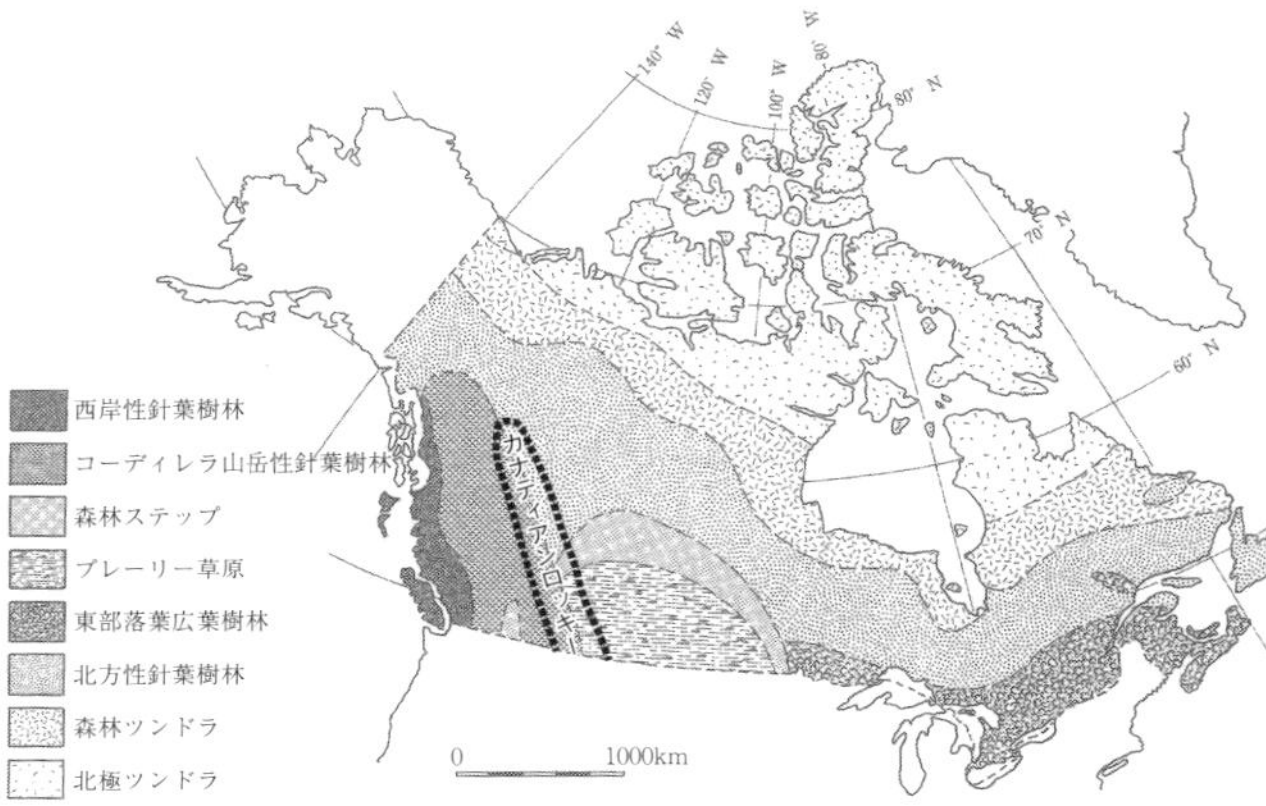

図2-1●カナダの植生帯区分とロッキーの位置。文献 24 より作成。

た草原、ないし低木を混じえた草原となる。ツンドラ気候は、年平均気温が〇℃以下であり、永久凍土(permafrost)が分布することでも知られる。永久凍土は、夏のあいだも凍結がみられる土壌のことをいう。

以上の植生区分とは別に、カナダ南西部のブリティッシュ・コロンビア州（以下、ＢＣ州とする）は、起伏の多い山岳地形となっている。そこには「コーディレラ山岳性針葉樹林」とよばれる、独特の植生帯が分布している。このＢＣ州の植生については、このあと詳しく説明する。

カナディアンロッキーは、コーディレラ山岳性針葉樹林と、北方林、プレーリーとのあいだに位置している（図2-1）。また、カナディアンロッキーの標高の高い場所は高山帯（alpine zone）に相当するが、高山帯では、カナダの北極ツンドラと類似した植生が認められる。カナダ全土に分布するさまざまな植生を、一ヶ所でまとめて見ることができるのも、カナディアンロッキーが生態学的に興味深い点の一つである。

州ごとの植生区分からの視点

カナダでは、州ごとにも植生のタイプ分けがなされている。州ごとの植生区分の視点から、カナディアンロッキーの植生を考えてみたい。カナディアンロッキーは、大分水嶺の西側がＢＣ州に、そして東側がアルバータ州に含まれる。

ＢＣ州では、西の太平洋岸から東の内陸側に向かって、南東から北西の方向に、幾重もの山脈が大地の「しわ」の如く走っている。カナディアンロッキーは、このＢＣ州のしわの、もっとも東側、つまり内陸側に位置している（図2-2）。

ＢＣ州には、西の太平洋から水分を含んだ偏西風（the westerly）が吹き付ける。このため幾重ものしわ（山脈）では、西斜面が風上側になる。風上側では降水量が比較的多く、鬱蒼とした森林が発達している。

逆に、風下にあたる東斜面や、さらにその下の谷底には、水分が抜けて乾燥した風が吹き下ろす。これを山陰効果（rain shadow effect）という（図2-3）（文献24、38）。雪食いの異名を持つチヌークや、フェーン風は、この山陰効果により生じる風の一例である。山陰効果により、山脈の東斜面や谷底は、比較的乾燥している。草原のなかに樹木が点在するサバンナがみられる場所や、内陸部の谷底には砂

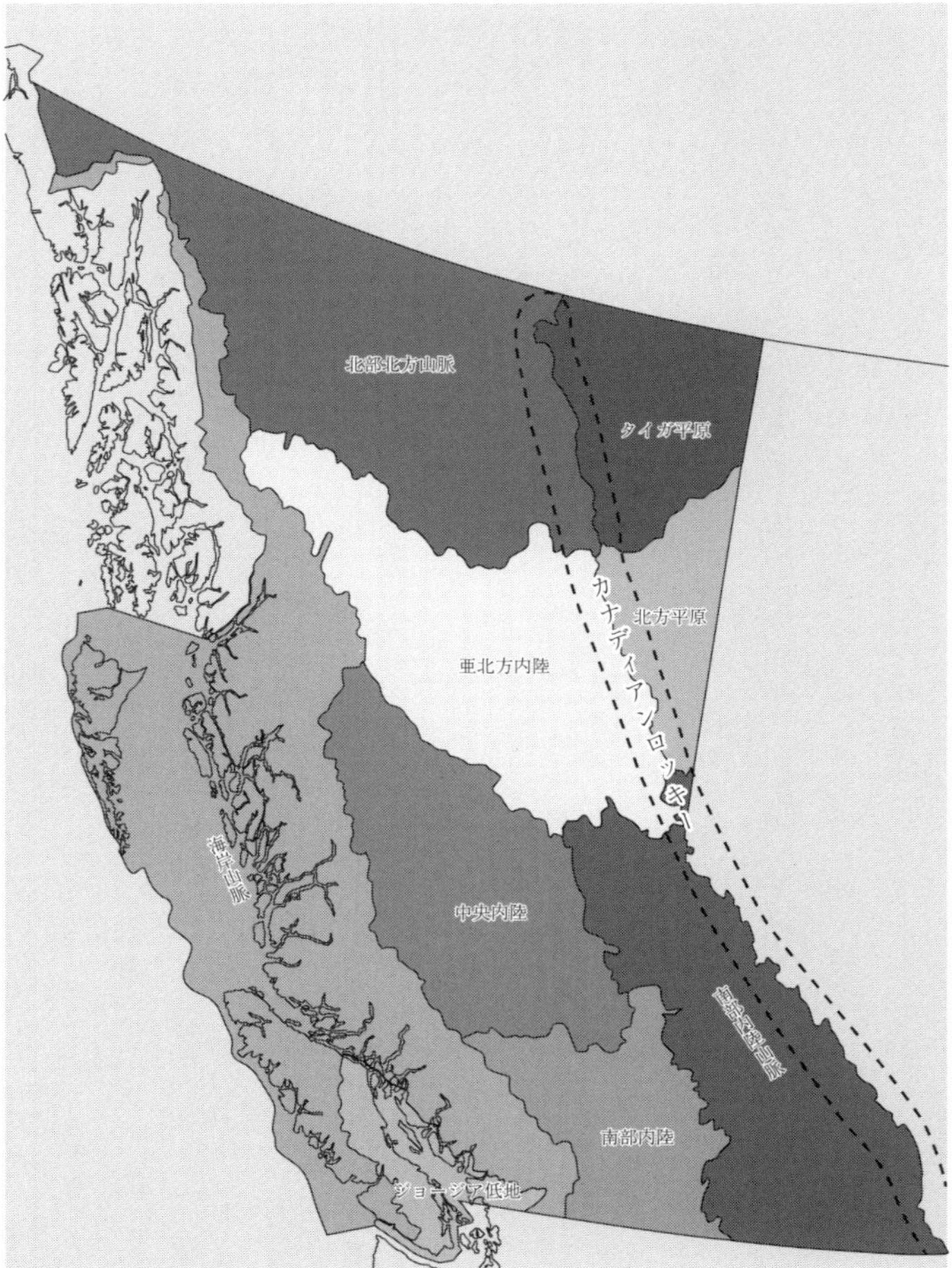

図2-2● BC州の生態系区分とロッキーの位置

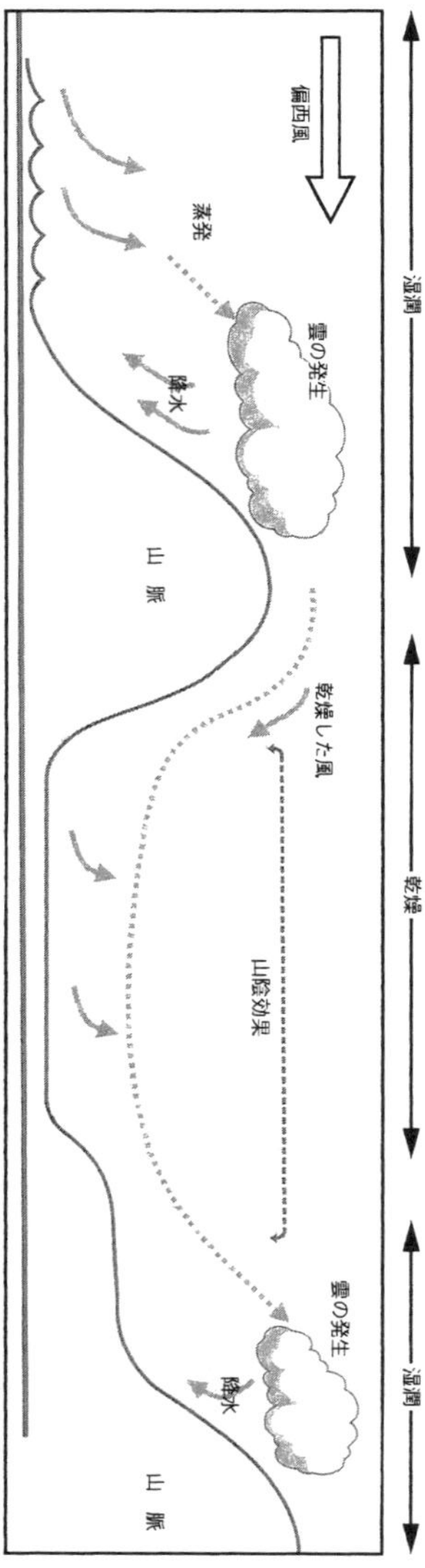

図2-3●山陰効果。文献33より作成

漠すらある。

このため、太平洋からの距離も、植生を特徴づける重要な要因となる。偏西風は、幾重もの山脈の西斜面に雨を降らせながら、内陸に向かう。このため、偏西風に含まれる水分は、内陸部に入り込むほど減少していく。すると、山脈の西斜面に降る雨の量は、太平洋岸よりも内陸部で少なくなる。結果として、同じ西斜面でも、太平洋岸と内陸部で異なる植生帯が発達する。

以上をまとめると、大雑把ではあるが、次のようになる。ＢＣ州では、

（1）山脈の西斜面か東斜面か

（2）太平洋からどれだけ離れた内陸部か

（3）標高（高標高域か低標高域か）

この三つで、水分環境が規定される（緯度もこれらのパターンに影響するが、ここでは説明は省略する）。それに対応するように、植生帯が発達している。

ＢＣ州におけるこのような植生の区分法は、「生物地球気候学的生態系区分」とよばれている（文献34）。地球（山脈）と気候（降水量や温度）に対応した、生物（主に樹木）の分布パターンに基づいて生態系を区分する手法であり、州の森林局が採用している。

この区分法を、ＢＣ州に含まれるカナディアンロッキーの西側の地域に適用すると、亜高山帯（subalpine zone）に相当する標高域は「エンゲルマントウヒ—ミヤマモミ帯」に相当し、山地帯（montane zone）に相当する標高域は「内陸性ネズコ—ツガ帯」に相当する（文献24）。いずれも、針葉樹を主体とする植生帯であり、内陸部の各標高域を特徴づける樹種構成となっている。

ＢＣ州にはまた、「エコリージョン（ecoregion）」とよばれる生態系の区分法がある。州の環境局が採用している区分法で、「生物地球気候学的生態系区分」と同様に、気候や地形に注目しているが、野生動物の保全の視点が取り入れられている。この区分法でＢＣ州は、さらにいくつかの「エコプロバンス（ecoprovince）」に区分されるが、このうちＢＣ州に含まれるカナディアンロッキーの西側の地

表2-1●カナディアンロッキーにおける植生帯ごとの面積割合（文献38）

植生帯	比率
高山帯	6%
亜高山帯	53%
山地帯	5%
氷河・大氷原	6%
基岩、モレーン	30%

値は、4国立公園（バンフ、ジャスパー、ヨーホー、クートネイ）での比率。

域は、「南部内陸山脈（Southern Interior Mountains）」に相当する（図2-2）。

一方、カナディアンロッキーの東側は、アルバータ州に含まれる。アルバータ州の大部分は、広大な北方林とプレーリー（グラスランド）により占められているが、この二つに、ロッキー山脈、フットヒル、パークランド、カナダ盾状地を合わせて、六つの区域に区分される（文献35）。各区域についての詳細は、ここでは省略するが、カナディアンロッキーは、ロッキー山脈（イースタン・メイン・レンジと、フロント・レンジ）と、フットヒルに相当する。

標高に沿った植生の変化

ここまで、カナダ全土とBC州・アルバータ州というマクロな視点から、カナディアンロッキーの植生を考えてきた。次に、カナディアンロッキーのなかの植生の区分についてみてみる。

カナディアンロッキーの植生は、標高に沿って区分される。標高の高いところから順に、高山帯、亜高山帯、山地帯の三つに区分されるのが一般的である（表2-1）。このうち、高山帯と亜高山帯とのあいだには移行帯

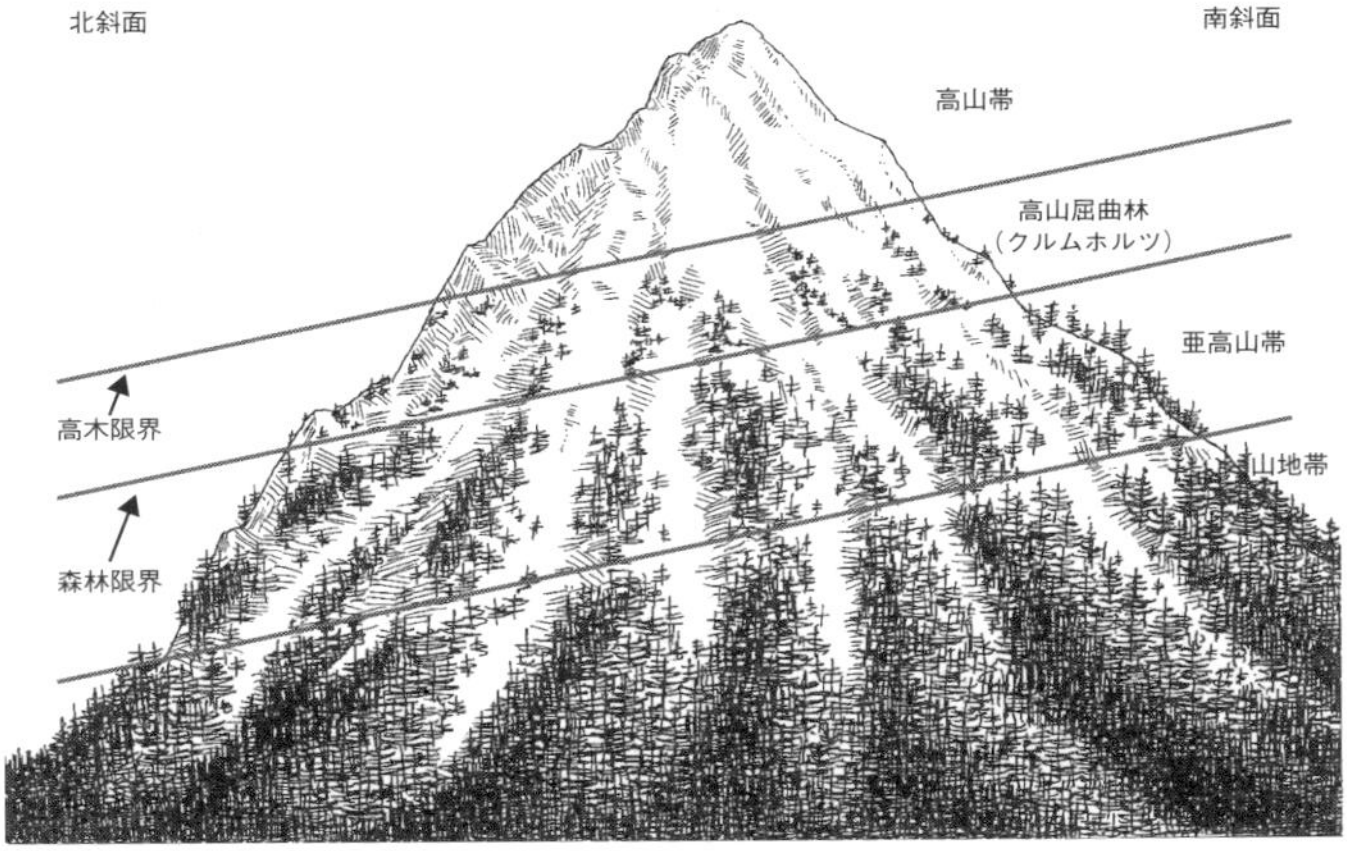

図2-4●標高に沿った植生帯の変化。文献5より作成

が見られる。そこでは、ねじれたような形の樹木がパッチ状（島状）に分布している。特に、高山屈曲林、あるいはクルムホルツ（krummholtz）とよばれる。

これらの植生帯が入れ替わる標高は、その場所の地形、斜面の向き、そして緯度によって変化することが知られている（文献9）。例えば、バンフ周辺でみられる高山帯と亜高山帯の境界、すなわち高木限界（tree line）は、南向き斜面だと約二二〇〇〇メートルである。これに対し、北向き斜面ではこれより低いのが一般的である（図2-4）。

高木限界は、樹木限界とも言われ、一般的に環境条件の傾度的変化によって高木の生育が不可能となる限界線のことである。高木限界は、森林限界のみられる標高よりも高い標高域に認められる。

2 植生の変遷をどうやって調べるか

カナディアンロッキーの植生は、過去の気候変動にともなって変化してきた。過去の植生の変遷は、主に湿原や湖底の堆積物を手がかりにして調べられてきた。

湿原や湖底などの水中環境には、当時、周辺に分布していた植物の花粉や大型化石（macrofossil）が集積している。このような湿原や湖底の堆積物の内部は、酸素が乏しい環境にある。このため、花粉や大型化石が、ほとんど分解されることなく、湿原や湖底に次々と堆積して残存することになる。こうして堆積物には、過去から現在に至るまでの、その地域に存在した植物の痕跡が、深層から表層に向かって年代順に集積する（文献17）。湿原や湖底の堆積物は、植生の歴史を語るタイムカプセルといえる。

では、堆積物のそれぞれの深さ（層位）が何年前に相当するのか、つまり堆積物の絶対年代は、どうやって推定するのだろうか。

一つ目の方法では、噴火年代が分かっている火山灰の堆積層を目印にする。カナディアンロッキーの土壌や堆積物には、一般に、火山灰の堆積層が三層、認められている。古いものから順に、

（1）アメリカ合衆国オレゴン州のマザマ山（Mt. Mazama）（約六六〇〇年前）
（2）アメリカ合衆国ワシントン州のセント・ヘレンズ山（Mount St. Helens）（約三五五〇年前）
（3）そして最も新しいのが、ブリティッシュ・コロンビア州海岸山脈のブリッジリバー（Bridge River Cones）（二二一〇〜二六七〇年前）

である（文献22、45）。

マザマ山は、現在のアメリカ合衆国オレゴン州のクレーターレイク国立公園にあった火山である。カスケード山脈に位置しているが、約六六〇〇年前の大噴火により崩壊し、一〇〇〇メートルほど高さを失った。噴火により巨大なカルデラ（凹地）が形成され、現在ではクレーターレイクという湖になっている。

セント・ヘレンズ山は、アメリカ合衆国シアトル州のカスケード山脈に位置する活火山である。一九八〇年にも大噴火し、このときの噴火で、四〇〇メートルもの高さを失った。

二つ目の方法が、放射性炭素年代測定法（radiocarbon dating）である。放射性炭素年代測定法は、放射性炭素^{14}Cを用いた年代測定法であり、大気中の^{14}C／^{12}C比が一定であるという仮定と、^{14}Cの半減期が五七三〇プラスマイナス三〇年であることに基づいて推定する。過去およそ七万年前までの生物体（生物遺体を含む）に適用可能である。古代遺跡の年代推定や、地質学、地形学、海洋堆積物、古美術品の真贋判定などに用いられており、自然科学の分野でも頻繁に利用されている（文献15）。

ここで紹介した、火山灰の堆積層と放射性炭素年代測定法以外にも、近年になって、現存する生物の遺伝子（DNA）に残された情報をもとに、過去の植生分布の変遷を調べる研究も始まっている（後述）。この方法により、従来の堆積物に基づく方法では得ることのできなかった、新しい発見がなされつつある。

3 高山帯の植生

ここからは、カナディアンロッキーの植生とその変遷を、標高に沿った植生帯ごとに順にみていく。各植生帯を特徴づける生物についても、具体的に紹介する。

高山帯とは？

高山帯は、高木限界より標高の高い場所（標高二一〇〇～三〇〇〇メートル）に位置している（図2-4、図2-5）。年平均気温は約マイナス四℃であり、年間の降水量の大部分を雪が占めている。土壌は岩質だが、冷涼なので風化の速度が遅く、発達が悪い。このような種々の要因が、高山帯における植物の出現を制限している。

植生の発達の度合いは、風衝地であるか傾斜地であるかといった地形的な違いや、方角や融雪時期の違いなどに対応して変化する。ジャスパー国立公園の高山帯、標高二一〇〇メートル付近の高山帯を例にみてみよう（文献14）。

積雪の少ない乾燥した立地ではチョウノスケソウ *Dryas octopetala* が優占する。一方、適当な湿度があって積雪も深く、融雪の遅い立地では、ホッキョクヤナギ *Salix arctica*・ヒロハヤマハハコ *Antennaria lanata*・クロホタカネスゲ *Carex nigricans*・オニイワヒゲ *Cassiope tetragona*（図2-6）などが優占する。

さらに詳細な研究により、高山帯の植生は、次の四つのタイプに区分された（文献8）。

図2-5●高山帯の様子

（1）巨礫地（boulder field）：角張った巨礫に覆われる。植物は、地衣類（lichen）のマットや岩の隙間に根を下ろして点在する

（2）砂礫地（fell field）：細粒化した砂礫が巨礫のあいだに堆積し、そこにマット状の植物や、クッション状の植物が定着する

（3）高山草原（alpine meadow）：いわゆるお花畑であり、巨礫地や砂礫地に比べて土壌が発達している。イネ科草本などに覆われる

（4）湿原（wetland）：排水が悪くて滞水している。泥炭（ピート）などの堆積が見られる

それぞれの植生タイプを構成する植物は、多くが多年生、すなわち、冬に地上部が枯れても地下部が生きていて、春にそこから芽が出る植物である。また、茎や花、果実は、一般に矮小である。

高山帯では、植生タイプとその直下の土壌とのあいだに対応関係がみられる（文献23）。

図2-6●オニイワヒゲ（*Cassiope tetragona*）

例えば、水はけのよい安定した斜面にはネバリツガザクラ *Phyllodoce glanduliflora* やヒロハヤマハハコが定着しており、その直下には、有機物を多く含む、黒色の土壌が認められる。

一方、西風にさらされる乾燥した急斜面では、雪が風で吹き飛ばされてしまい、冬期でも雪がほとんど積もらない。このような斜面にはチョウノスケソウが点在するが、その直下には、アルカリ性で有機物を多く含む黒色の土壌が認められる。

さらに、雪解けが八月中旬ともっとも遅い、北東向きの斜面には、レッドステムドサキシフリッジ *Saxifraga hyallii* が点在する。このような立地では、土壌の発達はほとんど認められない。

地表のかさぶた——生物土膜

高山帯では、生物土膜（biological soil crust、cryptogamic crust）が頻繁に観察される。生物土膜は、シアノバクテリア（cyanobacteria）、緑藻（green algae）、地衣類、蘚苔類（bryophytes）といった独立栄養性の光合成生物と、菌類、細菌類といった従属栄養性の微生物からなる、有機質の混合物である。

これらの生物は、生物が未占有の、砂漠や氷河後退域といった土地の表面に、最初に定着する。生長にともなって互いに融合して、やがては地表を覆う暗色の「かさぶた」様の形状となる。厚さは数センチメートルから、場所によっては十センチメートルに達する場合もある。

生物土膜は、高山帯だけでなく、どこにでも出現するが、特に、維管束植物の生育に不適な、極地や砂漠などの乾燥地・半乾燥地でよく見られる（文献4）。そのような環境は、直射日光や、極端な凍結—融解、あるいは乾燥—湿潤のサイクルといったストレスにさらされるが、生物土膜はそのような厳しい環境への耐性を有している。それゆえ、そのような厳しい環境下での主要な構成生物となる。

生物土膜は、異なる生活様式、そしてさまざまな機能を持つ生物の混合体である。それが生物土膜となることで、土壌中の水分や養分の保持、土壌流出の抑制、土壌の温度上昇、空中窒素固定（atmospheric nitrogen fixation）といった機能を発揮する。土壌が未熟で栄養素に乏しい高山帯の生態系では、どれも重要な役割となる。

例えば、生物土膜による光合成は、生態系への炭素の主要な加入経路となる。

また、植物の被覆がない土壌は、移動・流出しやすいが、生物土膜が地表を覆うことで、雨滴が直接土壌に当たらなくなり、土壌の流出を抑えることができる。加えて、蘚苔類の仮根や菌類の菌糸が土壌粒子を保持することでも、土壌の流出は抑制される。

このほか、暗色ででこぼこした表面は、それが存在しない裸地に比べて、アルベド（入射光エネルギーに対する反射光エネルギーの比）が低く、土壌の温度を上昇させる効果がある。

さらに、生物土膜中のシアノバクテリアには、空気中の窒素ガスを、アンモニア態の窒素に変換する空中窒素固定を行う種も含まれる。

過去の高山帯の変遷

完新世における高山帯の植生の変遷は、ジャスパー国立公園のコロンビア大氷原に近いウィルコックス・パス（標高二三五五メートル）で調べられている。現在は高山帯に位置するが、最終氷期のあとには森林が広がっていたことが分っている（文献2）。

氷河が後退した後、今から九六〇〇年ほど前には、ヨモギ属 *Artemisia* の草本からなる高山ツンドラから、コントルタマツ *Pinus contorta* 林へと推移した。この、コントルタマツ林が分布していたという事実から、当時の高木限界が、この場所よりも標高の高い場所にあったことがわかる。

その後、今から六三五〇年前までに、コントルタマツはシロハダマツ *Pinus albicaulis* に置きかわった。エンゲルマントウヒ *Picea engelmannii* やミヤマモミ *Abies lasiocarpa* も出現するようになった。

今から二八〇〇年くらい前には、亜高山帯林と類似したエンゲルマントウヒとミヤマモミからなる森林が成立していた。この時期は、温暖で乾燥した気候下にあったようだ。現在、このような亜高山帯林はもっと標高の低い、標高二〇〇〇メートル付近に見られる。

そして今から約二八〇〇年前には、気候が冷涼化・湿潤化したが、これに応答して、亜高山帯林は縮小し、現在みられるような高山帯になったと考えられている。

高山屈曲林とは

高山屈曲林はクルムホルツともよばれる。クルムホルツはドイツ語で、もともとは高木だったものが矮性化して匍匐化した植物を指す（文献5）。

高山屈曲林は、高山帯と、次に述べる亜高山帯とのあいだにみられる移行的な植生であり、高木限界と森林限界とのあいだに位置している（図2-4）。標高では二〇〇〇〜二四〇〇メートルに相当する（文献1）。

高山屈曲林がみられる場所は、低温、短い生育期間、強風、そして積雪といった厳しいの環境条件

図2-7●クルムホルツの景観（カナダ・カナナスキス：森章氏撮影）。

下にある。そのため樹木は一般に生長が遅く、矮形化する。クルムホルツとよばれる、特徴的な樹形を示す所以である。このような樹木がパッチ状に、不連続に分布しているのが、高山屈曲林の景観の特徴である（図2-7）。

カナディアンロッキーの高山屈曲林では、エンゲルマントウヒやミヤマモミが出現する。この二樹種は、亜高山帯の主要な構成要素でもある。風衝地では、これら二樹種に加えて、シロハダマツを交える（文献10）。冷涼で湿潤な北東斜面なら、さらにタカネカラマツ *Larix lyallii* が加わる。

パッチ状に分布するこれら樹木の間を埋めるように、低木や草本が生育する。ヤナギ属 *Salix* や、ヒメカンバ *Betula glandulosa* などの低木、スノキ属 *Vaccinium* の矮小低木や、イネ科草本（graminoids）がその主なメンバーである。雪崩の影響を受けている場所もあるが、火災はほとんどみられない。

4　高標高域の共生菌類

外生菌根菌

高山屈曲林の自然環境は過酷だが、そこで暮らす樹木を手助けする生物もいる。土壌から、樹木の根を掘り起こして観察すると、菌根（mycorrhiza）とよばれる構造体を多数観察できる。菌根とは、植物の根に菌類が侵入して形成される共生体であり、根の養分吸収を促進する効果が知られている。高山屈曲林、およびそれに隣接する高山帯と亜高山帯林で、外生菌根とよばれるタイプの菌根を形成する菌類、すなわち外生菌根菌（ectomycorrhizal fungi）の組成が調べられた（文献20）。四年間にわたって菌類の繁殖器官である子実体（fruit body；図2-8）の発生が調べられ、八一種もの外生菌根菌が発見された。内訳をみると、亜高山帯林で六五種、高山屈曲林で四一種、高山帯で一四種だった。外生菌根菌の種数は、高標高の植生帯ほど低かった。

高山屈曲林で観察された四一種の外生菌根菌については、それらがどのような植物のパートナー（共生者）になっているのかも調べられた（文献21）。エンゲルマントウヒやミヤマモミなどの針葉樹と共生する菌類が二〇種、ヤナギ属やカバノキ属 *Betula* などの広葉樹と共生する菌類が七種、針葉樹と広

図2-8●外生菌根を形成するベニタケ属菌類の子実体。ロブソン州立公園。

葉樹の両方と共生しうる菌類が一四種であった。特に、ベニタケ属 *Russula* とチチタケ属 *Lactarius* の菌根菌が、針葉樹の主要なパートナーであった。

これらの外生菌根菌の存在やその種の豊かさが、カナディアンロッキーの過酷な高山環境下で樹木の生長や生存にどれほどの役割を担っているのかについては、今後さらに研究を進めて調べていく必要があるだろう。

エリコイド菌根菌

カナダスノキ *Vaccinium membranaceum* は、北アメリカ西部に広く分布するツツジ科の植物である。カナディアンロッキーでも、高山帯から山地帯までの幅広い標高域に出現する。

このカナダスノキの根には、エリコイド菌根菌（ericoid mycorrhizal fungi）とよばれるグループの菌根菌が共生している。エリコイド菌根菌は、スノキ属を含むツツジ科（Ericaceae）の植物の根に、普通に認められる菌根菌である。

カナダスノキと共生するエリコイド菌根菌の多様性と種組成が、マクブライド・ピーク（McBride Peak）の高山帯（標高一九二三メートル）、亜高山帯（同一八〇一メートル）、および中標高域（同一二二四メートル）と低標高域（同八七五メートル）の四つの標高域で調べられた（文献12）。

根からは、あわせて一〇種のエリコイド菌根菌が分離された。標高域ごとの菌類の種数は平均二・四〜三・五種であり、標高域のあいだでに差は認められなかった。エリコイド菌根菌の種数と、植物の性質（樹齢や、葉の比葉重）、土壌特性（含水率、pH、炭素率）とのあいだにも、関連性は認められなかった。

分離培養による調査に加えて、エリコイド菌根菌の細胞（菌糸）に含まれるＤＮＡを根から直接抽出して解析する、分子生物学的な手法を用いた調査も行われた。リボゾーム遺伝子間スペーサー解析（automated ribosomal intergenic spacer analysis, ARISA）とよばれる手法で調べたところ、標高域ごとに得られたエリコイド菌根菌のＤＮＡタイプ数は、平均四・四〜八・三タイプであった。分子生物学的な手法では、分離培養法に比べて多くのＤＮＡタイプが検出されたが、ＤＮＡタイプと菌類の種との対応については明らかではない。

一方で、エリコイド菌根菌の種組成は、標高域間で差がみられた。分離培養法では、リゾスキファス・エリカエ *Rhizoscyphus ericae* が高山帯で、メリニオミケス属の一種 *Meliniomyces* sp. が亜高山帯で、フィアロケファラ・フォルティィーニ *Phialocephala fortinii* が中標高域で、そしてクリプトスポリオプシス属

の一種 *Cryptosporiopsis* sp. が低標高域で、それぞれ出現数が多かった。

隣接する標高域間では、種組成の類似度が高かった。これは、菌類の種組成は、標高にともなって順次変化することを意味する。このことは、この地域で気候の温暖化が進行したとしても、そのような環境変化にともなうエリコイド菌根菌の種組成は、次第に変化することを示唆している。

生物間の共生関係が、環境の変動に対してどれほど安定なのか（あるいは不安定なのか）についての知見は、いまだ少ないのが現状である。山岳生態系では、標高の変化に対して植生帯が明瞭に変化する。そのため、環境の変動に対する共生関係の反応を調べる上で、山岳生態系は好適なサイトの一つといえる。

5 亜高山帯の植生

亜高山帯の生態系

亜高山帯は、カナディアンロッキーでもっとも広い面積を占める植生帯である（図2-9）。四国立公園（バンフ、ジャスパー、クートネイ、ヨーホー）の合計面積のうち、約半分を占めている（表2-1）。

おおむね標高一五〇〇～二一〇〇メートルに位置しており、主要な構成樹種は、標高二〇〇〇メートルより下では、雑種トウヒ（hybrid white spruce）*Picea engelmannii* × *P. glauca* とミヤマモミである。雑種トウヒというのは、カナダトウヒ *Picea glauca* とエンゲルマントウヒの雑種といわれている。ただしこれら二種のトウヒはごく最近に分化したと考えられており、別種ではなく、エンゲルマントウヒはカナダトウヒの亜種とする見方もある（文献39）。

標高二〇〇〇メートルを越えると、エンゲルマントウヒとミヤマモミが出てくる（文献1、3、8、11）。標高が高くなり、高山屈曲林に近づくにつれて、樹木の樹形は幅の狭い、特徴的な形になるのが一般的である。亜高山帯の水はけの悪い立地では森林の発達が悪く、湿原となっている場所も多い。

図2-9●亜高山帯の森林の様子。ロブソン州立公園、バーグレークトレイル沿い。

カナディアンロッキーに分布する亜高山帯林の多くは、火災のあとに再生した森林である（文献26）。火災の直後には、まずコントルタマツやアメリカヤマナラシ *Populus tremuloides* が更新してくる。その下層に、トウヒ類やモミが定着する。土壌の水分条件がよい立地では、マツとほぼ同じ、早い段階にトウヒ類も定着する。このため、水分条件がよい場所では、樹木の入れ替わり、すなわち遷移の進行が速い。

一方で、土壌の乾燥した立地や、大規模な火災の後には、コントルタマツが一斉に更新する。この場合、トウヒ類やモミの定着は遅れる。このため、トウヒがマツと同時に定着する場合に比べると、遷移に時間がかかってしまう。

このような森林では、トウヒとモミがマツに置き換わる前に、再び火災が発生してしまうことが多い。そのため、マツ林が維持されることになる（文献6）。このような火災と植生の遷移との関係については、第3章で再び詳しく紹介する。

トウヒ類、モミ、マツ以外にも、亜高山帯にはさまざまな植物がみられる。例えば、一五〇〜二〇〇年間にわたって火災を免れた亜高山帯林は、トウヒ類とモミからなる森林となる。その下層には、カナダコヨウラク *Menziesia ferruginea*、シロバナツツジ *Rhododendron albiflorum*、カナダスノキなどの低木が認められる（文献7）。

コケ類の多様性と分布

コケ類（moss）は、亜高山帯を中心に、幅広い植生帯でよく目につく植物である（図2-10）。ジャスパー国立公園の、さまざまな標高の草地、湿原、森林、ツンドラといった植生帯において、コケ群落の組成が調べられた（文献27、28）。一定面積の地表面に対して、コケが覆っている割合をコケの被度として計測し、コケの量の指標として用いられた。

コケの被度は亜高山帯林でもっとも高く、七〇パーセントに達した。沼沢地などの湿潤な場所でも高かった。一方で、コケの被度は乾燥した露頭や草地で低く、特に露頭では約一パーセントしかなかった。

コケの種数は、標高の高いところに位置する植生帯ほど多かった。種数がもっとも多かったのは、高山帯の下部に位置する、チョウノスケソウとオニイワヒゲからなるツンドラであった。コケの主な種は、四つのグループに分けられ、その違いは生育場所の水分・温度を反映していた。

図2-10●地表を覆うコケのマット。ロブソン州立公園。

（1）乾燥地を好む種
（2）適湿地を好む種（イワダレゴケ *Hylocomium splendens* など）
（3）湿潤地を好む種
（4）低温環境を好む種（シモフリゴケ *Racomitrium lanuginosum* など）

このイワダレゴケとシモフリゴケは、カナダ最北のエルズミア島でも優占する（文献37、44）。日本にも分布し、さらにはるか遠く、南極にも分布することが知られている（文献36）。典型的な、広域分布種（コスモポリタン cosmopolitan）であるといえる。

過去の亜高山帯の変遷

ジャスパー国立公園に、マリーン渓谷とよばれる景勝地がある（図2-11）。標高一六九〇メートルで、現在は亜高山帯の植生がみられる。この渓谷には、過去八五〇〇年にわたって亜高山帯林が成立していた（文献19）。

図2-11●マリーン渓谷

今から八五〇〇～七〇〇〇年ほど前、森林の面積は最大に達し、エンゲルマントウヒやミヤマモミがすでに定着していたと考えられている。その頃には、現在は山地帯に分布するダグラスモミ *Pseudotsuga mensiesii* も分布していた。しかしダグラスモミは、亜高山帯林を構成する樹種と置きかわるほどまで増加することはなかったようだ。

その後、今から七〇〇〇年ほど前になると、エンゲルマントウヒとミヤマモミは減少し、かわってヤナギ属の低木やイネ科草本の優占する湿原が拡大した。気候が湿潤化・冷涼化した時期と一致する。そして今から三四〇〇～二六〇〇年前には温暖な時期があったが、一三〇〇年前になると気候は再び湿潤化・冷涼化したようだ。このとき樹木の割合は減少したが、亜高山帯林と、矮性のカバノキ属低木やスゲ属 *Carex* の草本がモザイク状に分布する、現在とほぼ同じような植生となった。

この地域では、完新世の気候変化は、植生帯の標高に沿った変化ではなく、亜高山帯における湿原の拡大と縮小として反映されていた。

ジャスパー市街の南西二七キロメートルに、トンキン・パス（Tonquin Pass）とよばれる場所がある。ここは標高一九三五メートルで亜高山帯に位置し、現在では湿原が発達している（文献18）。

しかし今から九六六〇〜九〇〇〇年ほど前には、コントルタマツが多かったようだ。今から九〇〇〇〜八〇四〇年前の時期には、コントルタマツにかわってシロハダマツが出現した。気候が冷涼化したためと考えられる。

その後、八〇四〇年前頃には、エンゲルマントウヒとミヤマモミからなる亜高山帯林が成立した。七四〇〇年前頃にかけて、エンゲルマントウヒが増加した。気候が温暖化するのにともなって、湿原や沼沢地の水位が低下し、陸化した場所にエンゲルマントウヒが侵入したと考えられる。

七四〇〇〜四三〇〇年前の期間は、現在よりも気候が温暖であった（ヒプシサーマル）。ミヤマモミは依然として多く見られたが、エンゲルマントウヒは減少した。

四三〇〇年前から現在にかけては、イネ科草本などの草本が増加した。湿原が拡大して、森林の比率は現在見られる程度にまで低下した。この変化は、気候が湿潤化・冷涼化したことを反映していると考えられる。

このように、過去一万年という期間でみると、カナディアンロッキーの亜高山帯の植生は、かなり大きく変動していたと見ることができる。

6 山地帯の植生

山地帯とは?

山地帯は、亜高山帯よりも標高の低い場所にある(図2-12)。谷部から標高一五〇〇メートルくらいまでの、山稜の下部に位置している。主要な樹種は針葉樹であり、ダグラスモミ、コントルタマツ、カナダトウヒなどが多い。広葉樹のアメリカヤマナラシ、アメリカカンバ *Betula papyrifera*、バルサムポプラ *Populus balsamifera* なども出現する。

図2-12●山地帯の森林の様子。バンフ近郊。

これら樹種は、出現場所を違えている。カナダトウヒを主体とする森林は、湿潤な谷部や、斜面下部、北向き斜面、河岸段丘などに認められる。ダグラスモミは、谷底に近い、日当たりの良い南西斜面に多い。ダグラスモミの森林はかなり純林に近く、そのなかにコントルタマツ、カナダトウヒ、アメリカヤマナラシがわずかに点在する(文献42)。森林の下層における植生の発達は悪く、バッファ

ローベリー *Shepherdia canadensis*（図2-13）や、プリッキーローズ *Rosa acicularis* などがみられる。

カナディアンロッキーの山地帯では、亜高山帯と同様に、しばしば火災が発生する。そして火災の後には、コントルタマツが一斉に更新する。ただし、火災がくり返し発生しない限りマツ林が維持されることはない。マツ林は、火災が発生しなければ、次第にカナダトウヒ林や、ダグラスモミ林へと遷移する（文献26）。

山地帯では、アメリカヤマナラシ林もよく見られる。この林も、火災により維持されている。火災後は種子ではなく、主に根株からの萌芽により更新する。コントルタマツ林が比較的乾燥した場所に多いのに対して、アメリカヤマナラシ林がみられるのは、渓流沿いの比較的湿潤な場所である。

図2-13●バッファローベリー

近年、カナディアンロッキーでは、アメリカヤマナラシ林が縮小傾向にあると考えられていた（文献16）。この原因として、人為的な火災の抑制と、ワピチなどの有蹄類の動物による高い摂食圧が挙げられていた。しかし逆に、アメリカヤマナラシの分布域が拡大傾向にある、という報告もある（文献25）。温暖化傾向と、人為的な森林の伐採が、アメリカヤマナラシの拡大に関与している可能性が指摘されている（後述）。

山地帯では、河川沿いに草地や湿原が認められる（図2-14）。山地帯の草地は、アルバータ州のプレーリーや、ブリティッシュ・コロンビア州の草地と、植物の組成の点で違いがみられる（文献41）。ジャスパー・バンフ国立公園の川沿いに見られる草地では、ジュングラス *Koeleria macrantha* や、ロージープッシトウズ *Antennaria rosea* が多くみられる。このような草地が、山地帯の谷部で広範囲に認められるのは、人為的な火災や撹乱にともなって、一九世紀末から二〇世紀初頭に拡大したためと考えられている。ワピチなどの動物による冬期の摂食圧が高いのも、これら山地帯の草地の特徴である。

図2-14●ムース・ミードウ。バンフ国立公園、標高約1400メートル。この草地はかつてボウ川の氾濫原だった。

これより標高の高い、一四〇〇〜一七五〇メートルの草地では、プレーリースモーク *Geum triflorum* や、ケンタッキーブルーグラス *Poa pratensis* がよくみられる。

山地帯と、標高の低い場所にあるフットヒルとで、植生には明瞭な違いがない。カナディアンロッキーの主要な国立公園が位置する北緯五四度以南では、標高が下がるにしたがって、乾燥が厳しくなる。それにともなって林冠はだんだん不連続になり、次第にプレーリーへと推移していく。この推移帯は、アスペン・パークランド（aspen parkland）とよばれる（文献45）。アスペン（aspen）はアメリカヤマナラシの英名であるが、樹木が点在する様子が公園に類似することから、パークランドとよばれる。これに対して、北緯五四度以北では、標高が下がるにしたがって、コントルタマツやアメリカヤマナラシからなる北方林へと推移していく。

過去の山地帯の変遷

カナナスキスの山地帯、標高一三〇〇～一五〇〇メートルのあたりでは、約一万年前に氷河が後退したと推定されている。その直後には、ヨモギ属やヤナギ属、ビャクシン属 *Juniperus* などの先駆的な植物からなる群落が成立したようだ（文献29）。

今から九四〇〇年ほど前には、現在と類似した、コントルタマツとカナダトウヒからなる森林が成立したと考えられている。完新世の中頃にかけて、コントルタマツの割合が相対的に増加していた可能性がある。これは、気候の温暖化・乾燥化にともなって、火災の頻度が増加したことと関係する。

より最近になってからの山地帯の変化が、ジャスパー国立公園で明らかにされている（文献40）。一九一五年から一九九七年までの八二年間にわたる植生の変化が、地上から撮影された写真と、過去の航空写真をもとに検討された。

山地帯の植生は全体的にみて、この八二年間で遷移後期の段階へとシフトしており、針葉樹林の林冠の閉鎖が進行していた。その一方で、草地、低木林、若齢林、および林冠が不連続な森林についてみると、それらの比率は減少した。このような植生の変化には、この期間における火災の発生頻度の減少が主に関与していると考えられるが、気候変動や人間活動の影響も指摘されている。

閉鎖林の増加は、強度の強い火災の発生や、森林構造の多様性の低下、病害虫の大発生などのリスクを伴う。山地帯の森林管理において、考慮すべき点といえる。

コントルタマツの過去の分布変遷

ここまでは過去の植生の変遷を、山地帯の特定の調査区域に注目してみてきた。しかし、生物の地理的分布という観点からみると、個々の生物種は、分布域を地理的に変化させることで、気候の変化に対応している。

カナディアンロッキーでは、最終氷期以降、氷河が後退して空き地が出現した。そのような空き地に定着してくる植物は、氷河に埋もれず露出していたヌナタック（nunatak）とよばれる山頂部や尾根部で生きながらえた植物や、氷河に覆われていなかった南方の地域から北上してきた植物であった（文献43）。

これらの地域は、レフュージア（refugia、逃避地）とよばれる。レフュージアは、気候が変動したときに、好ましくない環境から避難してきて絶滅を免れるような、生物の分布という点で孤立した地域を指す。

ここでは山地帯における樹木の地理的な分布の変遷を、山地帯を代表する樹木であるコントルタマツとダグラスモミ（次節）の例でみてみよう。

コントルタマツには、ssp. *latifolia* と ssp. *contorta* の二つの亜種（subspecies）が存在する（ssp.は亜種を意味する）。亜種は、リンネ式の階層生物分類体系において、種の下におかれる階級である。固有の特徴を共有し、特定の地域に分布する集団全体を指す。同種内の異なる亜種は、互いに重なり合わない分布域を占めており、潜在的に交配可能であるとされる。

現在、この二亜種のあいだで地理的な分布パターンに違いがみられる。すなわち、亜種 *contorta* は太平洋岸に主に分布しているが（図2-15）、*latifolia* は内陸部の山地帯から亜高山帯にかけて広く分布している。

図2-15●沿岸型コントルタマツ（spp. *contorta*）

カナディアンロッキー周辺の、北緯五〇度から北緯六五度までの広範囲に含まれる二〇地点で調査が行われた。湖底の堆積物が分析され、それらの地点でいつ頃、亜種 *latifolia* が出現したのかが調べられた（文献31）。その結果によると亜種 *latifolia* は、最終氷期には、大陸氷床の南端（図1-7）より南方（現在のアメリカ合衆国）にあったレフュージアに分布していたようだ。

その後、最終氷期が終わり、大陸氷床が低緯度の地域から次第に

図2-16●沿岸型ダグラスモミ（var. *menziesii*）

縮小していったが、その過程で、亜種 *latifolia* はレフュージアを出て、北方へと分布を拡大していったことが示唆される。一万二二〇〇年前には北緯五〇度に、五〇〇〇年前には北緯六〇度に、そして四三〇〇年前には北緯六三度に、それぞれ到達したと推定されている。

ダグラスモミの過去の分布変遷

ダグラスモミには、形態的にも、化学組成の面でも、さらに遺伝的にも異なる二つの変種（variety）が知られている。太平洋岸に分布する沿岸型 var. *menziesii* と（図2-16）、ロッキー山脈などの内陸部に分布する内陸型 var. *glauca* である。この var. は変種を意味する。変種は、植物命名規約上の亜種と品種の間に位置する分類階級であり、亜種の下位にあたるが、複数の形質において他との違いが認められた変異型に対して、この変種の区分が用いられる。

現在、この二変種は、分布域を明確に違えている。ブリティッシュ・コロンビア州の太平洋側にある海岸山脈の東斜面が、両変種の分布の境界域とされている。この二変種の出現は、鮮新世（Pliocene: 第三紀の最後の地質時代。約五二〇万年前から約一六四万年前までの期間）の約二〇〇万年前にさかのぼる（文献13）。この地質年代には、カスケード山脈の隆起と、内陸側の乾燥化が進んだ。これらの地質的・気候的な変化にともなって、個体群の分断化が進み、二つの変種が出現したと考えられている。最終氷期のあと、これらの変種の個体群が北上してカナダに定着したのは、約一万八〇〇〇年前のことである。最終氷期のあいだ、沿岸型の変種 *menziesii* は、アメリカ合衆国のカリフォルニア中部からワシントン州の西部にあった一ヶ所のレフュージアにだけ存在していたようだ。一方、内陸型の変種 *glauca* は、三つか、あるいはそれ以上の数のレフュージアが、アメリカロッキーに存在していたらしい。

カナダを覆っていた大陸氷床（図1-7）が縮小するのにともない、両変種はその末端を追いかけるように北上していった。その移動速度は平均で、一年あたり五〇〜一六五メートルと見積もられている。

カナダに現存するダグラスモミの地域個体群のあいだで、ミトコンドリアDNAの塩基配列の比較が行われた。それに基づき、これら二つの変種が地理的にどのように変遷してきたのかが詳しく検討された（図2-17）。

それによると、沿岸型の変種 *menziesii* は、太平洋岸に沿って北上すると同時に、内陸方面に向かっても海岸山脈の東側に拡大した。一方、内陸型の変種 *glauca* は、カナディアンロッキーの西側斜面を北上して、分布を拡大した。

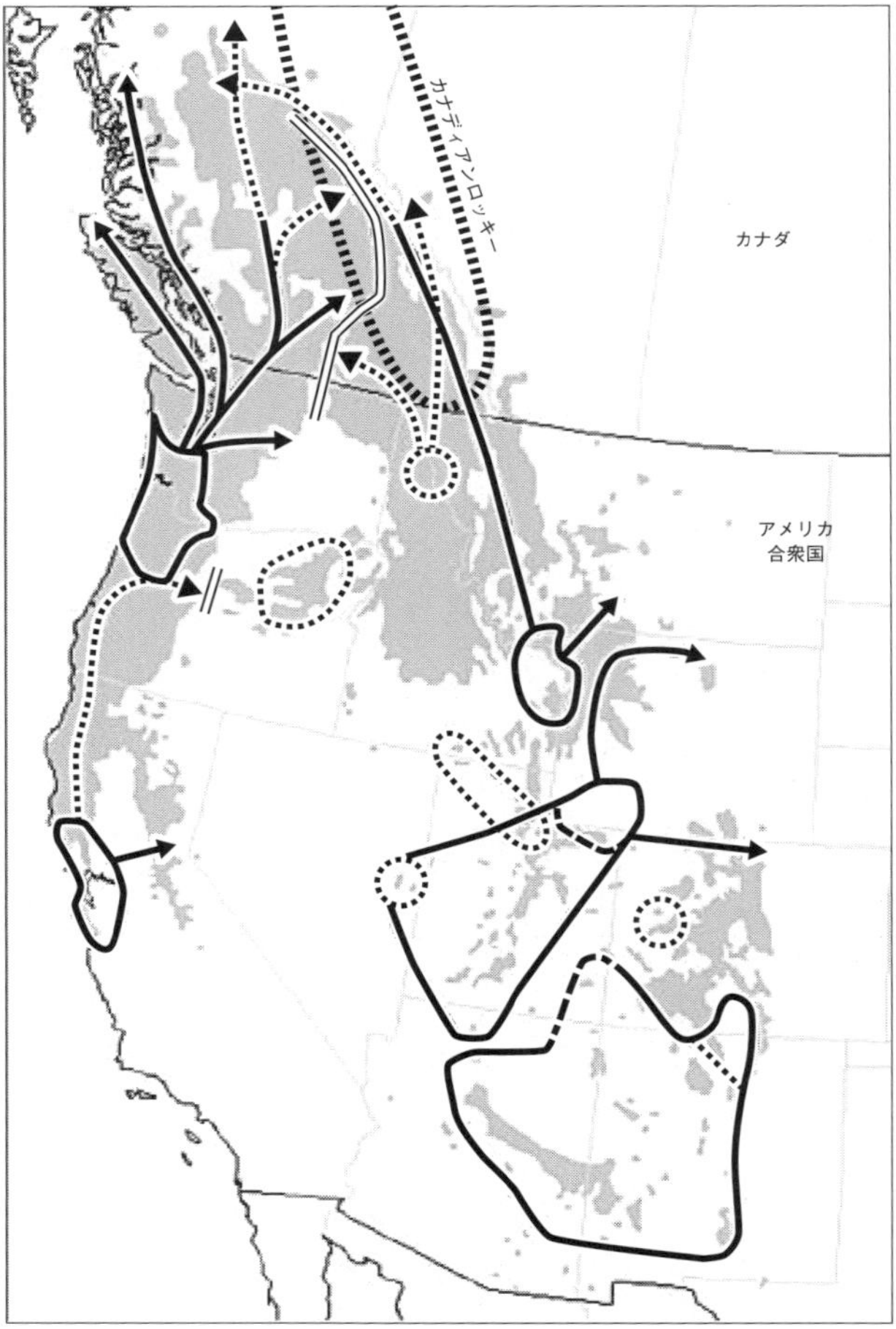

図2-17●ダグラスモミの地理的分布の変遷。実線で囲まれた領域はレフュージア、実線の矢印は化石データと分子データの両方から明らかとなった、最終氷期が終わってからの移動経路。点線は化石データないし分子データのいずれかにより支持されたレフュージアと移動経路。二重線は、ミトコンドリアDNAの分子データから示唆された、種子による分散の障壁。文献13より作成。

この過程で、二つの変種が再会した場所では、花粉による遺伝子の交流が再び認められるようになった。海岸山脈の東側の、幅四五〇キロメートルにわたる地域で、このような変種間の交雑が生じていると考えられている。

現存する生物の遺伝子（DNA）に残された情報を調べることで、過去の植生分布の変遷をかなりの程度まで、復元できるようになった。生物の種内、あるいは近縁種間に存在する遺伝的な差異（変異）と、その地理的な広がりを明らかにする研究分野は、「分子系統地理学」とよばれ、進化生態学の新展開を次々と生み出している。

7 カナディアンロッキー北部の植生

カナディアンロッキー北部の植生帯についても、紹介しておこう。

北緯五四度以北に位置するこの地域では、植生帯が入れ替わる標高が、北緯五四度以南よりも低い（文献32）。例えば、高山帯は、だいたい標高一五〇〇メートルより上に出現する。亜高山帯は、標高八五〇〜一五〇〇メートルに位置し、森林は主にカナダトウヒとミヤマモミからなり、下層には数種のヤナギ属、カバノキ属の低木がみられる。さらに標高の低い一五〇〜八五〇メートルにあるのは、北方林である。

この北方林に見られる主な樹種は、針葉樹のコントルタマツ・クロトウヒ *Picea mariana*・ミヤマモミ、そして広葉樹のアメリカヤマナラシ・バルサムポプラ・アメリカカンバである。

なお、このエリアのカナダトウヒは一般に、エンゲルマントウヒと雑種を形成していると考えられており、中間的な形態の個体が大部分を占めている。このようなトウヒは、雑種トウヒとよばれている（文献39）。

北緯五六～五七度の地域において、過去の植生の変遷が調べられた（文献30）。標高九〇〇～一〇〇〇メートルに位置する、現在では亜高山帯林と北方林の移行帯となっている場所では、今から一万一〇〇〇～九八〇〇年前、氷河が後退した。その後退域に、ヨモギ属、ヤナギ属、およびイネ科草本からなる植物群落が成立したようだ。

その後、今から九八〇〇～八八〇〇年前に、カナダトウヒとクロトウヒが増加した。続く八八〇〇～七〇〇〇年前の期間もクロトウヒは優占していたが、カナダトウヒは減少した。アメリカカンバやコントルタマツの増加にともなって減少したようだ。七〇〇〇年前から、こんどはアメリカカンバが減少し、クロトウヒとコントルタマツの二樹種が多くなった。この頃には、火災の頻度も増加していたようだ。

そして五〇〇〇年前に、湿原の発達と火災の頻度は、ほぼ現在と同じような状況になったと考えられる。

この北部エリアの亜高山帯は、低標高側で北方林に接している。ここで記述された亜高山帯の変遷パターンは、カナディアンロッキー南部の亜高山帯よりも、低標高域の北方林で報告されている植生の変遷パターンに類似していることが指摘されている。

コラム02 菌根菌とは

column

菌類は、菌糸とよばれる細胞からなっている。この菌糸が、植物の根に感染して形成される共生器官が菌根（mycorrhiza）である。現生の陸上植物の九〇%以上が、この菌根を形成しているといわれる。菌根は、自然界において普遍的な存在である。

菌根を形成した菌糸は、菌糸の一端を土のなかに伸長させて、養分や水分を吸収する。吸収した養分や水分は、菌糸を介して植物に提供される。菌糸には、その見返りに、植物から光合成産物が提供される。植物と菌糸のあいだで物質のやり取りが行われる場所が、菌根である。

菌根を形成する菌類を菌根菌（mycorrhizal fungi）とよぶ。菌根菌が根に感染して菌根を形成すると、植物の生長が促進されたり、植物に乾燥・塩分・病気といったストレスへの耐性が付与されたりする。

栄養のやり取りを介したこのような共生（symbiosis）は、栄養共生とよばれる。菌根菌と植物（宿主host とよばれる）との栄養共生は、共生に関わる双方に利点があるので、相利共生（mutualism）の一例である。

菌根はその形態的な特徴や、共生に関わる菌類と宿主の組み合わせによって、いくつかのタイプに区分される。なかでも、アーバスキュラ菌根（arbuscular mycorrhiza）、外生菌根（ectomycorrhiza）、エリコイド菌根（ericoid mycorrhiza）は代表的であり、詳しい研究が進められている。

外生菌根は、ブナ科の樹木であるブナやシイ・カシ・ナラ類や、マツ類など、日本でもなじみ深い植物の根に普通に認められる。食用キノコとして人気の高いマツタケ *Tricholoma matsutake* も、マツの細根で共生する外生菌根菌である。

マツタケは外生菌根菌なので、生きたマツの細根に感染してはじめて、栄養を獲得することができる。枯死した丸太（ほだ木）に菌糸を接種すれば、それを栄養として生長できるシイタケのようにはいかない。マツタケの人工栽培が困難で、いまだ実現していない理由の一つが、この菌根性という性質である。

図2-A1●熱帯地域で広範に植栽されている早生樹マンギウムアカシア *Acacia mangium* の細根。外生菌根菌が感染している。インドネシア、南スマトラ。バーは1 cm。

植物のなかには、菌根を介して菌糸から栄養を奪い取り、自分自身は光合成をしなくなったような植物も存在している。いわば菌類に寄生するようになった植物であり、ギンリョウソウやツチアケビが、そのような植物の例である。これらの植物は、菌従属栄養植物とよばれている。

菌根菌は、応用的にも注目されている。例えば、アーバスキュラ菌根は、幅広い種類の作物と共生する。このことを利用して、アーバスキュラ菌根菌を農業資材として添加することで、作物の生産量を増加させる試みがなされている（ただし、ハクサイやキャベツなどのアブラナ科植物は、アーバスキュラ菌根性ではない)。

外生菌根菌の感染した樹木苗は、未感染の苗に比べて活着率や生長が良好であるため、熱帯地域での植林に利用されている(図2-A1)。

第3章　生態系の遷移

1　生態系の遷移とは

氷河の末端が後退すると、それまで氷河に覆われていた大地が新たに出現する。河川や湖沼に、上流や周辺から土砂が流れ込んできて堆積すると、水位が低下し、陸地が形成される。地滑りや雪崩、虫害や菌害、そして風倒、火災などは、一般に自然災害とみなされ、ときに森林を破壊するほどの撹乱を引き起こすが、このときにも、もともとそこにあった植生が除去され、植物が新たに定着することのできる空き地が出現する。

出現した空き地には、撹乱を受ける前と同じ植生が再生する場合もあるが、以前みられなかった植物や、撹乱前には数が少なかった植物が定着する場合もある。空き地に定着できた植物も、ずっとそこに居続けるとは限らない。時間の経過にともなって、最初に定着した植物種が減少し、別の植物に推移することもある。

例えば、カナディアンロッキーの山地帯や亜高山帯で、火災が発生したとする。火災により森林が除去された跡地には、コントルタマツが速やかに定着する。しかし再度、火災が発生しない限り、このマツ林が、その後もずっとマツ林であり続けることはまずない。火災が発生しなければ、山地帯ではダグラスモミやカナダトウヒの森林に、亜高山帯ではエンゲルマントウヒとミヤマモミの森林に、それぞれ次第に変化していく（文献39）。

撹乱の跡地で変化するのは、植生だけではない。その場所の土壌には、そこに新たに定着した植物の落葉や落枝などが、徐々に集積していく。すると土壌の性質が変化し、こんどはそれが他の植物の定着を促進したり、逆に阻害したりする。

このように、時間の経過にともなって、植生や土壌を含めた生態系全体が変化する。これを生態系の遷移とよぶ。

生態系の遷移は、二つのタイプに区分される。一次遷移と二次遷移である。

一次遷移は、氷河の後退域などで、土壌が未発達な状態から始まる遷移のことをいう。土壌が未発達な段階から植物の定着が始まるため、遷移にともなって土壌も発達していく。遷移がかなり進むと、植物の定着が、土壌の発達の具合により制限されたり、促進されたりする。

二次遷移では、火災や伐採のように、地上部の植物体のみが除去される。土壌の中に有機物や養分、そして種子などの植物の散布体がすでに存在している段階から始まる場合をいう。

カナディアンロッキーは、地形的、気候的に多様である。この多様性を反映して、さまざまな撹乱が発生し、多様な生態系の遷移パターンが認められる。同じタイプの撹乱を受けても、環境条件に応じて、異なるパターンの遷移が進行したり、遷移の速度が違ったりと、遷移の様相は一定ではない。

このように考えると、カナディアンロッキーの景観は、標高や気候条件、歴史によってのみ形作られていないことが分かる。これらに加えて、撹乱のタイプや規模、撹乱からの経過時間の異なる、さまざまな遷移の段階にある生態系のモザイクによっても、特徴づけられているといえる（文献11）。

最近では、複数の撹乱タイプのあいだの「相互作用」にも関心が集まっている（文献2）。

例えば、近年、カナディアンロッキーでは人為的な火災の抑制プログラムが実施されている。これが成功して、火災の発生する頻度は低下している。このような火災抑制プログラムにより、トウヒ類やモミが高密度で生育する森林が増えてくるのだが、それが森林の環境ストレスへの耐性を低下させてしまう。その結果、病虫害への感受性が高まり、大発生を引き起こす可能性がある。

逆に、病虫害の大発生は、植物を枯死させ落葉や落枝を大量に発生させる。これらの落葉や落枝は可燃物なので、土壌に大量に蓄積すると大規模な火災が発生する確率を高めてしまう。撹乱にはいくつかの種類があるが、それらは相互に排他的ではないどころか、密接に関連しあっている。

2 氷河末端部の後退と一次遷移

氷河は動き続けている

カナディアンロッキーには、一〇〇〇を越える氷河（glacier）と、一六の大氷原（ice field）が存在する。これらの氷河と大氷原は、七万五千年前〜一万一千年前の最終氷期の遺物である。その頃、カナダの大部分が最大で四〇〇〇メートルを超える厚さの氷に覆われていたという（図1-7）。これらの氷河や大氷原は、現在でも高山帯を中心に、カナディアンロッキーのバンフ、ジャスパー、ヨーホー、クートネイの四つの国立公園において、全面積の約六パーセントを覆っている（表2-1）。

氷河が形成されるのは、冬期の積雪が、冬と夏を含めた年間を通じての融雪を上回る地域である。カナディアンロッキーでは、通常、氷河は年平均気温が〇℃以下の高標高域に認められる。それより標高の低い場所では、北向きの急斜面に氷河が認められる（図3-1）。

どんな巨大な氷河も大氷原も、山に降り積もった一粒の雪から始まる。夏を過ぎても溶けずに残った雪は、フィルン（firn）とよばれる氷の顆粒に変化する。フィルンが三〇メートル以上の厚さにまで集積すると、下層のフィルンは圧縮されて氷へと変化する。大量の氷は、自重により下方へと移動する。この氷の流れが、氷河となる。

たとえ不変不動に見えたとしても、氷河は常に動いている。地球規模での温暖化傾向にともなって、多くの氷河が縮小傾向にあると言われる。しかし、どれだけ温暖な気候であっても、あるいはどれだけ寒冷な気候であっても、氷河の末端は常に前進している。

図3-1●ロブソン山の北斜面を流れ下るバーグ氷河（左）とミスト氷河（右）。

これを具体的に説明すると、氷河とよばれる氷の塊は、「冬期の集積」と、「年間を通じての溶解」とのバランスにより、ダイナミックに維持されている（図3-2）。これを考えるのに、氷河を二つの部分に区分するのが分かりやすい。夏期でも積雪の認められる上方の部分と、夏期には積雪が認められず、氷河の融解のみが起こる下方の部分である。この氷河の上方の部分を涵養域（accumulation zone）、下方の部分を消耗域（ablation zone）という。涵養域と消耗域の境界は均衡線とよばれ、均衡線の長期にわたる平均的な位置は雪線とよばれる。

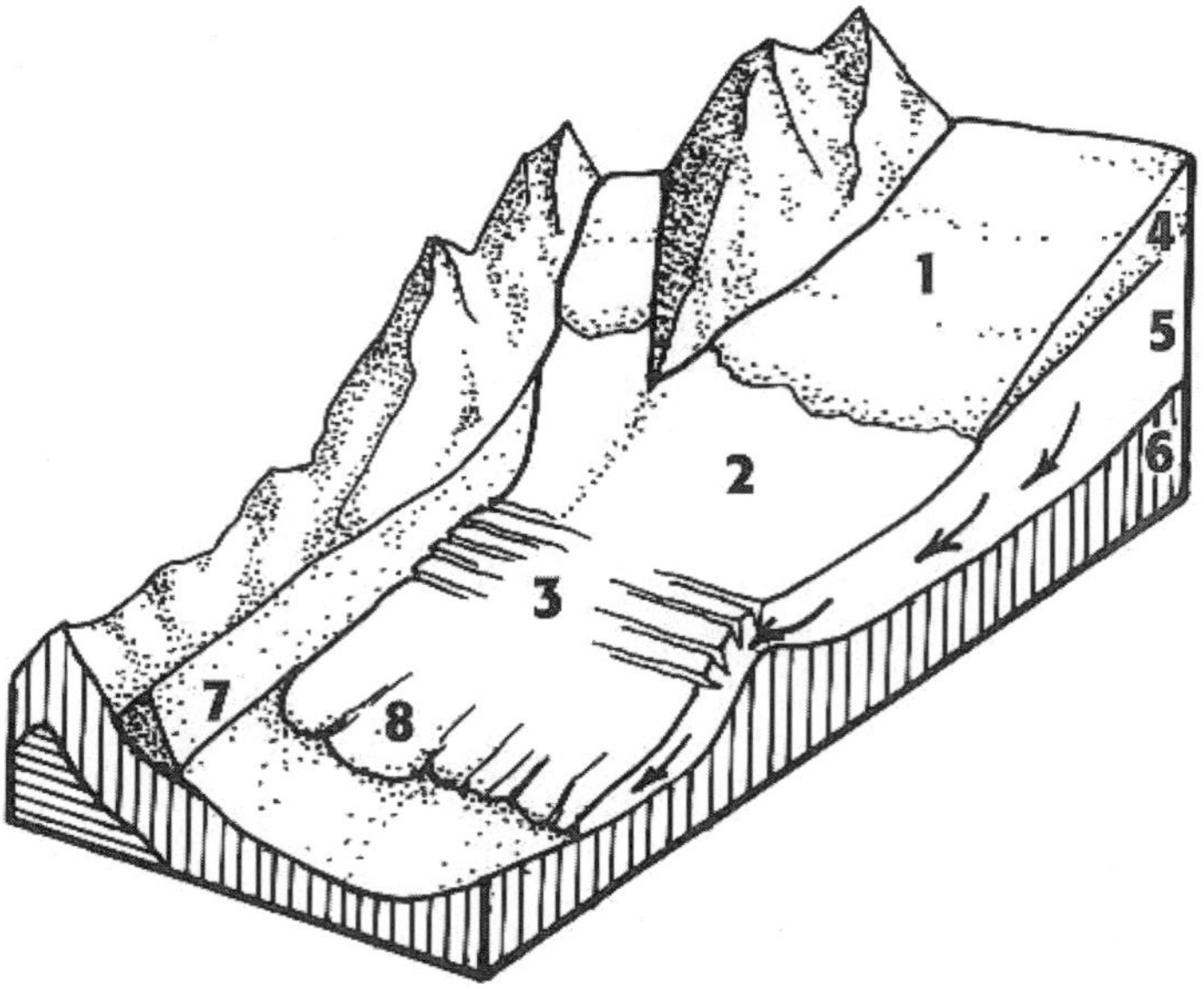

図3-2●氷河の動きを説明するための断面図。1：涵養域、2：消耗域、3：クレパス、4：新しい氷、5：氷河の動き、6：基岩、7：側堆石、8：氷河末端。

氷河の氷は、重力により下方へと、つまり涵養域から消耗域へと、絶えず移動している。ここである年に、涵養域での氷の集積が、消耗域での氷の融解・昇華・蒸発を上回るとしよう。その年には、氷河の末端は前進（advance）し、氷河の厚さや幅は増加することになる。反対に、融解が集積を上回る年があったとすれば、その年には氷河の末端は後退し、氷河の厚さや幅は減少する。氷河の氷それ自体は前進し続けるにも関わらず、氷河の末端は後退（recession）する。なお集積と融解が釣り合った場合、氷河の末端は見かけ上、前進も後退もしない。

このような氷河の動きは、利息のつかない銀行の預金残高に例えられる。預金残高は、毎月の給与の振り込みと、生活費の引き出しにより、大きくなったり小さくなったりするのである。

地球の気候は、現在から三〇〇～一〇〇年前頃にあった寒冷な小氷期以降、全体的には温暖化の傾向にあると言われている。これにともないカナディアンロッキーでは、多くの氷河の末端が、後退の傾向にあると考えられている。

氷河の後退により、それまでは氷河に覆われていた地表面が、新たに露出する。そこは生物が未占有の空き地であり、植物や微生物が利用可能な、新たな定着の場所となる。氷河の後退にともなって、順次、生物が定着できる場所が供給されるのである。

氷河の侵食作用は、氷食作用とよばれる。植物や微生物の定着は、氷食作用により削り取られた基岩や堆積物などの土壌が未発達な状態から始まる。このため、氷河の後退域（deglaciated terrain）で認められる植生の変化は、一次遷移である。

アサバスカ氷河の後退域

コロンビア大氷原（the Columbia Icefield）は、ジャスパー国立公園とバンフ国立公園の境界部に位置している。三二五平方キロメートルもの面積を覆う、大氷原である。大氷原とは、広い面積を覆い、氷河が複数の方向に突出している親玉の氷塊を指す。

このコロンビア大氷原は、カナディアンロッキーの最高峰二二峰のうち、一一峰に取り囲まれている。標高は平均で三〇〇〇メートル、氷の厚さは最大で三六五メートルに達する。コロンビア大氷原の頂上はスノードームとよばれ、標高三四五六メートルである。スノードームは、大西洋、太平洋、北極海の三つの大海に注ぐ河川の分水界となっている。

コロンビア大氷原には、太平洋からの湿った偏西風が、ブリティッシュ・コロンビア州を横切る際に、ほとんど遮られることなく吹き付ける。このため降雪量が多く、例年一〇メートルもの降雪がある。このような地理的・気候的な条件によって、気候が温暖化傾向にある現在でも、コロンビア大氷原は存続している（文献56）。

このコロンビア大氷原からは六つの氷河が流れ出しており、その一つが、アサバスカ氷河（the Athabasca glacier）である。

アサバスカ氷河は、コロンビア大氷原の標高二七〇〇メートルの地点から、北東方向に約五・五キロメートルにわたって流れ出している。氷河の末端部の標高は、約二〇〇〇メートルである。氷河の融解水は、氷河末端の前にあるサンワプタ湖にまず注ぎ、サンワプタ川を経て、アサバスカ川、そして最後はマッケンジー川となって北極海に注いでいる。

アサバスカ氷河の末端は、後退傾向にある。一八四〇年頃、氷河の末端は現在のアイスフィールド・

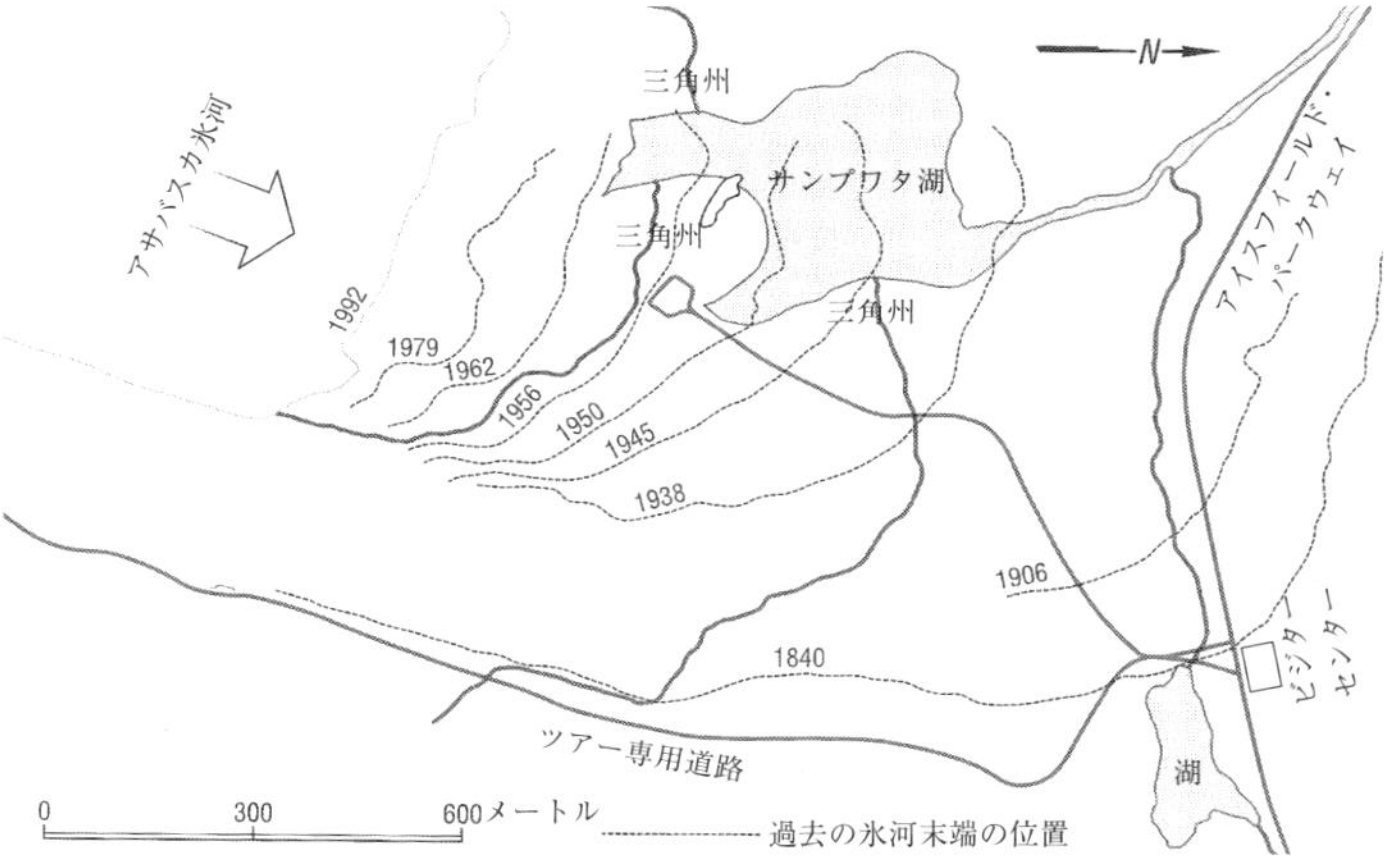

図3-3●アサバスカ氷河の後退域における氷河末端の位置の変化。点線は過去の氷河末端の位置を示す。（文献37より作成）

パークウェイあたりにあった（文献42）。それ以降は、現在に至るまで、速度を変えながら後退しつつある。過去一七〇年あまりにわたって記録された、氷河末端の位置の変化は（図3-3と表3-1）のようにまとめられる。

アイスフィールド・パークウェイ沿いのビジターセンターから氷河の末端近くまで続く歩道を辿れば、氷河後退域の様子を観察できる（図3-4a、b）。ところどころにみられる、地球の岩盤（基岩）に残る爪で掻いたような平行線は、氷河擦痕とよばれる（図3-4c）。氷河本体の底部に含まれていたレキ（礫、巨大な岩）が、地球を削った跡である。氷河によって運搬された岩屑による堆積物は、ティル（till）とよばれる。

氷河後退後に取り残されたティルが、幾重にも丘

表3-1●アサバスカ氷河の末端の後退速度（文献32、37）

期間	年数	後退距離	年平均の後退距離
1840〜1922	82年間	265メートル	3メートル／年
1922〜1960	38年間	1105メートル	29メートル／年
1960〜1980	20年間	120メートル	6メートル／年
1980〜1992	12年間	111メートル	9メートル／年
1992〜1994	2年間	48メートル	24メートル／年

のように連なっている様子が観察できる。ティルにより形づくられる地形が、堆石（モレーン moraine）である。このように、氷河が後退した跡地には、特徴的な地形が認められる。それらをまとめて、氷河地形という。

堆石は、いくつかの種類に分類される。アサバスカ氷河の本体を取り囲むように堆石がみられるが、このうち側面にある明瞭な稜線が、側堆石（lateral moraine ラテラルモレーン）である（図3-4d）。氷河の底に集積するレキを氷レキというが、氷河が後退した後に堆積して、基岩を覆っている氷レキは底堆石（ground moraine グラウンドモレーン）とよばれる。さらに、冬に氷河が前進して毎年のように形成される低い稜線も堆石である（annual moraine アニュアルモレーン）。氷河の末端部が数年にわたって見かけ上、停滞したとしよう。このとき、氷河からブルドーザーのように押し出された氷レキで作られた丘が、後退堆石（recessional moraine リセッショナルモレーン）である。

一九三八年には、氷河の下から窪地が出現した。そこに氷河の溶け水（融解水）が流れ込み、サンワプタ湖となった。サンワプタ湖は、一九六六年にかけてその面積を増加させた。湖には、氷河の溶け水とともに、大量の土砂

図3-4●アサバスカ氷河。後退域（左がサンワプタ湖、正面はビジターハウス）(a)。末端(2010年)(b)。氷河擦痕(c)。側堆石(d)。

（堆積物）が流れ込んでいた。流入した土砂の一部は湖から流出するが、毎年流入する土砂の七八パーセントが湖に滞留すると推定されている（文献21）。

堆石した土砂は、一九五六年に三角州（デルタ delta）となった。この三角州は、どんどん大きくなっている。一九六五年から一九七九年までの一四年間、湖に向かって四〇メートル（年平均三メートル）も前進し、一九九二年までの一三年間でさらに八〇メートル（年平均六メートル）前進した。このため、サンワプタ湖の面積は縮小傾向にある（文献37）。

氷河後退域における窒素固定植物の役割

アサバスカ氷河の後退域では、氷河後退にともなう約一七〇年にわたる生態系の遷移を、たった三〇分ほどの散策でみることができる。

スタート地点となるビジターセンター駐車場周辺の、今では森林になっている場所も、かつては氷河に覆われていた。氷河が後退した直後には、現在の氷河末端の間近にあるような裸地だったはずだ。氷河が後退してからの経過時間が異なる、複数の地点間で比較を行い、長時間にわたる生態系の変化を短時間の調査で再現する研究方法を、クロノシーケンス（chronosequence）法という。対して、同じ場所に調査区画を設定し、長期的な連続観察により生態系の変化を記述する方法はタイムシリーズ（time series）法とよばれる。

アサバスカ氷河の後退域では、その場所が氷河の下からいつ出現したか（後退してからの経過時間）が、詳しく記録されている。植物の生育状況を丁寧に見ていると、植物の定着が、この経過時間と、堆石でできた丘や谷といった地形の二つに対応していることがわかる（図3-5）。

例えば、氷河の末端付近は、基岩がむき出しの場所が多い。これに対し、後退から時間が経過した、末端から離れた場所ほど、岩石の細粒化が進み、植物は根を下ろしやすそうだ。また、空き地ができてからの時間が長ければ長いほど、そこに定着してくる植物も増えていくし、サイズの大きい（つまり、定着してからの時間が長い）植物個体が見られるようになる。

さらに、地形的な凹凸も影響する。堆石の丘の上は乾燥気味だが、あいだの窪地は氷河の溶け水が流れ込むなどして、比較的湿潤である。アサバスカ氷河の後退域を歩いていると、土壌が未発達の氷河後退域では、水の利用可能性が植物の定着に大きく影響することがよく分かる。

アサバスカ氷河の後退域ではさまざまな植物が見られるが、なかでもキバナチョウノスケソウ *Dryas drummondii*（以下、キバナ）は特筆に値する（図3-6）。

チョウノスケソウ属 *Dryas* の植物としては、キバナ以外にも、チョウノスケソウと、マキバチョウノスケソウ *D. integlifolia* の二種が、氷河の後退からの年代によらず、広く分布している。これら三種の根を観察したところ、キバナにおいてのみ、根粒が観察された（文献33）。

根粒とは、根粒菌とよばれる微生物（放線菌）が感染して形成される瘤状の器官である。この根粒のなかで、空中窒素固定が営まれている。

空中窒素固定とは、根粒菌の働きにより、空気中の窒素ガスが、アンモニア態の窒素に変換されるプロセスをいう。アンモニア態の窒素はアミノ酸を経て、植物の生長に必須のタンパク質にまで同化される。

(a)

(b)

(c)

(d)

(e)

(f)

(g)

(h)

(i)

(j)

(k)

(l)

(m)

(n)

(o)

(p)

図3-5● 2005年現在の氷河末端（a）とその周辺（b）。1992年に氷河末端だったあたり（氷河後退から13年）の様子（c）。1982年の氷河末端部（氷河後退から23年）に定着したヤナギ（d）とヤナギラン（e）。1959年に氷河末端だったあたり（氷河後退から46年）、特に氷河の溶水が流れるクリーク沿いでは植生の発達が良い（f）。1942年に氷河末端部だったあたり（氷河後退から63年）の様子（g）。同様の場所に定着したヤナギ（h）。1935年に氷河末端部だったあたり（氷河後退から70年）の様子（i）。1935年に氷河末端部だったあたり（氷河後退から70年）に定着したトウヒ（j）。1925年に氷河末端部だったあたり（氷河後退から80年）の様子（k）。1890年（手前）と1840年（奥）に氷河末端部だったあたり（氷河後退からそれぞれ115年、165年）の様子（l）。1890年の氷河末端部（氷河後退から115年）に定着したヤナギ群落。（m）。1890年の氷河末端部（氷河後退から115年）に定着したトウヒ（n）。1890年以前に成立した、氷河後退域を取り巻く森林から、トウヒが次第に氷河後退域に侵入しているように見える（o）。アサバスカ氷河の後退域の全景（ジャスパー国立公園）（p）。

つまりキバナは、空気中の窒素を固定して、自前で窒素源を獲得する能力を持っているといえる。土壌が未熟で栄養素に乏しい氷河の後退域では、このような植物と共生する微生物による空中窒素の固定が、生態系への窒素供給の大部分を担っている。

調査の結果、キバナの根では、氷河の後退から時間が経過するのにともなって、根粒が増加していた。また、氷河が後退してから七〇年以上経過した堆石の上では、キバナの葉が採取され、葉のもつ窒素安定同位体比の値が測定された。この測定により、その植物が、窒素固定由来の窒素と土壌中の窒素をどれくらいの割合で利用しているかを推定することができる。

図3-6●キバナチョウノスケソウ。

その結果、葉に含まれる窒素の八〜九割までもが、窒素固定に由来すると推定された。一方で、これより年代の若い堆石上で採取したキバナでは、窒素固定由来の窒素を利用している証拠は得られなかった。根粒が未形成のチョウノスケソウとマキバチョウノスケソウでも同様に、窒素固定由来の窒素を利用している証拠は得られなかった。

キバナの葉では、リンの濃度も測定されている。葉のリン濃度は、氷河の後退の直後の場所や、後退から七〇年が経過した場所では低かったが、それより時間の経過した場所では、微増する傾向が認められている（文献17）。

葉のリン濃度に、このような変化のパターンがみられた理由は明らかではない。リンは窒素とならんで植物の生長に必須の栄養素であるため、空中窒素固定に由来する窒素の増加と、土壌からのリンの獲得とのあいだに、何らかの関連性があるのかもしれない。

キバナによる窒素固定は、土壌に含まれる窒素の増加にも寄与している。枯死したキバナの葉や根が、土壌に還ることによる。さらに、このような土壌中の窒素の増加ともなって、土壌中の微生物の量や活性も増加していた（文献26）。土壌微生物の量と活性は、植物が未定着の土壌に比べて、キバナの直下の土壌で高かった。

さらに興味深いことに、氷河の後退から七〇年以上が経過した堆石上では、キバナ以外の植物が、キバナに共生する根粒菌による空中窒素固定の恩恵に預かっていた。窒素安定同位体の測定から、キバナの近くにいる植物は、窒素固定能を持たないにもかかわらず、空中窒素固定に由来する窒素を利用していることが示された。また、キバナの近くにいる植物個体では、キバナから離れた個体と比べて、葉の窒素濃度が高くなる傾向が認められた。

この観察結果は、キバナの周辺で植物の生長が促進されうることを示唆している。キバナの周辺は、未発達の貧栄養土壌からなる氷河後退域という「海」に浮かぶ、栄養分を含む「島」と考えることもできる。氷河の後退から七〇年以上が経過した堆石上では、一次遷移において、キバナの存在が大きな役割を果たしているのである。

ロブソン氷河の後退域における一次遷移

ロブソン氷河は、カナディアンロッキーの最高峰、ロブソン山（標高三九五四メートル）の北側に位置し、ロブソン山域で最大の氷河である（図3-7）。

ロブソン氷河では、一一五〇年頃から少なくとも一三五〇年頃にかけて、末端が前進した。氷河の末端が前進するスピードは、一二一四年から一二六一年の期間で平均すると、年間約三・八メートルだったと推定されている（図3-8）（文献43）。

図3-7●ロブソン氷河と、その後退域。

その後、一三五〇年頃から一七八〇年頃にかけては、氷河の末端の位置はほとんど動いていないようだ。

一七八〇年より後、ロブソン氷河の末端は二〇〇年以上にわたって後退を続けている（図3-9 a、b）。

現在、氷河の後退域は標高約一六〇〇メートルにあり、末端堆石（ターミナルモレーン terminal moraine）と、一〇あまりの後退堆石が認められている（文献25）。

これらの堆石上で、植生が調べられた（文献62）。氷河が後退してからの年数経過によって、次の三つの遷移段階が認められた（図3-

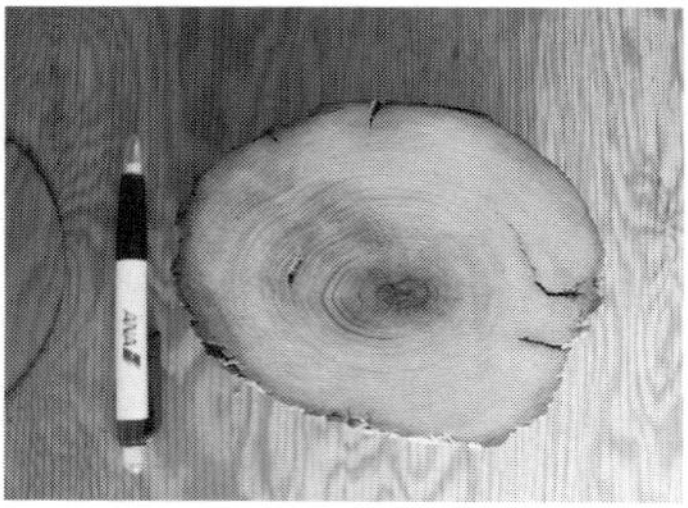

図3-8● B.H. ラックマン（ウェスタンオンタリオ大学）が採取したマツ材（文献 43）。ロブソン氷河の下から出現した。樹種は不明だが約 5000 年前のものと推定されている。この材は、氷河の涵養域のあたりにかつて森林が存在していたことを示す証拠となった。

9c〜e)。

(1) 氷河後退から約五〇年が経過した堆石：主に先駆的な植物からなる群落が発達している。ハイイロヤナギ *Salix glauca*・ロックウィロー *Salix vestita*・キバナチョウノスケソウ・ノーザンスウィートヴェッチ *Hedysarum boreale* などが認められる。ノーザンスウィートヴェッチはマメ科イワオウギ属の植物で、窒素固定能力を有する。

(2) 氷河後退から七〇〜一〇〇年が経過した堆石：先駆的な植物に加え、エンゲルマントウヒが出現。この時期には、土壌に含まれる窒素の量も急激に増加する（文献58）。

(3) 氷河後退から一六〇〜二〇〇年が経過した堆石：エンゲルマントウヒがさらに増加し、アカミノウラシマツツジ *Arctostaphylos rubra*・ノーザンスウィートヴェッチなどの低木を交える。この段階で、土壌の有機物や窒素の量は、遷移の初期段階に比べて約一〇倍にまで増加していた。

これらの堆石上の植生を比較すると、氷河後退からの時間の経過にともなって、植物種数は増加す

図3-9●ロブソン氷河。後退域（a）。2010年の末端部（b）。1996年頃に氷河の後退により出現した母岩の丘（氷河の後退から約14年後の様子）（c）。1950年頃に形成された堆石（氷河の後退から約60年後の様子）（d）。1908年に末端部に形成された堆石（氷河の後退から102年後の様子）（e）。

る傾向を示した。しかし、種組成は大きくは変化していない。つまり、多くの植物種が、遷移の初期（氷河後退から約五〇年）と後期（同約一六〇〜二〇〇年）に共通して出現していた。

ただし、氷河後退から二〇〇年が過ぎた堆石上と、この氷河の後退域を取り巻く、さらに老齢のミヤマモミとエンゲルマントウヒからなる森林とでは、植生は依然として大きく異なっていた。

例えば、ヤナギ属の灌木、ノーザンスウィートヴェッチ、キバナチョウノスケソウ、アカミノウラシマツツジなどは、堆石の上で多いが、周辺の森林ではほとんど認められなかった。逆に、ミヤマモミ、ゴゼンタチバナ *Cornus canadensis*、グリーニッシュフラワードウィンターグリーン *Pyrola chlorantha* などの植物は、周辺の森林では普通に認められるが、堆石の上ではごく稀であった。

図3-10●ノーザンスウィートヴェッチ

ロブソン氷河の後退域では、ノーザンスウィートヴェッチ（図3-10）が空中窒素固定の能力を有しており、一次遷移のなかで主要な役割を果たしている（文献4）。

この後退域では、生物的に固定される年間の窒素量の七二〜八八パーセントを、ノーザンスウィートヴェッチによる空中窒素固定が占めていた。残りのうち八〜二六パーセントは、土壌の表面に生息する微生物（シアノバクテリア）により固定されていた。

植物および土壌での空中窒素固定により、生態系にもたらされる窒素の量は、氷河後退からの経過時間にともなって低下していた。特に、約二〇〇年が経過した堆石上では、大幅な低下が認められている。

アサバスカ氷河の後退域では、キバナチョウノスケソウの根にも根粒が形成されていたが、このロブソン氷河の後退域では、キバナチョウノスケソウの根に根粒は形成されていなかった。ロブソン氷河の後退域では、チョウノスケソウの仲間は窒素固定に寄与していないようだ。

しかし興味深いことに、アサバスカ氷河の後退域と同様に、ロブソン氷河の後退域でも、窒素固定植物の近傍で定着が良好な植物がみられた（文献5）。ノーザンスウィートヴェッチの近くでよく観察された植物は、氷河後退から約五〇年が経過した堆石上では、ハイイロヤナギやエンゲルマントウヒであった。また、約二〇〇年が経過した堆石上では、オオバイチヤクソウ *Pyrola asarifolia* であった。この例のように、ある植物を中心に、他の植物の定着が促進されるプロセスは、核形成（nucleation）とよばれている。

キャベル氷河とヨーホー氷河の後退域

ジャスパー国立公園に、標高三三六三メートルのエディス・キャベル山がある。そのふもと、現在ではキャベル・クリークとよばれる川の流れる谷は、かつては氷河によって覆われていた。

図3-11●小氷期に形成された末端堆石の周辺の様子。

図3-12●エンジェル氷河。

その氷河の末端は、小氷期を通じて停滞を繰り返しながら、後退を続けてきた（文献25、40）。小氷期には、一七〇五年頃と、一七二〇年頃、一八五八年頃、そして一八八八年頃に、主要なモレーンが形成された（図3-11）。

縮小を続けた氷河は、一九四六年に二つの氷河に別れた。現在のエンジェル氷河（図3-12）とキャベル氷河（図3-13）である。これらの氷河は、その後も縮小し続けている（図3-14）。キャベル氷河で調べた結果によると、氷河の末端は、一九二七～一九六三年に年平均一六メートル、一九六三～一九七五年に年平均六～八メートルの速さで後退していると推定されている（図3-15 a、b）。

氷河の溶け水が流れるクリーク沿いの平地には、氷河から流れ出た土砂が堆積している。このような場所はアウトウォッシュプレーン（outwash plane）とよばれる。氷河は河川と同じように、侵食や堆積の作用を持つ。キャベル氷河のアウトウォッシュプレーンには、ヤナギ属の樹木が定着している（図3-15 c）。

また一九六〇年以降、キャベル氷河の末端は湖に面するようになった。その湖の大きさは、一九六三年には一三〇〇平方メートルだったが、一九七五年には二万平方メートルまで拡大し、深さは少なくとも七・五メートルに達している。

ヨーホー国立公園にあるヨーホー氷河も、一八四四年以降、末端が後退を続けている（文献6）。後退の速度は、一八〇〇年代は年平均で八メートルほどだったが、一九〇〇年以降は加速した。一九五一〜一九六〇年には、後退の速度は年平均五九メートルと見積もられている（図3-16）。

図3-13●キャベル氷河とキャベル池。（ジャスパー国立公園、標高約1700メートル）

氷河の後退域は、一次遷移にともなう生態系の発達を知る上で、絶好の機会を与えてくれる（文献45）。カナディアンロッキーには、氷河が数多く存在している。立地条件の異なるさまざまな氷河後退域で生態系の遷移を比較することができる。それにより、一次遷移のパターンにみられる共通性や特異性を、明らかにできる可能性がある。そのような情報は、山岳地帯や高緯度地域において、将来的な地球温暖化にともなって、生態系がどう変化するのかを予測する上で、有益な情報を提供してくれるだろう。

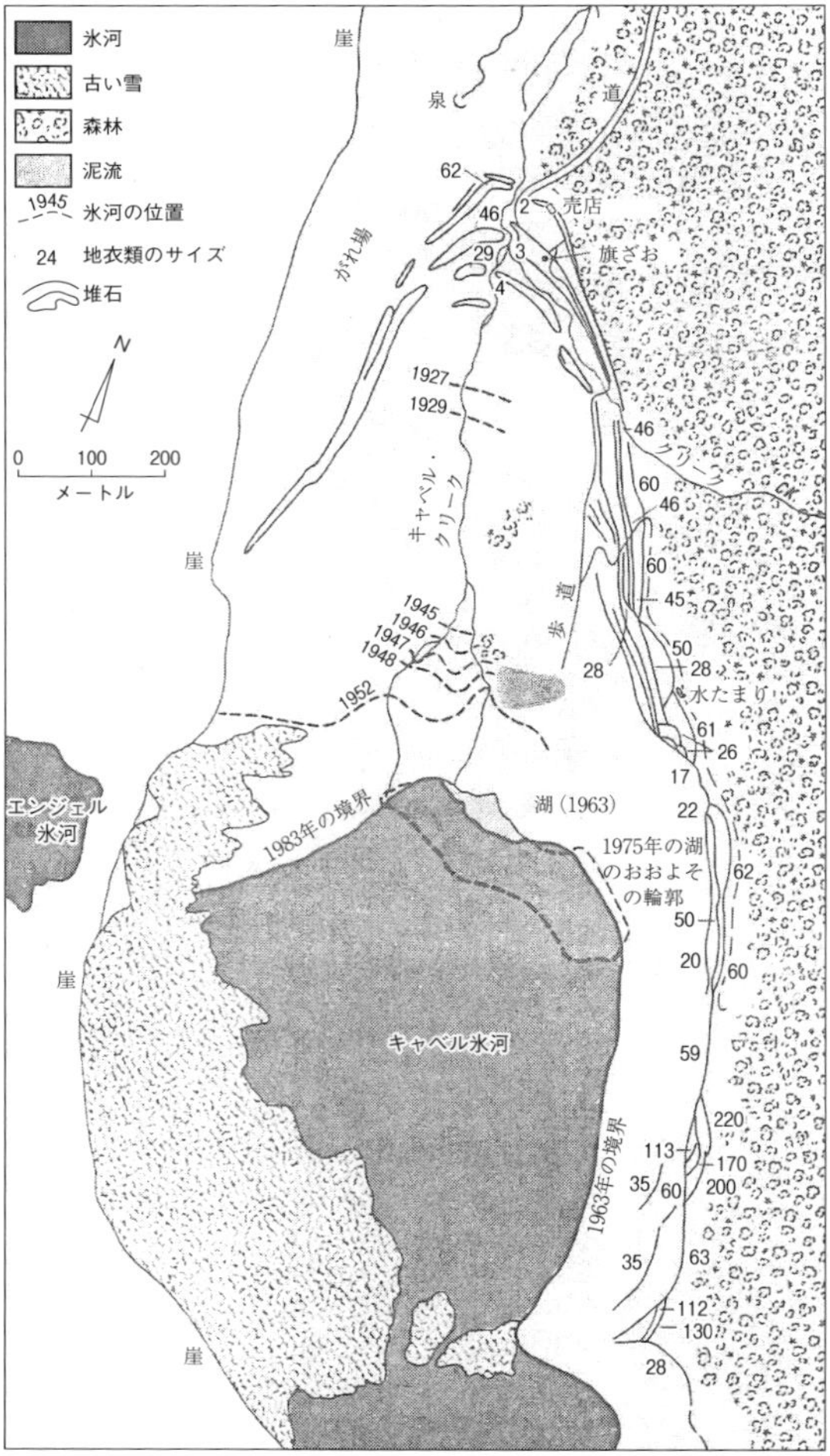
氷河
古い雪
森林
泥流
1945 氷河の位置
24 地衣類のサイズ
堆石
N
0 100 200
メートル
崖
泉
道
売店
旗ざお
がれ場
キャベル・クリーク
歩道
クリーク
水たまり
1927
1929
1945
1946
1947
1948
1952
エンジェル氷河
湖(1963)
1983年の境界
1975年の湖のおおよその輪郭
キャベル氷河
1963年の境界

図3-14●キャベル氷河後退域の推移（文献40）。西暦1927年以降の氷河の変化は、写真記録、年輪解析、およびライケノメトリー法 lichenometry により推定されている。ライケノメトリー法とは、岩にみられるチズゴケという地衣類のコロニーの大きさ（サイズ）に基づく年代推定法である（文献1）。

図3-15● 1950年代に形成された側堆石（a）と底堆石（b）。アウトウォッシュにみられるヤナギ（c）。

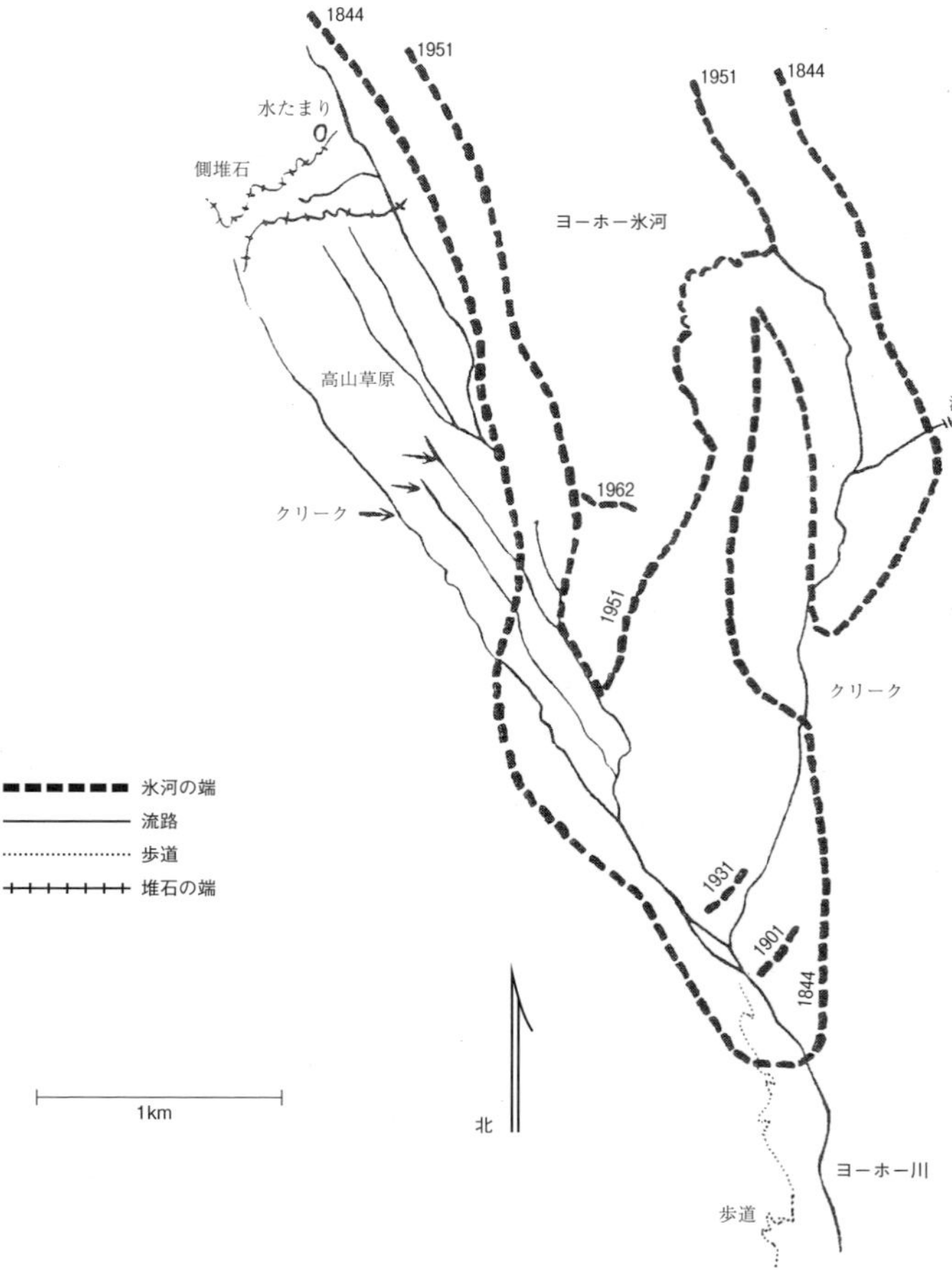

図3-16●ヨーホー氷河後退域の推移（文献6）。点線で1844年と1951年の氷河の輪郭が、また1901年、1931年、1962年の氷河末端の位置が示されている。

3 湿原と氾濫原

湖沼や河川の周辺や、特に亜高山帯林の排水の悪い場所には、一般に湿原（wetland）とよばれる立地がひろがっている。「湿原」はその特徴に応じて細かく区分されている（表3-2）。

湿原では、水位の低下、流路の変化、あるいは土砂・植物遺体の堆積などによって陸化が進む場合がある。それにともなって、まず草本が、やがては樹木の定着が進み、生態系の遷移が認められる。このような湿原の陸化にともなう植生遷移は、湿性遷移（mesic succession）とよばれる。

例えば、バンフ市街の西部に位置するバーミリオン湖（図3-17a、b）では、水位調整用のダムが除去されて以来、水位の低下が進んでいる。湖岸部は湿原化し、ガマ *Typha latifolia* などの水生植物が定着している。

さらに水位が低下すれば、ヤナギ属、カナダミズキ *Cornus sericea* などの灌木や、バルサムポプラ、アメリカヤマナラシなどの高木が定着する。やがては陸化して、湖の周辺にみられるようなトウヒ林へと遷移すると予想される。

沼沢地（フェン fen）は、泥炭が四〇センチメートル以上の厚さに堆積した湿原である（図3-17c）。

表3-2●カナダの湿原生態系とその分類（文献35より作成）

名称	特徴
ボグ（bog）	分解不良の有機物（泥炭）が厚く堆積した、貧栄養で酸性の強い湿原。泥炭の厚みは40センチメートル以上。ふつう泥炭の堆積面が土壌の水位よりも高いため、土壌水が表面まで届かない。このため、水と栄養塩の供給を土壌ではなく、雨水に依存している（降水栄養性 ombrotrophic）。通常、ミズゴケ類が緻密に生育している。
沼沢地（フェン、fen）	泥炭は厚さ40センチメートル以上堆積しているが、泥炭の堆積面と水位面がほぼ同じ位置にあるため、土壌水が緩慢ではあるが土壌内を浸透して流れている湿原。スゲ類が優占する。
マーシュ（marsh）	一般に水位変動が大きく、季節によって湛水状態から、地表面が露出する状態にまで変化する湿原。土壌はふつう鉱物質で、未分解の有機物が厚く堆積することはない。一般にイネ科草本およびスゲ類が優占する。
沼地（スワンプ、swamp）	基本的に樹木をともなう湿原。水位が通常は地表面にあるが、乾燥期には地表面から低くなる湿原で、土壌には分解が良好な泥炭、あるいは有機質土壌が堆積している。ハンノキ類、バルサムポプラ、アメリカカラマツ *Larix laricina*、クロトウヒなどの樹木がみられる。
シャローウォーター（shallow water）	開放水面をもつ池沼で、最大水深が2メートル以下のものをいう。原則として年間を通じて湛水状態にある。挺水植物、浮葉植物が生育する。

バンフ国立公園では、亜高山帯の窪地に沼沢地がよく発達している（文献34）。沼沢地には高木が出てこないので、低木の茂み、あるいは草地のような景観となる。

沼沢地にみられる主要な植物種に、チャボカンバ *Betula pumila*・シュラビーシンフォイル *Pentaphylloides floribunda*・ミズスゲ *Carex aquatilis*・そしてコケの一種であるゴールデンスターモス *Campylium stellatum* がある。

氾濫原（floodplain）は、河川の運搬・堆積作用により、河川に沿って形成される湿原の一つである（図2-14、図3-17d）。氾濫源では、春に雪解け水が流れ込んだり、雨が続いて水量が増えたりすると、土壌が水浸しになる。頻繁に土壌が浸水する場所では、そのような環境に適応したイネ科の草本が優占する。

(a)

(b)

(c)

(d)

(e)

図 3-17● サード・バーミリオン湖 Third Vermillion Lake（バンフ近郊、標高約 1400 メートル）(a)。ファースト・バーミリオン湖 First Vermillion Lake 岸の湿原（バンフ近郊）。正面の山はランドル山（b)。沼沢地（フェンランド・トレイル、バンフ近郊、標高約 1400 メートル）（c)。ノース・サスカチュワン川の氾濫原。ハウズバレー（Howse Valley)。バンフ国立公園、標高約 1500 メートル。最終氷期の末期に氷河由来の氷塊が谷に落下し、その融解にともなって窪地が形成され湖となった（d)。沼地。バックスワンプ（Back swamp)。バンフ国立公園、標高約 1400 メートル)。ボウ川の支流の堆積物により形成された扇状地の、その上流側に形成された沼地（e)。

一方、浸水の頻度が低い立地には、灌木や高木が侵入してくる。こうして氾濫原には、浸水の期間や頻度を反映して、草地と、さまざまな発達段階の森林とがモザイク状に分布している。河川の堆積物で形成された氾濫原でみられる、このような草地から森林に至る植生遷移は、土壌が未発達な状態から始まる一次遷移の一例である。

扇状地(alluvial fan)は、河川の本流と支流との合流部で、比較的平坦な場所に形成される(文献36)。氾濫源と同様に、河川が運搬した土砂が堆積して作られる。バンフ国立公園のボウ川では、扇状地が川に沿って支流との合流地点に点々と分布している(文献52)。この扇状地の上流部が、沼地(swamp)になる場合がある(図3-17 e)。沼地は、土の水位が地表面か、あるいはそれより低くなる場所で、基本的に樹木をともなっている場所をいう。

4 地滑りと雪崩の発生

カナディアンロッキーの山々を眺めると、地滑りや雪崩の跡が、急な斜面に数多く刻まれている様子を見ることができる。地滑りや雪崩は山岳地帯に特有の現象であり、人間の暮らしの視点に立てば

(a) (b)

図3-18●針葉樹が定着した地滑りの跡。ボウ峠の地すべり（Bow Pass debris、バンフ国立公園、標高約 2000 メートル）(a)。ジョナスの地すべり（Jonas slide、ジャスパー国立公園、標高約 1500 メートル）(b)。

自然災害に他ならない。しかしここでは、生態系の遷移を引き起こす撹乱要因の一つと捉える。

斜面のダイナミクス

山岳の急斜面や谷壁では、風化作用により不安定になった表層の物質が、氷河だけでなく、重力や水などの外的営力によって下方へと移動していく。重力による斜面下方への岩屑の移動はマスウェイスティングとよばれ、斜面崩壊、山崩れ、土石流、地滑りなどと分類されている。

地滑りが発生すると、斜面の上の植生が、土壌ごと剥ぎ取られて流れる。流れた土砂が堆積した場所は、地滑り崩積土（landslide debris）とよばれる（図3-18）。地滑り崩積土や地滑り後の斜面では、植生の一次遷移が認められる。地滑り面では土壌が常に動いていて、不安定である。そのため地滑り面よりも地滑り崩積土で、植物の定着が良好である。

地滑りが発生する頻度は比較的低いのに対して、雪崩は毎年のように発生する。

レイク・ルイーズ周辺では、一九六五〜一九六七年の四〜一〇月のあいだに、合計一一六二回もの雪崩が目撃された（文献19）。その雪崩の大部分が、四〜六月に発生しており、いずれも密度の高い、湿った雪が、地表面を滑り落ちるタイプの雪崩であった。一日の時間帯でみると、ほとんどの雪崩が、昼間（一一〜一五時）に発生していた。そして、規模の小さい雪崩ほど発生頻度が高く、規模の大きい雪崩は発生頻度が低かった。

図3-19●雪崩道（クートネイ国立公園、標高約1400メートル）

雪崩が滑り落ちる斜面を、雪崩道（avalanche path）という。カナディアンロッキーの山地帯や亜高山帯では、雪崩道が、斜面の上部から下部にかけて帯状に並んでいる様子を頻繁に見ることができる（図3-19）。
この雪崩道を詳しくみてみると、斜面の上方から順に、ソースエリア（source area、あるいはstarting area）、トラック（truck）、そしてランナウト帯（run-out zone）の三つの部分に区別できる（図3-20）。雪崩は、斜面上部のソースエリアに積もった雪から始まる。ソースエリアからの雪崩は、トラックを滑り落ちる。そして雪崩は、斜面の下部に位置するランナウト帯へと流れ出す。

図３-20●雪崩道の概略図。

雪崩は比較的植被に乏しい雪崩道を、植生のみならず、ときに土壌や地表面を削りながら流れ落ちる。このため、雪崩には、さまざまなサイズのレキ（礫）が含まれている。直径一メートル以上のレキが含まれることも、しばしばある。これらのレキは、ランナウト帯に堆積し、雪崩道の下部に、特徴的な扇状の地形を作り出している。ただし、乾いたパウダースノーが雪崩になったときは、土壌まで流れ去ることは少ない（文献20）。

高木限界より標高の高い場所にある高山帯では、雪崩が土砂を移動させる主要なプロセスになっている。雪崩による土砂の移動が、地形の発達と深く関わっていることが分かっている（文献41）。例えば、急な斜面に発達した長い雪崩道の下方には、雪崩の衝突により形成された窪地（impact pool）や、そこに水が溜まって小さな湖になっている様子がしばしば認められる（文献57）。

雪崩道にみられる植生の動態

雪崩道は、裸地ではない。雪崩道には、雪崩という自然撹乱に適応した灌木や草本からなる植物群落が成立している（文献8）。

カナナスキス川上流の集水域では、二五〇本以上の雪崩道が認められているが、そのトラックには、樹高一・五メートルほどのヒメカンバやハイイロヤナギがみられる。一方、ランナウト帯の周辺には、コントルタマツやエンゲルマントウヒの森林が発達している。トラックでも、これらマツやトウヒの若木が認められるが、カンバやヤナギよりもサイズは小さい。マツやトウヒでは、大きいサイズに達する前に、雪崩による幹折れや根返りによって死亡している様子が観察された。

そのような雪崩道での雪崩の発生頻度を、樹木に残された傷跡から知ることができる（文献27）。雪崩の発生頻度は、斜面上の位置によって異なっていた。雪崩の発生頻度は、急傾斜の上部ほど高く、平均で二・一年に一回だった。そこから斜面の下に向かって、雪崩の頻度は指数関数的に低下し、緩傾斜の下部では平均で一五年に一回であった。

樹木がどれくらいのサイズに達すると、雪崩で幹が折れてしまうのだろうか。カナナスキス川の上流の集水域で調べた例によると（文献27）、雪崩により幹が折れるかどうかには、まず材の弾性に関わっている。ただし、材の弾性を雪崩道にみられるカンバ、ヤナギ、マツ、トウヒで比べたところと、この四樹種でほとんど差はなかった。

むしろ、この四樹種の幹折れに影響していたのは、個体のサイズだった。小さい個体は、幹を曲げることで幹折れを免れることができる。しかし、幹の基部の太さが直径四～六センチメートルを越えると、雪崩を受けても曲がりきれず、幹が折れてしまう。しかし、カンバとヤナギは低木なので、野外では、その大きさにまで生長することがない。このため、雪崩によって幹が折れることがない。一方、マツとトウヒは、幹の基部直径が六センチメートルを超える大きさまで生長することができる。このため、マツとトウヒは大きく生長しても、雪崩が発生すると幹が折れてしまう。

そのため、マツとトウヒが雪崩道で生存できるかどうかには、こんどは雪崩の頻度が影響してくる。先ほど述べたように、緩やかな斜面の下部では、雪崩の発生頻度は一五～二〇年に一回以下と少ない。マツとトウヒはその期間で大きいサイズにまで生長できるため、カンバとヤナギより大きいサイズに到達することができる。しかし、もっと高い頻度で雪崩が発生する傾斜の急な斜面の上部では、雪崩により幹が折れて死亡する確率が高く、マツ・トウヒともに個体数を増やすことができない。

カナディアンロッキーの南側、アメリカ合衆国モンタナ州のグレイシャー国立公園でも、雪崩道の植生が調べられている（文献7）。ここではカナディアンロッキーと違って、針葉樹のミヤマモミと、広葉樹の灌木であるダグラスカエデ *Acer glabrum* が主に出現する。ただ、カナナスキスと同様に、雪崩道の上部にいくほど針葉樹の数は減少し、灌木の比率が増大していた。

5 害虫の大発生──マウンテンパインビートル

生態系の撹乱は、氷河の後退や雪崩などの物理的な要因だけでなく、生物的な要因によっても引き起こされる。植食性昆虫の大発生は、そのような生物的な撹乱要因の一つである。

日本でマツ枯れやナラ枯れとして知られる樹木の枯死も、昆虫と、それに随伴するセンチュウや菌類が原因となっている。なかでも、キクイムシあるいは樹皮下穿孔虫（bark beetle）とよばれる昆虫のなかには、カナダ南西部で主要な害虫として知られる種が多い（文献3）。

マウンテンパインビートル *Dendroctonus ponderosae*（mountain pine beetle：以下、ＭＰビートル）は、コウチュウ目ゾウムシ科の樹皮下

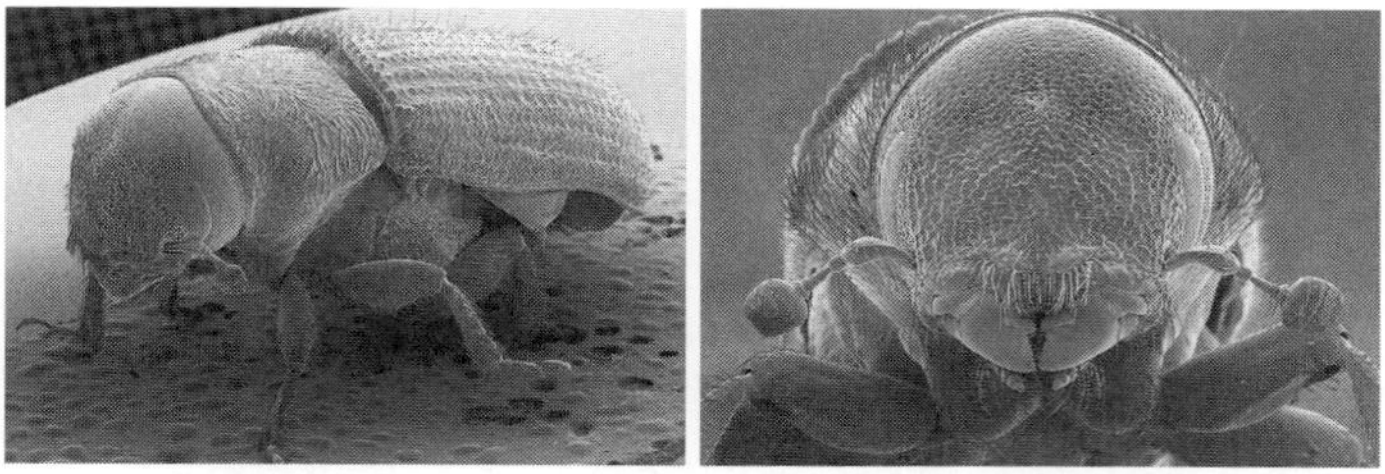

図3-21●マウンテンパインビートルの左側面（左）と正面（右）。カナダ森林局（Natural Resources Canada）の Debra Wertman と Terry Holmes 撮影。

穿孔虫である（図3-21）。体長五ミリメートルほどで、北アメリカ西部のマツ林に生息している在来種である。

MPビートルが近年、カナディアンロッキーを含むカナダ西部の森林において、コントルタマツの大量枯死を引き起こしている（図3-22）。被害は、ブリティッシュ・コロンビア州からカナディアンロッキーを越えて、東側のアルバータ州の北方林にも拡大しつつある（文献55）。

ブリティッシュ・コロンビア州では、一九一〇年以降、このMPビートルの大発生が四回あったことが知られている。そして近年では一九八〇年半ばから、州の中央部に位置する内陸平原（Interior Plateau）を中心に被害が拡大している。二〇〇三年には、四一〇万ヘクタールもの森林が被害を受けた（文献16、61）。こうして毎年、一三〇〇万本ものマツが、MPビートルにより枯死している。カナディアンロッキーでも、過去にMPビートルの大発生があったことが記録として残されている。例えば、一九二九年から一九四二年のあいだに、クートネイ国立公園では、約六万五千ヘクタールのマツ林が被害を受けた。このとき、公園全体のマツの八五パーセントが枯死した。その後も、ヨーホー国立公園や、バンフ国立公園で、比較的小規模な発生が認めら

図3-22●マウンテンパインビートルによって枯れたマツ林。枯死木の葉が赤茶色に変色している（口絵参照）。

れている（文献13）。

一九九〇年代に入ってからも、ブリティッシュ・コロンビア州を中心に、ＭＰビートルによるマツの大量枯死が発生している。しかしカナディアンロッキーでは、単発的なマツの枯死は認められているものの、大発生には至っていない。

しかし、安心はできない。それは過去九〇年にわたって、森林火災の抑制プログラムが行われていることによる。抑制プログラムにより、コントルタマツの同齢林が、火災により更新されることなく、大面積にわたって成熟してきている。このような大面積にわたるマツ同齢林は、ＭＰビートルの被害を非常に受けやすい。暑くて乾燥した夏（＝乾燥ストレス）と、温暖な冬（＝ＭＰビートルの死亡率の低下）が続くと、カナディアンロッキーでも再びＭＰビートルが大発生し、被害が拡大する可能性が危惧されている。

生態系管理の観点からは、被害発生の抑制策を検討することに加えて、被害地がどのようなプロセスを経て遷移していくのかについて予測する必要があるだろう。

6 根株腐朽

樹木の根に入り込んで、地際の材を腐らせてしまう菌類がいる。根株腐朽菌(root rot fungi)とよばれる、さまざまなきのこの仲間である。

根株腐朽菌により材は腐朽するが、樹木が枯死に至ることは稀である。枯死したとしても、集団的というより単発的に枯死が発生する。このため、MPビートルの潜在的なリスクに比べると、撹乱の要因としての重要性は低いといえる。

しかし、根元が腐って物理的な支持力が低下した樹木は、強風により風倒しやすくなる。根株腐朽菌の罹病率が高いと、強風により森林が一挙に壊滅するリスクが高くなる。

実際、日本でも、昭和二九年のいわゆる「洞爺丸台風」により大量の風倒木が発生したが、その風倒木のほとんどが、根株腐朽菌により加害されていた。立木の腐朽状況の把握は、森林管理において不可欠といえる。

カナナスキスのカナダトウヒ林(一一〇〜二七〇年生)において、立木の腐朽被害を調べた研究がある(文献15)。立木の腐朽部が材積全体に占める割合は、平均で六パーセントに過ぎなかった。太

図3-23●材の腐朽を引き起こす菌類の子実体（きのこ）

さで比較すると、大径木ほど腐朽部が材積に占める割合は高かった。

樹種別にみると、腐朽部の割合が高かったのはコントルタマツとダグラスモミ（九〜一八パーセント）であった。一方、カナダトウヒ（五パーセント）とミヤマモミ（一パーセント）では低かった。ただし、この樹種による違いは、調査した森林で、コントルタマツと、ダグラスモミの大径木が多く、ミヤマモミの小径木が多かったことを反映している。

腐朽部でどのような種類の腐朽菌がみられたかも調べられた（図3-23）。腐朽部の材積の五二パーセントで、ポリポルス・サーシネイタス *Polyporus circinatus* などの根株腐朽菌が認められた。残りの四八パーセントでは、フォームス・ピニ *Fomes pini* やチウロコタケモドキ *Stereum sanguinolentum*、ペニオフォラ・セプテントリオナリス *Peniophora septentrionalis* など、傷口や枝の脱落部から侵入する幹材の腐朽菌がみられた。これらの菌類は、生木を侵す病原菌であるが、それと同時に、樹木が倒れて枯死したあとも定着しつづける。材を分解して土に還す役割も果たしている。

これら根株腐朽菌による樹木個体の枯死は、森林における林冠ギャップの創出に貢献する。根株腐朽菌により形成されたギャップにおける樹木の更新や動態については、エゾノサビイロアナタケ *Phellinus weirii* が加害する、アメリカ合衆国北西部のダグラスモミ原生林で、詳しく調べられている（文献50）。

エゾノサビイロアナタケは根の接触により、感染個体から隣接する健全な樹木個体へと伝播する。その拡散速度は、平均で年間約三四センチメートルと推定されている。この病原菌による樹木の枯死にともなって、長年にわたり空き地、すなわち林冠ギャップが形成される。その林冠ギャップの面積は、単独で一ヘクタールに達する場合もある。林冠ギャップのなかでは、病原菌に対する感受性の低い樹木が主に更新するため、森林樹木の組成が、隣接する罹病していない林分と大きく異なることが知られている。

7 生態系の撹乱要因としての森林火災

森林の火災は、落雷などの自然要因だけでなく、タバコやキャンプの火の不始末といった人為要因によっても発生する。生活圏の近くで発生した森林火災は、家財や人命を奪う恐ろしい自然災害である。

日本のように湿潤な気候のところで、森林火災はそれほど頻繁に発生しない。しかし、カナダやオーストラリアなど、乾燥の卓越する大陸性の気候下では、火災は頻繁に発生する。火災は、地球上の生態系において、もっとも重要な撹乱要因の一つである。興味深いことに、生物のなかには、火災の発生に適応して生活するものも多い。

現在見ることのできる、カナディアンロッキーの生態系の多くは、火災の後に二次遷移によって成立したことが知られている。火災は、カナディアンロッキーの景観を形作る、もっとも主要な撹乱の一つである。ジャスパー、バンフ、クートネイ、カナナスキスの各地域において、火災の規模・頻度と、森林の構造との関連が詳しく調べられている（表3-3）。これらの地域を一つずつ取り上げて、火災と山岳生態系との関係について詳しく紹介する。

火災が生態系に及ぼす影響を考える上で、どれくらい頻繁に発生するか（火災の頻度）、どれくらいの面積が燃えるか（火災の面的な規模）、火力はどれくらいか（火災の強度）、土のどの深さまで燃えるか（土壌の燃焼深度）などといった側面に注目する必要がある。火災の生態学（fire ecology）の基本的な用語と考え方を概説する。

まず、火災の頻度を定義する。火災の頻度は、火災イベントから次の火災イベントまでの年数（＝

表3-3●カナディアンロッキーにおける大規模な森林火災の例

場所	公園名	発生年	標高（m）
トカムクリーク Tokumm Creek	クートネイ	2003	1400–1800
ベレンドリクリーク Verendrye Creek	クートネイ	2003	1200-1600
マウントシャンクス Mt Shanks	クートネイ	2001	1200-1600
ソーバック Sawback prescribed burn	バンフ	1993	1200-1400
バーミリオン峠 Vermillion Pass	クートネイ	1968	1600
ハウズバレー Howse Valley	バンフ	1940 頃	1400-1600
マウントロブソンコリドー Mt Robson Corridor	マウントロブソン	1914	800-1300
ハーバート湖 Herbert Lake	バンフ	1900 年代	1600
ボウ谷 Bow Valley	バンフ	1896	1400-1800
アサバスカ谷 Athabasca Valley	ジャスパー	1889	1000-1600

再来期間）として評価される。ある期間における、火災の平均的な再来期間を推定するときには、二つの異なる方法が用いられる。

一つ目は、調査の対象となる地域（例えば、ジャスパー国立公園全域や、ある集水域）のなかで発生した、連続する二回の火災イベントの間の年数を平均する方法である。この値は、平均の火災再来期間（fire return interval）とよばれる。

二つ目は、調査の対象となる地域のなかの、ある区域（通常は一〇〇ヘクタール以内）において火災が発生してから、同じ区域で次に再び火災が発生するまでの平均年数で表される。この値は、火災サイクル（fire cycle）とよばれる。

火災の強度は、大きく三つの段階に分けられる。地表だけでなく、林冠も燃える強度の強い火災（high-intensity fire）、炎は林床表面を燃やすにとどまり、樹冠の燃焼は部分的にしか起こらない強度の弱い火災（low-intensity fire）、そして、それらの中間的な強度の火災である。

ここで挙げた火災の頻度や、規模、強度、土の燃焼深度は、さまざまな要因の影響を受ける。例えば、気象の条件（天気）、斜面の向きと傾斜・水分条件・標高といった地形的な条件、植生のタイプ・燃料となる落葉落枝などの植物遺体の集積量、といった生物的な条件、そして風向きなどである。

例えば、過去五〇〇〇年間にわたる火災の再来期間を山地帯で比較したところ、北向きの斜面よりも、比較的暖かくて乾燥する南向き斜面で短かったことが報告されている（文献49）。

最近の研究により、火災の発生が、もっと広域的な気象学的な現象の影響を受けていることも分かってきた。太平洋で認められるエルニーニョ南方振動（El Nino-Southern Oscillation：以下、ENSO）や、太平洋十年規模振動（Pacific Decadal Oscillation：以下、PDO）として知られる長期的な気象現象が、カナディアンロッキーにおける気温や降水量を変化させることで、火災の発生と密接に関連していることが示されてきた（図3-24）。

ENSOとは、インドネシア付近と南太平洋の東部で、海面の気圧がシーソーのように連動して変動し、赤道付近の太平洋の海面水温や海流などが変化する現象をいう。半年から一年半程度の持続期間を持つ。

PDOは、太平洋各地の海水温や気圧の平均的な状態が、約二〇年の周期で変動する現象である。

このように、遠く離れた場所で連動して起こる気象現象の因果関係のことを、テレコネクション（teleconnection）という。

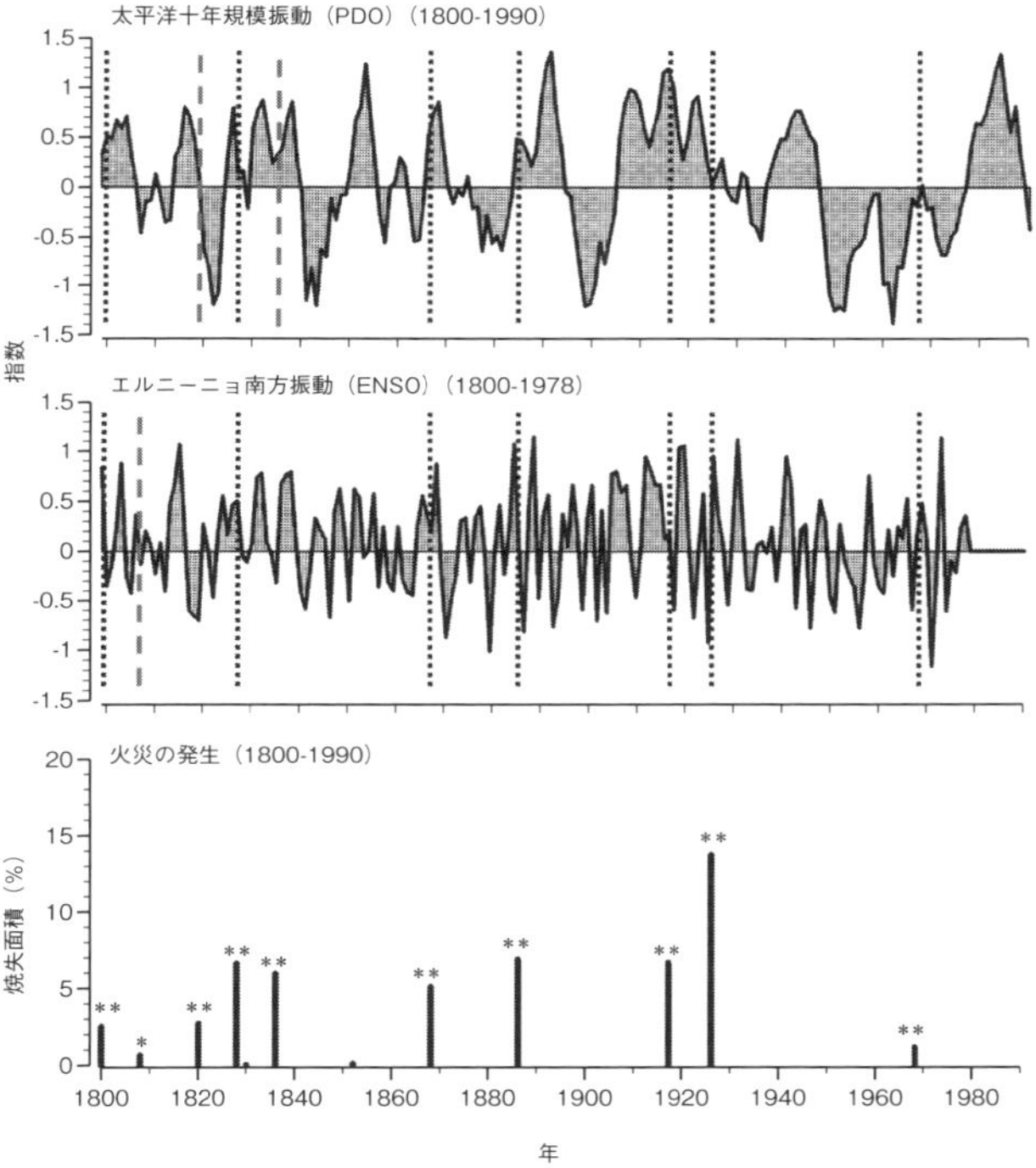

図3-24●クートネイ国立公園における気候のパターンと火災の発生（文献47）。1800年から2000年のあいだに、PDOが正でENSOも正のときに発生した火災が7件（上図と中図の点線)、PDOが正でENSOが負のときに発生した火災が2件(上図の破線)、PDOが負でENSOが正のとき発生した火災が1件あった（中図の破線)。

カナディアンロッキーを含む北アメリカの西部地域では、ＥＮＳＯとＰＤＯが、冬のあいだの気温や降水量を変化させることが知られている。これらの変化が、間接的に、夏の水分状況に影響する。それがひいては、火災の発生にも影響を及ぼすことになる。

例えば、一九二〇年から二〇〇〇年までの八〇年間に、ブリティッシュ・コロンビア州で火災が発生した場所を解析した研究がある（文献46）。これによると、カナディアンロッキーが位置するブリティッシュ・コロンビア州の南東部では、火災が発生した面積と、ＥＮＳＯやＰＤＯ、および夏の乾燥とのあいだに強い関連性があることが示されている。

ジャスパーの生態系と森林火災

ジャスパー国立公園のアサバスカ川、マリーン川、ミエッテ川に沿った標高一〇五〇～二一〇〇メートルの地域（面積四万ヘクタール）は、比較的温暖で、乾燥した条件下にある。このため、強度の弱い火災が高頻度で発生する。低頻度ではあるものの、林床の有機物だけでなく、林冠部までもが燃焼するような強度の強い火災も発生している。

樹木に残された火災の痕跡を手がかりに、ジャスパー国立公園における一六六五年から一九七五年までの火災の履歴が推定された（文献59）。

ジャスパー国立公園では、一九一三年から人為的な火災抑制プログラムが導入されている。それ以前の二四八年間（一六六五〜一九一三年）に、合計四六件の火災があった。その平均再来期間は、五・五年であった。いずれの火災も規模が小さく、標高の低い斜面下部の森林で発生していた。

この四六件の約半数にあたる二二件の火災が、弱い強度、ないし中程度の強度であった。残りの二四件の火災は、面積が五〇〇ヘクタール以上に及んでいて、比較的規模の大きい火災であったといえる。それら規模の大きい火災の平均再来期間は、八・四年であった。

この二四件の火災うち、特に大面積にわたる、二万ヘクタール以上の特に大規模な火災は、一八八九年、一八四七年、一七五八年の三回、発生していた。平均再来期間は六五・五年であり、火災が大規模であるほど、再来期間が長くなっている。現存する森林の大部分は、これらのかなり大面積にわたる火災の後に更新したものである。

このほか、標高が高いほど、火災の発生回数が少ないという傾向もみられている。ただし強度の強い火災は、比較的湿潤な亜高山帯林にまで及んでおり、火の手が高木限界に到達することもあった。

このように、火災の頻度や規模、強度は、火災のイベントごとに異なるが、それら多様な火災イベントの組み合わせによって、現在の森林の姿が形作られている（文献59）。現存する森林にみられる、林齢やサイズ、密度、樹高、そして森林のパッチ構造の違いは、火災イベントによる影響を受けている。ジャスパー国立公園では、火災の後にみられる植生の発達パターンが、次の四タイプにまとめられている。

（1）一斉林（even-aged stand）：すべての樹木が焼き尽くされるほどの、強い強度の火災が発生したあと、コントルタマツが一斉に更新した林分。谷底部ではまれであるが、斜面の上部でよく認められる。

（2）二齢からなる林分（stands having two age-classes）：低い強度、あるいは中程度の強度の火災によって一部の樹木が死亡したあとに、同齢の個体が同時に更新してきた林分。谷底部に多く、標高を上がるにしたがって少なくなる。

（3）複数の齢からなる林分（multi-aged stands）：低い強度の、あるいは中程度の強度の火災のあとにに生き残った樹木と、異なる年に起こった同じような強度の火災のあとに更新した齢の異なる樹木が、モザイク状に分布する林分。谷底部でよく認められる。

（4）火災の痕跡は認められるが樹木の更新を欠く林分：ダグラスモミやコントルタマツが優占するサバンナ、ないし草原がこれにあたる。低い強度の、あるいは中程度の強度の火災が繰り返し発生するため、燃料となる有機物の集積は少なく保たれている。乾燥した谷底部や、南向き、ないし西向きの斜面に認められる。更新してくる後継の稚樹は排除されるが、火災の強度が低いため、樹皮が厚く、火災に耐性を持つ大きい樹木個体が火災で死亡することは少ない。

ジャスパー国立公園の谷底部から斜面の下部にかけては、二齢ないし複数の齢の樹木からなる森林がひろがっている。これらの林分ではさらに、斜面の向きが、火災の頻度と強度に影響している。例えば、南向きの斜面や南西向きの斜面は、乾燥しやすいため森林の生産性は低い。このため、落ち葉や落枝の集積が少ない。火災が発生しても、その強度は低いか中程度となる。一方、北向き斜面は比較的湿潤であるため、森林の生産性が高い。このため落葉・落枝が大量に集積していて、強度の強い火災が発生しうる。ただし湿潤なため、火災の頻度は低い。

さらに標高が高くて湿潤な亜高山帯林では、ある火災イベントから次の火災イベントまでの期間に、さらに多量の落葉・落枝が集積することになる。乾燥の厳しい年が続いて、ひとたび火災が発生すると、その火災の強度は強くなってしまい、森林は破壊されてしまう。そのような火災の後には、マツが一斉に更新する。

ジャスパー国立公園では、一八〇〇年代に始まったヨーロッパ人の入植以降、火災の再来期間は短くなったと言われている。とはいえ、ヨーロッパ人の入植と、火災の規模とのあいだの直接的な関連性は低い。火災の規模は、むしろ、降水量の変動と関連しているようだ。大規模な火災が発生した一八八九年と一八四七年、そして一七五八年は、乾燥の厳しい年だったと推定されている（文献60）。

一九一三年から人為的な火災抑制プログラムが始まったが、それ以来、ジャスパー国立公園では林分がまるごと置き換わるような、大規模で、かつ強い強度い火災は発生していない。このため更新が起こらず、森林のモザイク性（森林の面的な多様性）や、森林の階層的な構造の多様性は低下する傾向にあるといわれている（文献59）。

バンフの生態系と森林火災

バンフ国立公園では、一八八〇年以前と、一八八一年から一九四〇年の六〇年間、一九四一年から一九八〇年の四〇年間、そして一九八〇年以降という四つの時期に区別して、森林火災の履歴が詳細に記録されている（文献63）。

国立公園が設定されたのは一八八〇年代だが、それ以前から、ボウ谷などの主要な谷沿いの山地帯では、火災が頻発していた。国立公園内で選定した二二〇ヶ所の、それぞれ約二〇ヘクタールの森林を対象に、樹木に残された火災の痕跡と林齢から、火災サイクルが推定された。火災サイクルは、山地帯林で二一～五六年、亜高山帯林で九四～一八一年と推定された。

山地帯林は乾燥しやすいため、火災の頻度こそ高いが、燃料となる落葉・落枝の集積量が少なく維持されるため、火災の強度はそれほど強くなかったと考えられる。

一方、標高の高い亜高山帯林では、降水量が多いこともあり、火災の頻度は低かった。しかし、火災の再来期間が長いため、落葉と落枝の集積量が多く、強い強度の火災が発生したと考えられる。

これらの火災の特徴を反映して、山地帯では齢の異なる個体からなる林分が、また亜高山帯では同齢の個体からなる一斉林が、それぞれ認められる。

国立公園が設置されてからの、一八八一年から一九四〇年までの六〇年間について、残された記録や写真をもとに、四〇ヘクタール以上の規模の火災イベントが調べられた。

火災は、山地帯林（面積は約一万七千ヘクタール）では一六件発生しており、のべ約二万一千ヘクタールが焼失した。一方、亜高山帯林（面積約一八万ヘクタール）では三五件発生しており、のべ七万一千ヘクタールが焼失した。火災一件あたりの平均焼失面積は、山地帯林で一三〇〇ヘクタール、亜高山帯林で二〇〇〇ヘクタールであり、亜高山帯林のほうが火災の規模（火災一件あたりの焼失面積）が大きかった。

しかし、山地帯林と亜高山帯林における火災の発生の頻度は、一千ヘクタールあたり、それぞれ〇・九六回、〇・一九回であった。つまり、山地帯における火災の頻度は、亜高山帯の約五倍にのぼる。また、森林面積に対しての、のべ焼失面積は、それぞれ一二六パーセント、三九パーセントとなっていた。つまり、山地帯林のほうが、森林面積に対する火災の発生頻度が高く、被害面積が大きかったといえる。これは、山地帯のほうが亜高山帯よりも乾燥していて火災が発生しやすかったことと、人間による利用頻度が高いことを反映している。

この期間をさらに詳しくみると、特に一八九〇年から一九一〇年に、火災の発生頻度が増加していた。鉄道の敷設や、旅行者の増加との関連が考えられる。一八八一年から一九四〇年に発生した計五

(c)

(d)

(g)

トルタマツが、黒焦げた幹に混じって林冠に達している（d）。バーミリオン峠（Vermillion pass）の森林。1968年に火災により焦げて立ち枯れた幹が倒れている。この火災跡に更新した森林には歩道がついていて、中を歩いて見学することができる（e）。2003年に火災が発生したベレンドリクリーク（Verendrye Creek）周辺の斜面（f）と黒焦げた幹が林立している森林の様子（g）。

一件の火災のうち、約半数が蒸気機関車から飛んだ火花や、旅行者の火の不始末といった人為起源であった。落雷により発生した火災は、発生件数全体の一割にも満たない。

なお、現在のボウ谷の大部分は、一斉に更新したコントルタマツ林で占められている。一八八一年と一八九一年に発生した人為起源の火災で一度焼失したあとに、更新して形成された森林である。谷を埋め尽くすマツの一斉林は、その景観から、「犬の毛並みの森（dog hair forests）」と

図3-25●ドッグ・ヘアー・フォレスト。ボウ谷の1896年の火災後に更新したコントルタマツの一斉林（a、口絵参照）。ドッグ・ヘアー・フォレストの林内の様子。マツの下で、トウヒが更新している(b)。ソーバック（Sawback）の、1993年に火入れされた森林。コントルタマツが一斉に更新している（c)。バーミリオン峠（Vermillion pass）の森林。1968年に火災を受けたあとに一斉に更新したコン

よばれている（図3-25a、b）。

その後、バンフ国立公園では、一九〇九年から火災抑制プログラムが実施された。それ以降、一九四〇年にかけて、火災の発生する頻度は減少傾向にあった。しかしこの期間に、火災で焼失した面積自体は減少していない。これは、当時の消火活動が技術的に未熟だったためかもしれない。またこの期間、火災は四月中旬から九月までの時期に発生していた。風向きの影響で、ほとんどの火災が東に向かって延焼していた。

続く一九四一年から一九八〇年までの期間に、四〇ヘクタール以上が消失した火災は、山地帯林と亜高山帯林でそれぞれ一回ずつしか発生していない。火災の発生頻度が減少した背景には、気候的な変化よりはむしろ、キャンペーンによる人為起源の火災の発生の抑制がある。しかし、〇・一～四〇ヘクタールの小規模な火災は少なくとも五〇件は発生しており（平均再来期間は〇・八年）、その七割以上が人為起源であった。

一九八四年以降、バンフ国立公園では、火災が生態系に果たす役割を考慮した、新しい火災管理プログラムが実施されている。燃料となる落葉・落枝の量をコントロールするため火入れ（prescribed fire）を行い、人為的に小規模な火災を発生させている。火入れには、森林の更新を促すことで、森林景観の多様性を維持するというねらいもある（図3-25 c）。一九八三～一九九三年には、合計約六四〇〇ヘクタールの森林で火入れが行われた（文献31）。火入れは現在でも、継続して行われている。

このような森林火災の抑制プログラムは、森林の構造や景観に長期的な影響を及ぼすのみならず、森林を住み場所として利用する野生動物にも影響を及ぼしている。この点については、第6章で詳しく述べる。

なお、バンフ国立公園は、周辺の他の地域に比べて、落雷の頻度が少ないことで知られる（文献31）。数字で見ると、その差は明らかである。例えば、バンフの南西に位置するクートネイ国立公園では、バンフの一・二五倍の数の落雷が観測されている。東に位置するカナナスキスでは、二・三四倍である。バンフ国立公園でみると、高山帯での落雷が比較的多いが、高山帯では可燃物となる落葉・落枝の量が少ないため、火災にならない場合がほとんどである。バンフ国立公園で落雷に由来する森林の火災が少ないのは、このような理由による。

クートネイの生態系と森林火災

クートネイ国立公園（面積一四万ヘクタール）には、バーミリオン谷と、クートネイ谷という二つの大きな谷があり、主にコントルタマツからなる森林で覆われている。その大部分が、発生頻度は低いが、強度が強く、規模の大きい火災の後に更新したと考えられている。低い強度の火災も頻発しているが、面的に拡大することはない（文献44）。

クートネイ国立公園における一五〇八年から一九八八年までの火災の履歴が、火災の痕跡が認められる樹木の樹齢から推定されている。

火災サイクルは、一五〇八年から一七八八年までが六〇年、一七八八年から一九二八年までが一三〇年と推定された。この、一七八八年以降の火災サイクルの長期化は、気候が冷涼・湿潤な小氷期であったためと考えられる。

その後、一九二八年から一九八八年までに発生した火災は、一件のみで、一九〇〇ヘクタール（国立公園全面積の一・二パーセント）が焼失しただけである。火災サイクルは二七〇〇年以上と推定された。

特に、一九二七年から一九六八年までの期間、五〇〇ヘクタール以上の大規模な火災は発生していない。これは国立公園が設定された一九一九年以降の、人為的な火災抑制プログラムによるよりはむしろ、火災が発生しやすい夏期（五〜九月）の降水量が多かったためと考えられている（文献48）。この時期は太平洋十年規模振動の弱い時期とも一致している（文献47）。

一九六八年、バンフ国立公園との境界部に位置するバーミリオン峠周辺で、落雷による火災が発生した（図3-25d、e）。このときの火災で、一七〇〇ヘクタールが焼失した。火災後には、コントルタマツが一斉に更新した。下層にはヤナギラン *Epilobium angustifolium* などの草本が繁茂する様子が観察されている。

クートネイ国立公園では、火災が生態系に及ぼす、さらに長期的な影響が評価されている。過去一万年間にわたる火災の履歴と、火災によって形成された森林タイプの長期的な変遷が調べられた（文献22）。この研究では、湖底に堆積した炭と花粉を深さ方向で調べることで、年代にともなう火災と森林の関係が明らかにされた。

クートネイ国立公園の山地帯では、温暖なヒプシサーマル期に火災が頻発し、疎林や草地がひろがった。逆に、小氷期に代表される冷涼・湿潤な時期には、火災が減少し、亜高山帯にみられるような針葉樹林が拡大した（文献23）。森林は、気候だけでなく火災の発生とも密接に関連しながら、長いタイムスパンでダイナミックに変化しつづけていたといえる。

なお近年では、二〇〇一年に、マウントシャンクス（Mount Shanks）周辺で落雷による火災が発生した。このときには、三八〇〇ヘクタールの森林が焼失した。また二〇〇三年にも、トカムクリーク（Tokumm Creek）周辺と、ベレンドリクリーク（Verendrye Creek）周辺で、同じく落雷による森林火災が発生している（図3-25f、g）。

クートネイ国立公園の谷筋を走る道路、クートネイ・ハイウェイを通ると、これらの森林火災で黒く焦げた木々が、斜面一帯を覆っている様子を見ることができる。ハイウェイ沿いには、これらの火災発生時の状況を記した看板（サイン）も設置されている。

カナナスキス州立公園の生態系と森林火災

カナナスキス州立公園（面積約五万ヘクタール）では、火災の発生状況に加えて、火災の後にみられる森林の二次遷移が詳しく調べられた。火災の平均再来期間は、標高一五二五〜一八三〇メートルの山地帯に相当する低標高部で九〇年、標高一八三〇〜二三〇〇メートルの亜高山帯に相当する高標高部で一五三年と、標高の高い場所ほど長かった（文献24）。

また、亜高山帯のなかでみると、火災の平均再来期間は亜高山帯の下部で一〇一年、上部で三〇四年と、やはり標高の高い場所ほど長かった。斜面の向きで比べると、火災の平均再来期間は東向き・西向き・南向き斜面で九三〜一〇四年であったのに対し、北向き斜面では一八七年と長かった。

カナナスキスにおいて、過去三八〇年にわたる火災の履歴が調べられた(文献30)。火災サイクルは、一七三〇年を境に変化していた。一六〇〇年から一七三〇年まで、平均再来期間は五〇年であった。これに対し、一七三〇年から一九八〇年までの平均再来期間は九〇年であった。平均再来期間が四〇年近く長期化したのは、クートネイ国立公園での場合と同様に、小氷期になって気候が冷涼・湿潤になったことと関連している。

なお、カナナスキスでは、ヨーロッパ人の入植が一八八三年に始まった。しかし、その前後で火災の頻度は変化していない(文献28)。

図3-26●カナナスキスのコントルタマツ林。

カナナスキスでは、入植者が火災を通じて森林に及ぼす影響は、カナディアンロッキーの他の地域に比べると小さかったようだ。一八八三年から一九七二年までのあいだ、火災により谷底部の大部分が焼失したが、火災の前後で植生自体は、ほとんど変化しなかったことも分かっている(文献28)。

コントルタマツは、火災の跡地で一斉に更新する樹種である(図3-26)。地表に落下したコントルタマツの球果(松かさ)は、樹脂により糊付けされて、種子が内部に閉じこめられている。しかし火災が発生すると、樹脂が熱により溶かされる。

こうして、火災の直後に土の中の松かさから種子が一挙に放出され、一斉に発芽して更新する。他の樹木の種子が周辺から入ってくるより先に、マツが一斉に定着できるのはこのような理由による。松かさのこのような性質を、遅咲き（serotinous）という。

一方で、エンゲルマントウヒの種子は、火災が発生するとほとんどが死んでしまう。それにも関わらず、大規模な火災によって焼失したエリアでも、しばしばトウヒが更新してくることがある。これは、トウヒの種子が、延焼を免れた周辺の森林からではなく、火災後に生存したトウヒから供給されることによる（文献18）。

火災後における、マツとトウヒの樹木の動態が調べられた（文献29）。コントルタマツとエンゲルマントウヒの個体は、まず、火災の直後に一斉に更新するグループ「火災コホート」と、火災コホートの下層に定着し、幅広い齢の個体からなるグループ「下層コホート」に大別された。コホート（cohort）とは、同齢の集団という意味である。

火災の跡地に加入してくる個体数は、マツとトウヒのいずれにおいても、火災後五年でピークに達する。この一群が、火災コホートである。その後は低下しながらも、散発的な加入が認められた。これらの個体が、下層コホートとなる（図3-27）。

火災跡地での、樹木個体の枯死のパターンは、樹種間で、またコホート間で異なっていた。まず、マツの火災コホートの個体は、火災後一〇年から三〇年までのあいだ、ほとんど枯死しなかった。その後、個体が大きくなるにつれて、自己間引き（self thinning）によって死亡率が増加した。

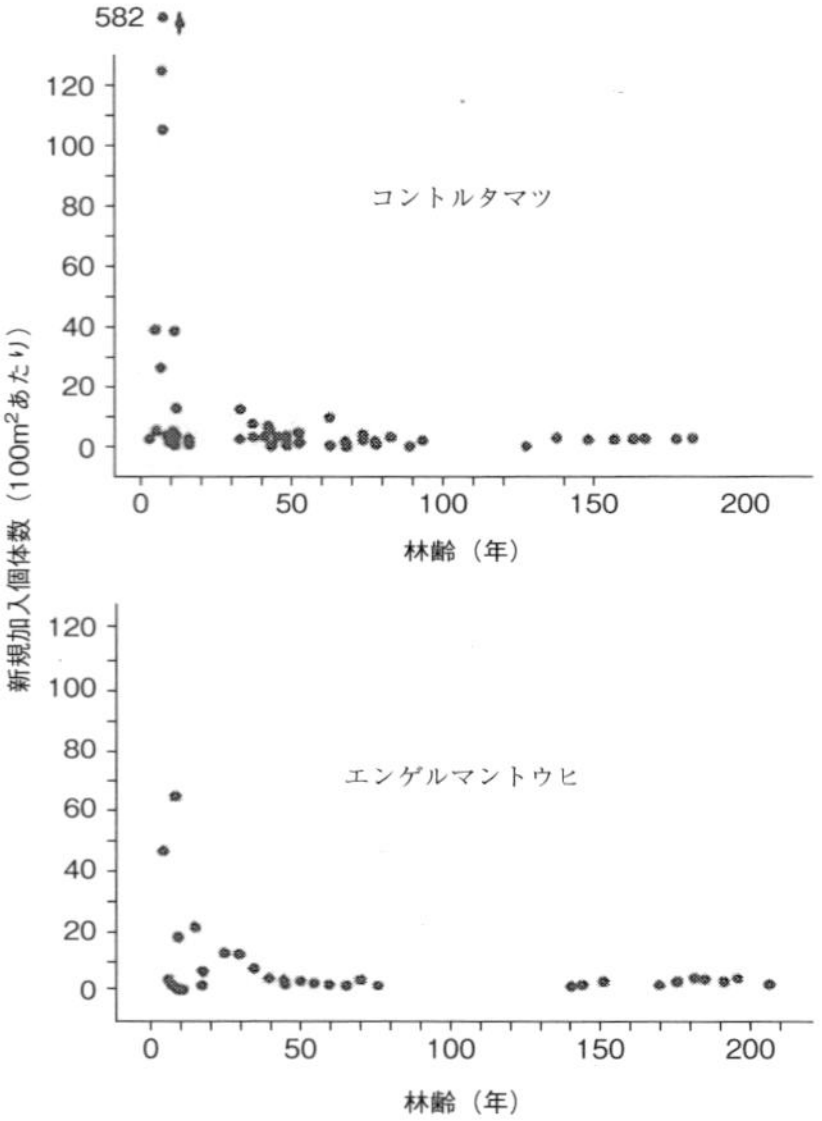

図3-27●火災コホートと下層コホート（文献29）。火災から5年で、一斉に更新がみられる（火災コホート、樹齢0～5年）。その後、順次定着する個体がみられる（下層コホート）。

自己間引きとは、同種、同齢の生物集団が、集団での生物量が成長により増加するのにともなって、個体数を減少していくことをいう。

　これに対して、マツの下層コホートの個体の死亡率は、火災コホートの個体よりも高かった。死亡率が高い傾向は、個体の大きさや年齢によらず、ほぼ一定であった。

　一方のトウヒでは、火災コホートと下層コホートのあいだで死亡率に差はなかった。また、その死亡率は、マツの下層コホートでの死亡率よりも低かった。

　火災が再発しない限り、マツ林はやがてトウヒ林へと遷移するのだろうか。研究データは、必ずしもそうはならないことを示唆している。下層コホートの個体は、火災コホートがいずれ枯死すると、それに置き換わって上層に達するものと期待される。しかしカナナスキスでは、マツでもトウヒでも、下層コホートの個体が樹冠に達する確率は極めて低いことが明らかになった。

このことは、この二樹種では個体の加入と死亡とがバランスしていないことを意味する。つまり、カナナスキスでは、火災コホートの個体の寿命（約四〇〇年）が尽きるよりも短い再来期間で火災が発生することによってのみ、これらの樹種は更新が可能となる。火災によって引き起こされる二次遷移が、一〇〇年というスケールでくり返されることによって、マツやトウヒからなる森林が維持されることになる。

8 森林の伐採

人間による森林の伐採（cutting, harvest）は、遷移を引き起こす撹乱の一つである。カナディアンロッキーでは、道路開設、鉄道敷設、送電線の建設などを目的に、人為的な森林の伐採と空き地（伐採跡地）の形成が継続的に行われている。また、アルバータ州に位置するフットヒルの多くの地域は国立公園の範囲外にあり、また林業の盛んな北方林と接するため、林業による伐採が継続的に行われている。

このような森林の伐採は、人間の活動が、植生の二次遷移を直接的に引き起こす好例である。例えば、標高一〇三〇〜一一六〇メートルに位置するアルバータ州のフットヒルでは、森林の伐採の後に、コントルタマツとアメリカヤマナラシが更新してきた。下層では、ヘアリーワイルドライ *Elymus innovatus* や、火災後にも出現するヤナギランなどの植物が増加した（文献10）。

近年の温暖化傾向にともなって、植物がこれまで寒冷であった標高の高い地域に分布を拡大しつつある。アメリカヤマナラシは、フットヒルのなかでも標高の低い地域にしか分布していなかった。しかし、森林の伐採が、アメリカヤマナラシの高標高部への移動、いうなれば「山登り」を手助けしている興味深い例が、最近になって報告された。

アメリカヤマナラシの成熟林がみられる場所よりも、標高が二〇〇メートル高いところで森林が伐採された。するとその伐採跡地において、アメリカヤマナラシの実生の定着が認められた（文献38）。アメリカヤマナラシは明るいところを好む樹木であるため、たとえ温暖化が進んだとしても、鬱蒼とした森林には入り込めない。伐採による空き地の形成は、アメリカヤマナラシが分布を拡大するチャンスになる。

伐採跡地をさらに詳しく調べると、アメリカヤマナラシの実生は、もともとあった腐植層が剥ぎ取られて、土壌が露出した場所に集中して発生していた。実生サイズの測定から、実生の定着は伐採のあと、毎年のように起こっていることもわかった。

アメリカヤマナラシは、通常、火災のあと根株からの萌芽により、主に分布を拡大すると考えられている。その更新のプロセスにおいて、種子に由来する実生がどれくらい寄与しているのかは、これまでほとんど知られていなかった。それだけに、この森林の伐採とアメリカヤマナラシの種子による定着との関係は、興味深い発見といえる。この研究結果は、森林の伐採、それにともなう土壌の露出、さらには気候の温暖化の三つが、今後、アメリカヤマナラシをより標高の高いところに押し上げる引き金になりうることを示唆している。

森林の伐採は、森林火災の抑制プログラムと同様、森林の構造や景観に長期的な影響を及ぼすのみならず、森林を住み場所として利用する野生動物にも影響を及ぼしていることが明らかになりつつある。第6章で、この点について再び触れる。

コラム03
column

ロブソン氷河の後退域における植生調査

「はじめに」で触れたように、二〇一〇年八月にマウントロブソン州立公園でフィールドワークを実施した。参加学生とともに、ロブソン氷河の後退域で、植生と菌類の調査を行った。ここでは、植生調査の結果について簡単に紹介したい。

ロブソン氷河の後退域では、アイダホ大学のE・W・ティスデイルらによって、一九六三年に植生調査が行われた(文献62)。この調査では、氷河後退からの年数が異なる三地点で調査が行われた(詳しくは本文を参照)。

堆石1：氷河後退から約五〇年が経過しており、キバナチョウノスケソウやヤナギ類などの先駆的な植物が定着していた。

堆石2：氷河後退から七〇～一〇〇年が経過しており、堆石1の植物に加えて、エンゲルマントウヒが出現していた。

堆石3：氷河後退から一六〇～二〇〇年が経過しており、エンゲルマントウヒがさらに増加し、ツツジなどの低木も増加していた。

二〇一〇年の調査では、まずティスデイルらの研究の追試を行った。氷河後退からの年数が異なる三地点で植生を記載し、クロノシーケンス法により、植生の一次遷移を明らかにするというもので

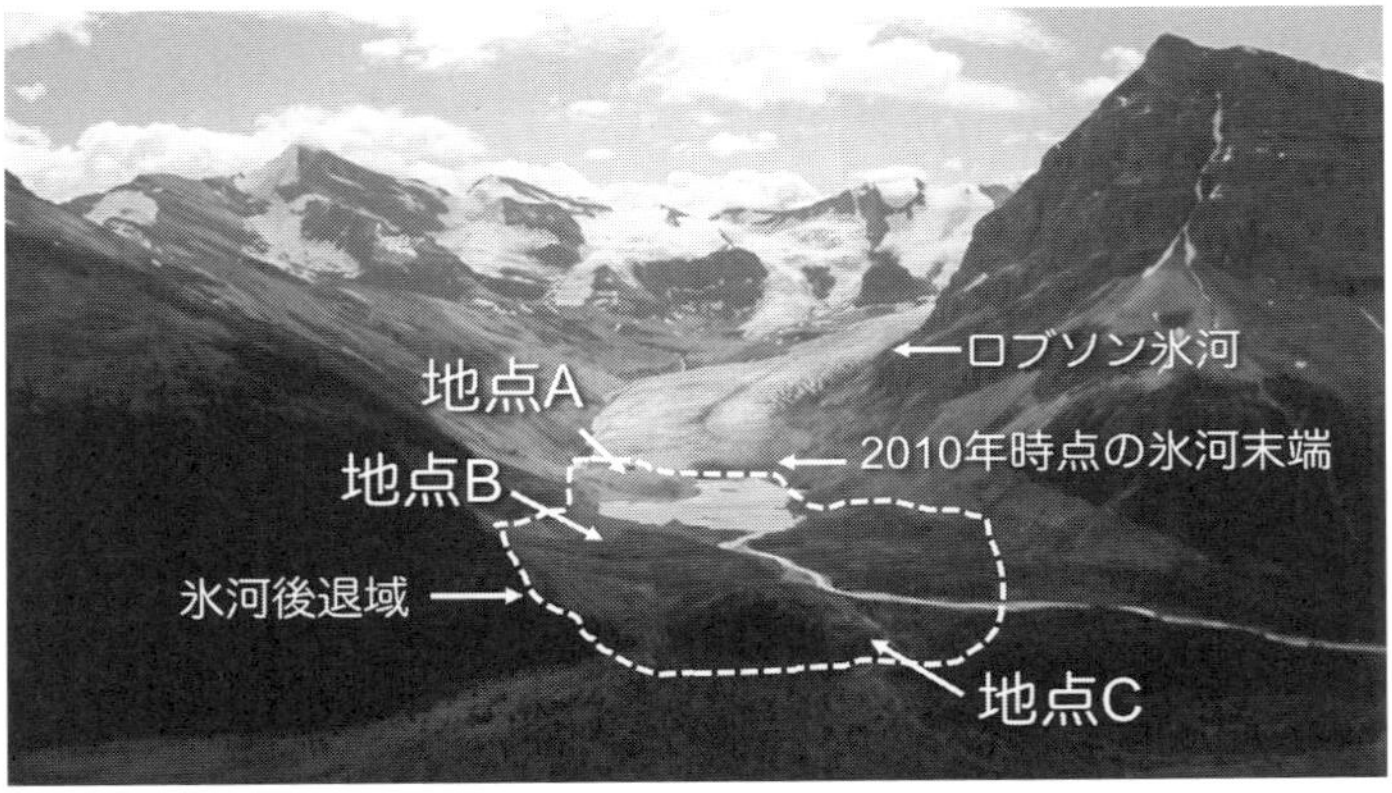

図3-A1●ロブソン氷河の後退域と植生調査を行った地点

ある。

そして、ティスデイルらが調べたのと同じ地点で再調査を行った。これにより、一九六三年から二〇一〇年までの四七年間で、植生が実際にどう変化したのかを確かめた。こうして、クロノシーケンス法により推定された植生の一次遷移を、タイムシリーズ法により検証することができる。

現地での最初の作業は、調査地点の選定と、かつてティスデイルらが調査した地点の確認である。ロブソン氷河の後退域をくまなく歩いて、現場の状況を確認した。州立公園のオフィスにも立ち寄り、レンジャーからの聞き取りを行った。

対応してくれたレンジャーのクリス氏は、一九八六年からこの州立公園で働いているベテランだ。ロブソン氷河の後退域について、いろいろな情報を提供してくれた。

これらにより、三つの調査地点A、B、Cを決定した（図3-A 1）。

・地点A：二〇一〇年時点の氷河末端の直近にある、一九九六年に氷河の下から出現した母岩の丘（マウンド）。氷河後退から一四年。

・地点B：一九五〇年頃に形成された堆石。氷河後退から約六〇年。

・地点C：一九〇八年に氷河末端に形成された堆石。氷河後退から一〇二年。ティスデイルらの堆石1に相当する。なお、ティスデイルらによる一九六三年の調査時点で、氷河後退から五五年であった。

これらの三地点のそれぞれで、一メートル×一メートルのコドラートを一〇ヶ所、設置した。コドラート内に出現する植物と、その被覆率（コドラートの面積に対するパーセンテージ）を記録した。その結果と、ティスデイルらの調べた堆石1の植生データを合わせてまとめたのが、表3-A 1である。

氷河の末端にいちばん近い地点Aでは、母岩の隙間に、キバナチョウノスケソウやアカミノウラシマツツジといった先駆的な種が点在するのみであった（図3-9 c）。

次の地点Bでは、キバナチョウノスケソウに加えて、ノーザンスウィートヴェッチやヤナギ属などの低木の被覆率が高かった。エンゲルマントウヒも出現しており、被覆率も高かった（図3-9 d）。

氷河の末端からもっとも離れた地点Cでは、キバナチョウノスケソウは減少しており、かわってノーザンスウィートヴェッチ、ヤナギ属、クマコケモモなどの低木と、エンゲルマントウヒが増加していた。地表は、コケ類と地衣類に覆われていた。（図3-9 e）

表 3-A 1 ●ロブソン氷河後退域における植生調査の結果。値はコドラート 10 ヶ所での被覆率（%）の平均値。

学名	和名	地点 A 氷河後退から 14 年	地点 B 約 60 年	地点 C 102 年	地点 C 55 年（Tisdale et al. 1966）
Dryas drumandii	キバナチョウノスケソウ	3.7	26.0	4.3	7.2
Salix spp.	ヤナギ属	0.8	18.3	41.5	26.7
Hedysarum boreale	ノーザンスウィートヴェッチ	0.0	33.8	39.7	46.8
Picea engelmanii	エンゲルマントウヒ	0.0	17.3	32.4	0.0
Moss, lichen	コケ類と地衣類	0.0	4.5	54.5	3.6
Arctostaphyllis uva-ursi	クマコケモモ	0.0	0.0	28.2	nd
Vaccinium uliginosum	クロマメノキ	0.0	0.0	14.5	nd
Shepherdia canadensis	バッファローベリー	0.0	0.0	11.5	nd
Arctostaphyllis rubra	アカミノウラシマツツジ	2.0	0.0	0.0	0.8
Epilobium latifolium	ヒロハヤナギラン	0.5	0.0	0.0	nd
Dryas octopetala	チョウノスケソウ	0.0	2.5	0.0	1.9
Eriogonum ovalifolium	クッションバックウィート	0.0	1.0	0.0	nd
Castilleja occidentalis	キバナエフデグサ	0.5	0.5	0.0	6.8
Epilobium angustifolium	ヤナギラン	0.0	0.0	2.0	nd
Fragaria virginiana	カナダノイチゴ	0.0	0.0	0.9	nd

このように、二〇一〇年の調査では、氷河後退からの時間の経過にともない、低木やエンゲルマントウヒが順次、増加するという、一次遷移の初期のパターンが認められた。ティスデイルらの報告と、おおむね一致する結果であった。

次に、ティスデイルらのデータと比較してみよう。一九六三年当時の地点C（=堆石1）は、氷河後退から五五年が経過しており、時間的には今回の地点Bと同程度の遷移段階にあるといえる。そこで今回の地点Bと、ティスデイルらの地点Cとを比較すると、おおむね類似した植生が認められた。ただ、今回の地点Bのほうが、キバナチョウノスケソウとエンゲルマントウヒの被覆率が高いという違いもあった。四七年前より、植物の定着が早まっているのかもしれない。

さらに、ティスデイルらの堆石1と、今回の地点Cを比較することで、四七年間での植生の変化をみることができる。このタイムシリーズでは、ヤナギ属やエンゲルマントウヒが増加しており、クロノシーケンス法で観察されたのと、おおむね同様の変化が認められた。

この調査は、標高一六二六メートルに位置する、バーグ湖エリアのマーモットキャンプ場（Marmot camp ground）で四泊五日のキャンプ生活を行いながら実施した。大学一回生の参加学生にとって、海外の山岳でのキャンプや野外調査は、もちろん初体験。実にさまざまな失敗を、共に経験した。飲用には適さないのに氷河の溶け水（泥水）を汲んできたり、標高が高いので米がなかなか上手に炊けなかったり。堆石Bの調査のときには、学生の一人が薮のなかでデジタルカメラを落としてしまった。本人は早々と諦めかけたが、みんなで粘り強く探して、三〇分後、何とか見つけ出すことができた。

食料の計算を間違えていて一日分の食料が足りなくなり、最終日には残り数個の握り飯を分けあって食べながら、九時間の下山道を歩いたのも、いい思い出になった。

コラム04 *column*

マウンテンパインビートルの脅威

マウンテンパインビートル（MPビートル、図3-21）の生活環は通常、一年で完結する（図3-A2）。成虫は七〜八月頃に分散して、新たな寄主となる樹木個体に到達し、その樹皮の下に産卵する。卵からふ化した幼虫は、マツの内樹皮や辺材の柔らかい部分を摂食しながら坑道を掘り、成長する。幼虫のまま越冬したのち、翌年の五〜六月に蛹化し、その後、成虫となって再び分散する。

MPビートルの生態で興味深いのは、菌類との共生である。MPビートルは菌嚢（マイカンギア mycangia）とよばれる、カビを持ち運ぶための特殊な器官（ふくろ）を頭部に持っている。メスの成虫は、マツの樹皮の下に産卵する際に、運んできた青変菌（blue staining fungus）とよばれるカビを、マツの樹体内に一緒に植え込む。

この青変菌が、マツの内樹皮や辺材、そして水や栄養分が通る篩部、木部といった細胞に入り込むと、樹液の分泌が抑制される。樹液はMPビートルの侵入に対する防御として働くので、青変菌の存在により、MPビートルに対するマツの抵抗性が低下してしまう。幼虫による摂食と菌類の感染が組み合わさり、マツ体内での水分と栄養分の移動が妨げられると、ほとんどのマツが枯死に至る。

MPビートルと共生する主な青変菌として、オフィオストマキン科（Ophiostomataceae）のグロスマニア・クラビジェラ *Grosmannia clavigera*、レプトグラフィウム・ロンジクラバタム *Leptographium longiclavatum*、オフィオストマ・モンティウム *Ophiostoma montium* が知られ

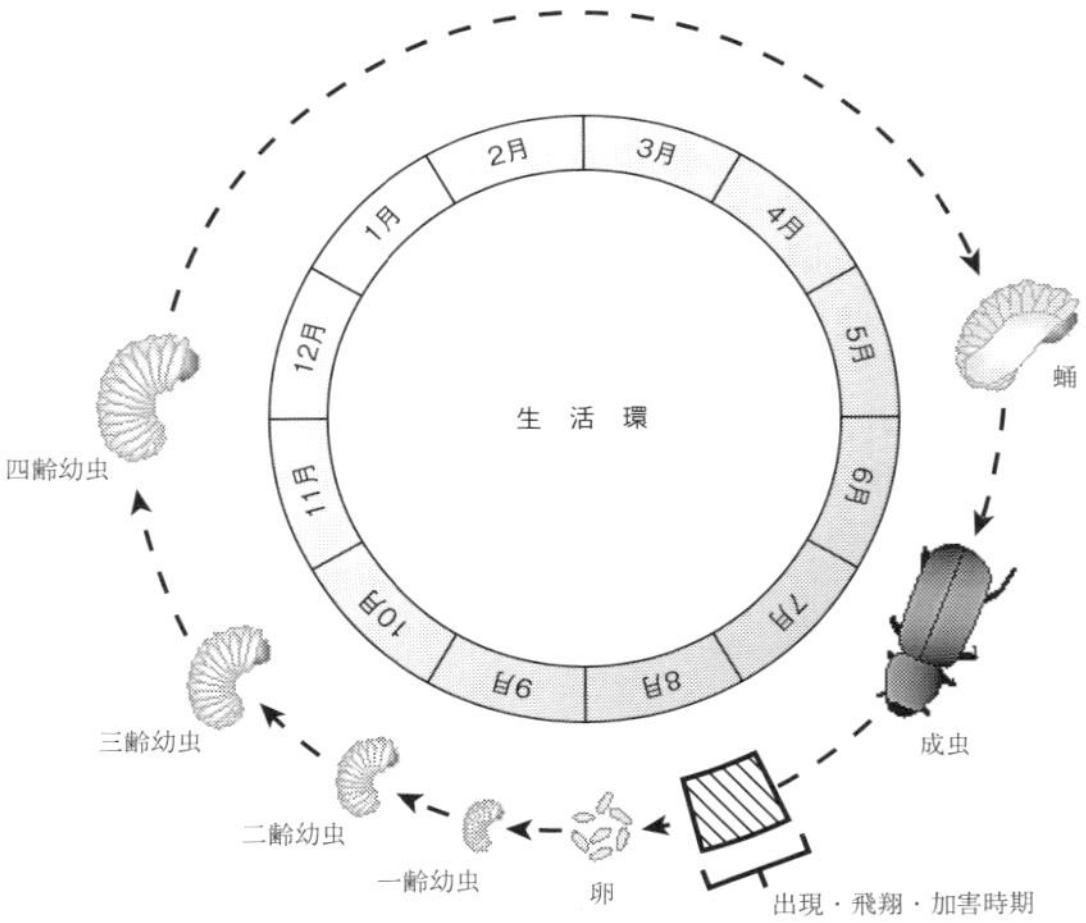

図3-A2●マウンテンパインビートルの生活環。

ている（文献51）。

MPビートルはマツにとって恐ろしい害虫だが、MPビートルが定着するのは、乾燥などのストレスを受けた、八〇年生以上の大径木に限られるのが普通である。このため、乾燥ストレスを受けた個体が増加したり、八〇年生以上のコントルタマツの一斉林が大面積にわたって存在したりすると、MPビートルによるマツ枯損が発生しやすくなる（文献9、53）。

また、MPビートルは、冬期の低温により死亡して、個体数が大きく減少することが分かっている。このため、温暖な冬が数年続くと、MPビートルの死亡率は低下し、大発生が起こりやすくなる。最近のMPビートルの大発生も、気候の温暖化の傾向と無関係ではないと考えられている

（文献55）。

MPビートルのメス成虫は、情報化学物質（semiochemicals）である集合フェロモンにより、健康な大径木に集中的に産卵することがある。このような集中的な定着は、マスアタック（mass attack）とよばれる。

マスアタックに関与するMPビートルの個体数が非常に多いとき、寄主樹木の大量枯死が景観レベルで引き起こされてしまう。このような大量枯死は、大径木がほとんど枯死してしまうまで、あるいは気候条件が悪化してMPビートルの死亡率が上昇するまで続く。

MPビートルの被害は、ブリティッシュ・コロンビア州の主要な森林地帯に拡大している（文献54）。一九九〇年代から二〇〇〇年代にかけて、MPビートルが引き起こしたブリティッシュ・コロンビア州での森林の大量枯死は、面積にして一八〇〇ヘクタール、商用として利用可能なコントルタマツの材積にして、七億二三〇〇立方メートルに達している。

林業はブリティッシュ・コロンビア州の基幹産業であり、寄主となるコントルタマツは主要な造林樹種であるため、MPビートルの防除は、州を挙げての重要課題となっている。

しかも、二〇〇〇年代に入ってから、MPビートルはカナディアンロッキーを越えて、その分布域をアルバータ州北部の北方林にまで拡大している（文献14）。MPビートルは、北方林の主要樹種であるバンクスマツ *Pinus banksiana* にも定着して枯死を引き起こすことが確かめられており（文献12）、今後のさらなる被害の拡大が懸念されている。

第4章　生態系の物質循環

1　カナナスキス——生態系研究のモデルサイト

陸上の生態系には、植物や動物などの生物体（バイオマス）として、また土壌に集積した落ち葉や腐植物質として、炭素や窒素・リンなどの栄養素などの物質が集積している。また、生物どうしの食う―食われるの関係や、枯死、あるいは土壌からの養分の吸収を通じて、地上部のなかで、地下部のなかで、そして地上部と地下部のあいだで、物質のやり取りが行われている（図4-1）。

生態系の研究分野では、生態系における物質の蓄積量や、物質の循環量の測定が、世界各地で行わ

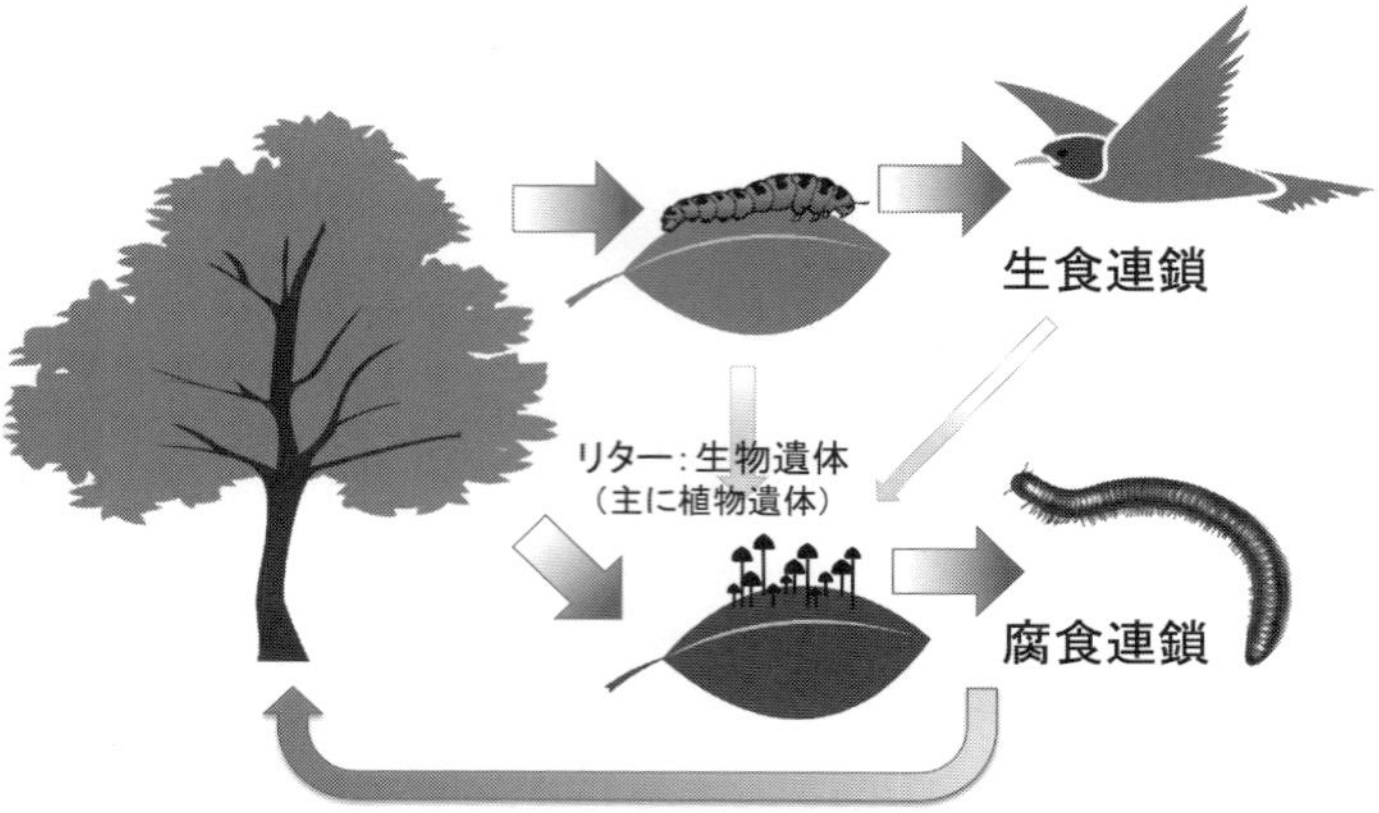

図4-1●物質循環の概略図。生態系のなかで、物質は生物間の食う―食われる関係を通じて、地上部と地下部のあいだを循環している。リターとは、土壌に供給される生物遺体の総称であり、英語でゴミ（litter）の意。リターには落葉や落枝、樹皮、花、昆虫や動物のフンや死骸などが含まれる。森林では、植物に由来する落葉や落枝が全リター量の大部分を占める。

れてきた。このような研究分野を、物質循環（matter cycling）研究とよぶ。

生態系の物質循環研究は、一九七〇年頃から活発に行われ、成果を上げてきた。

生物どうしの食う―食われるの関係は、生きた植物体を摂食するところから始まる生食連鎖と、枯死した植物体を摂食するところから始まる腐食連鎖に、大きく分けられる。

未撹乱の森林では、植物の純一次生産量（net primary production）のうち、地上部にいる植食者や捕食者を通じて生食連鎖（grazing food web）に流れる割合は、通常、一割に満たない。

残りの九割以上は、枯死後に植物リター（plant litter）として土壌分解系に供給され、地下部にいる土壌生物（soil organisms）からなる腐食連鎖（detritus food web）に流れることが分っている（文献44）。

植物は無機栄養といって、土に含まれる栄養素のうち、無機物として存在する窒素やリンを、根から吸収して利用する。しかし、土に含まれる栄養素は、そのほとんどが植物リターやその分解産物などの有機物として存在している。このような有機態の栄養素は、植物は直接、利用することができない。無機物にまで分解されてはじめて、植物が利用できる状態になる。

つまり、有機物の無機物への変換、すなわち分解の速度が、植物が利用できる養分の量を規定しており、ひいては植物の生長や生産を律速している。

その有機物の分解と無機物の生成、すなわち無機化を担っているのが、腐食連鎖に関わる微生物（microbes）や土壌動物（soil animals）である。

微生物は酵素を分泌して、有機物を低分子化する。土壌動物はリターや微生物を、時にはまるごと摂食して、消化し、細片化する。土壌生物はこうして腐食連鎖を駆動させ、有機物を無機化していく。その過程で生成した無機態の栄養素を、植物は土壌から吸収して、光合成に使い、葉や枝や幹を生産する。

こうして物質は、植物から土壌へ、また土壌から植物へと、地上部と地下部のあいだで循環する。このため物質循環研究では、地上部にいる樹木や、生食連鎖に関わる昆虫や動物についての研究だけでなく、地下部で進行する植物リターの分解のプロセスや、腐食連鎖に関わる土壌生物に関する研究が、不可欠となっている(文献13、25、27)。

しかし、土壌を対象にした研究は、地上部を対象にした研究に比べると、格段に数が少ないのが現状である。特に、土壌生物の生態と、森林の物質循環との関連について、詳細で、まとまったデータが得られているサイトは、世界的に見ても少ない。そのような数少ないサイトの一つとして、カナディアンロッキーを挙げることができる。

アルバータ州カナナスキス郡の山地帯と亜高山帯では、広葉樹林と針葉樹林を対象に、物質循環、および土壌生物に関する研究が活発に進められた。

その研究内容は多岐にわたり、森林の現存量(biomass)、リターフォール量(litterfall amount)、土壌の炭素・養分物質の蓄積量と回転率、植物リターの分解プロセス、そして土壌生物(菌類、ササラダニ、トビムシ、ミミズ、ヒメミミズ、アメーバ)の個体群・群集の動態と、生物間相互作用などが含まれる。

カナナスキスは、この本でもくり返し出てきた場所だが、サイトの情報をもう一度、まとめておく。カナナスキスは、カナディアンロッキー主稜線の東側、プレーリーとの境界部に位置し、北緯五〇度〇五分、西経一一五度〇二分である。春の融雪期と初夏の降雨期以外は乾燥し、冬はしばしばチヌークとよばれる強風が吹くため、温暖な時期と冷涼な時期が交互に訪れる。年平均気温は四℃、年降水量は六四〇ミリ程度である（文献28）。例年、一二月中旬から四月中旬まで積雪に覆われる。最大積雪深は一メートルである。

カナナスキスには、広葉樹林と針葉樹林が分布している。広葉樹林では、アメリカヤマナラシ（本章では以下、ヤマナラシ）が優占する（図4-2）。針葉樹林では、コントルタマツ（本章では以下、マツ）や（図3-26）、カナダトウヒ、エンゲルマントウヒが優占する。

物質循環や土壌生物に関する研究は、この広葉樹林と針葉樹林の両方で実施された（表4-1）。広葉樹林では、主にヤマナラシとバルサムポプラからなる一林分に調査地が設定された。針葉樹林では、標高と、調査時点での林齢が異なる、三つの林分に調査地が設定された。マツ林は、森林火災後にマツが更新した比較的若い林分である。カナダトウヒ―マツ林は、マツに加えてカナダトウヒの定着が認められる。モミ―エンゲルマントウヒ林は、ミヤマモミ（本章では以下、モミ）とエンゲルマントウヒから構成され、他の針葉樹林よりも標高が約三〇〇〜四〇〇メートル高い。

さらに、これら四つの調査地に加えて、比較調査のため皆伐地が設定された（表4-1）。皆伐地は、マツ林とほぼ同じ時期に成立した森林を皆伐した場所に設定された。マツやカナダトウヒが更新し

図4-2●カナナスキスのアメリカヤマナラシ林（口絵参照）。

表4-1●森林タイプ別の標高、調査時点の林齢、地上部の現存量、地上部の純一次生産量、地上部のリターフォール量。

森林	標高（メートル）	林齢（年）	現存量（トン／ヘクタール）	純一次生産量（トン／ヘクタール／年）	リターフォール量（トン／ヘクタール／年）
広葉樹林[a]					
ヤマナラシ林	1400	69	214	6.5	4.2
針葉樹林[b]					
皆伐地	1410	13	4	1.4	0.8
マツ林	1530	90	109	5.3	3.2
カナダトウヒ－マツ林	1500	120	203	5.2	2.9
モミ－エンゲルマントウヒ林	1830	350	152	4.4	2.2

[a] 文献6、[b] 文献28、29。

はじめているが、調査が行われた時点で、胸高直径が五センチメートル以上の樹木個体は存在しなかった。こうして、樹種や林齢、標高の異なる複数のタイプの調査地を選定することで、カナナスキスに分布する主要な森林タイプが網羅された。

本章では、カナナスキスで得られた物質循環に関する研究成果を紹介していく。土壌生物に関する内容は、次の第5章で紹介する。

2　森林の現存量・純一次生産量・リターフォール量

広葉樹林と針葉樹林の、地上部の現存量と、純一次生産量、リターフォール量が調べられた（表4-1）。これらの測定項目は、森林の物質循環を研究する上での、もっとも基礎的なデータとなる。四タイプの森林の地上部現存量は、ヘクタールあたり一〇九～二一四トンであった。その大部分が、幹と樹皮で占められていた。例えば、ヤマナラシ林では、全現存量に対して葉が一パーセント、それ以外の幹・枝や樹皮などが九九パーセントを占めていた。皆伐地において、地上部現存量は僅少であった（四トン）。

地上部の年間の純一次生産量は、当年葉と当年枝のバイオマス、および当年の肥大成長量を合計して、ヘクタールあたり四・四～六・五トンと推定された。針葉樹林よりもヤマナラシ林で、純一次生産量が多かった。

年間の地上部リターフォール量は、ヘクタールあたり二・二～四・二トンであり、針葉樹林よりもヤマナラシ林で多かった（表4-1）。ヤマナラシ林では、全リターフォール量（四・二トン）のうち、小型リター（葉や小枝など）が七四パーセント、大型のリター（大枝や幹など）が二六パーセントを占めた。小型リターの内訳は、葉が七〇パーセント、小枝が三〇パーセントであった。

リターフォールを詳しくみると、ヤマナラシ林では年間のリターフォール量の九〇パーセントが落葉であり、落葉のピークは一〇月に認められた。大型リターは、強風や積雪の認められる冬期に集中して落ちていた。

三タイプの針葉樹林では、葉などの小型リターが全リターフォール量の六二〜六六パーセントを占めていた。同じく、小枝や大枝が一七〜二九パーセント、幹が四〜一七パーセントを占めた。針葉樹林でも、リターフォールの明瞭なピークが秋期（九〜一〇月）に認められている。

以上をまとめると、針葉樹林では、広葉樹のヤマナラシ林に比べて、現存量は同程度であったが、純一次生産量、リターフォール量が少なかった。広葉樹林に比べて、針葉樹林のほうが、ゆっくり生長し、ゆっくり枯死しているといえる。

リターフォールに含まれる、窒素とリンの濃度（重量パーセント）が測定された。窒素とリンの濃度は、森林のタイプや、樹木の器官によって差がみられた（文献6、28、29）。

ヤマナラシ林で、一〇月のリターフォール期に測定された、葉リターの窒素・リン濃度は、それぞれ〇・八パーセント、〇・一七パーセントであった（表4-2）。小枝リターの窒素・リン濃度は、いずれも葉リターの値とほぼ同程度であった。

三タイプの針葉樹林で、葉リターの窒素・リン濃度はそれぞれ〇・五八〜〇・八二パーセント、〇・〇五〜〇・〇八パーセントであった。窒素、リンともに、濃度はヤマナラシ林より低いという結果で

表4-2●アメリカヤマナラシ林の葉・小枝リターに含まれる窒素・リンの濃度・量の季節変化。データは文献6による。

	濃度（重量パーセント）		重量（キログラム／ヘクタール）	
	窒素	リン	窒素	リン
葉リター				
6月	2.6	0.31	0.82	0.10
8月	1.8	0.24	0.19	0.03
10月	0.8	0.17	12.33	2.78
小枝リター				
6月	2.1	0.41	4.45	0.66
8月	0.9	0.16	0.11	0.02
10月	1.1	0.15	1.65	0.23

あった。

この針葉樹林では、木質部の窒素濃度も測定されている。木質部の窒素濃度は葉リターよりもさらに低く、小枝・大枝リターで〇・二六〜〇・六六パーセント、幹リターで〇・〇一〜〇・〇三パーセントであった。

ヤマナラシ林では、リターフォールの養分濃度が季節的に変化した（表4-2）。葉・小枝リターの窒素・リン濃度は、展葉直後の六月に高かった。その後の八月と、葉が老衰・枯死する一〇月には、これらの濃度は低下した。

葉リターフォールの養分濃度は、小枝や材などの器官に比べて高いが、その葉リターフォールのピークは一〇月にみられる。このことは、土壌への養分物質の供給が、この時期に集中することを意味する。

例えば、小型リター（葉と小枝）による一〇月の土壌への窒素供給量は、ヘクタールあたり一四キログラムであり、これは年間の窒素供給量の六二パーセントに相当した。なお、針葉樹林では、リターフォールの養分濃度の季節性は測定されていない。

3 落葉の分解

落葉の化学組成と分解速度

森林の地上部から土壌に供給された落葉などのリターは、分解を受けて重量が次第に減少していくとともに、化学的に変質していく。その速度には、リターの持つ化学組成が大きく影響することが知られている。

ヤマナラシの葉リターの有機物組成（重量パーセント）は、採取年や、採取場所によって変動するものの、おおむねリグニン八〜一四パーセント、セルロース三五〜四三パーセント、可溶性物質（糖類、デンプンなど）三五〜四九パーセントであった（文献34）。残りの七〜八パーセントは、カリウム、カルシウムなどの無機塩を含む灰分であった。養分の濃度は、窒素・リンでそれぞれ〇・八〜一・一パーセント、〇・一七〜〇・二二パーセントという値であった（文献6、17）。

一方、針葉樹の葉リターの化学組成は、樹種によって異なり、また、ヤマナラシとも大きく異なっ

表4-3●リターの化学組成。値は重量パーセント。文献41より抜粋。

リター	炭素濃度	窒素濃度	リン濃度	リグニン濃度	可溶性物質濃度
草本の落葉	42.9-46.4	0.6-0.95	0.07-0.17	6.8-13.8	48.5-62.8
バッファローベリーの落葉	48.3	1.79	0.04	9.2	55.6
アメリカミヤマハンノキの落葉	48.5	1.89	0.10	16.2	53.7
イネ科草本	40.7-43.7	0.77-1.16	0.10-0.20	11.0-12.9	28.3-31.6
草本の茎	42.7-44.9	0.23-0.38	0.04-0.12	10.0-13.8	26.5-35.2
カナダトウヒの針葉	47.4	0.57	0.12	14.6	48.9
草本の根	40.4-44.0	0.79-1.51	0.14-0.26	13.6-19.0	36.5-48.8
コントルタマツの針葉	51.2	1.04	0.09	24.5	32.5
アカミノウラシマツツジの葉	51.1	0.75	0.13	16.6	58.1
針葉樹の太根	48.2-51.0	0.34-0.50	0.03-0.17	20.5-23.9	21.7-38.8
ミヤマモミの針葉	52.3	0.49	0.04	14.6	54.4
コケ	44.9-46.5	0.89-1.05	0.12-0.15	25.3-25.9	16.4-17.2
落枝	49.2-50.3	0.25-0.39	0.01-0.02	24.6-33.1	12.2-15.6

た（表4‐3）。リグニン濃度は、モミ・カナダトウヒ・ヤマナラシ（一四〜一五パーセント）よりもマツ（二四・五パーセント）で高かった。逆に、可溶性物質の濃度は、モミ・カナダトウヒ・ヤマナラシ（四九〜五四パーセント）よりもマツ（三二・五パーセント）で低かった。

窒素の濃度は、トウヒ・モミ（〇・五〜〇・六パーセント）よりもマツ・ヤマナラシ（〇・八〜一・一パーセント）で高かった。リンの濃度は、ヤマナラシ（〇・一七〜〇・二二パーセント）でもっとも高く、トウヒ（〇・一二パーセント）、マツ（〇・〇九パーセント）、モミ（〇・〇四パーセント）の順に低かった。

このような化学性の違いを反映して、樹種ごとの落葉の分解の速度に差が認められた。分解速度は、時間経過にともなう落葉の重量減少のパターンに、指数モデル（exponential model）をあてはめたときに得られる指数関数の傾きとして求められる（文献20）

$$M_t / M_0 = \exp(-kt) \quad (式1)$$

ここでtは時間、M_tは時間tにおける残存重量、M_0は初期の重量、そしてkが分解速度定数である（文献22）。

分解速度係数kで比較したとき、分解がもっとも速かったのはヤマナラシ落葉だった。その分解速度定数kは、〇・一一〜〇・四九／年であった（文献16）。針葉樹では、カナダトウヒ落葉の分解がもっとも速く（k＝〇・一八／年）、マツ落葉で中程度（k＝〇・一一～〇・一七／年）、モミ落葉の分解がもっとも遅かった（k＝〇・〇九／年）（文献41）。

この分解速度定数を用いれば、落葉重量の半減期（half-life）、すなわち初期の重量が半分になるまで分解するのにかかる時間を推定することができる。式1において、M_t／M_0＝〇・五となるtを求めればよい。

こうして推定された落葉の重量の半減期は、ヤマナラシで六・三年であった。針葉樹では、カナダトウヒ三・八年、マツ六・一年、モミ七・五年と推定された。

五年にわたる長期的な分解のプロセスが、ヤマナラシの落葉を材料にして、リターバッグ法（litterbag method、図4-4）により調べられた（文献16）。

分解一年目には、落葉の重量の残存率（初期重量に対するパーセント）が七五パーセントとなった。その後、重量の減少速度は次第に遅くなり、重量の残存率は三年目に六六パーセント、五年目に六〇パーセントとなった。この研究では、ヤマナラシの落葉では初期（最初の一年目）の分解こそ速いものの、長期的に見ると分解はカナダトウヒ（重量の半減期三・八年）より遅くなる、という結果が得られている。

初期の分解プロセスが、長期の分解パターンを反映しないという結果は、分解の先行研究でも、くり返し示されている（文献4）。広葉樹の落葉では、初期の窒素の濃度が比較的高い。そのような落

図4-4●リターバッグを用いた分解実験。一定量のリター（落葉など）をナイロン製の袋（この写真では、15×15センチメートル、2ミリメッシュ）に入れて林床に設置する。一定期間後（例えば、3ヶ月後や1年後、5年後など）に回収し、袋のなかからリターを取り出して重量を測定する。その重量が、初期の重量に比べてどれくらい減少したかや、リターにどのような土壌微生物や土壌動物が定着しているのかを調べることができる。

葉では、分解にともなって難分解性の腐植様物質が再合成されやすく、そのような物質の集積により、分解後期になってから分解の速度が低下する場合がある（文献3）。

カナディアンロッキーを含む、温帯林や北方林では、このような難分解性の物質を効率的に分解する菌類のアバンダンスが少ない（文献23）。難分解性の物質を効率的に除去する微生物の欠如が、分解の後期における分解速度の低下と、土壌における腐植の集積を引き起こす一因といえる。

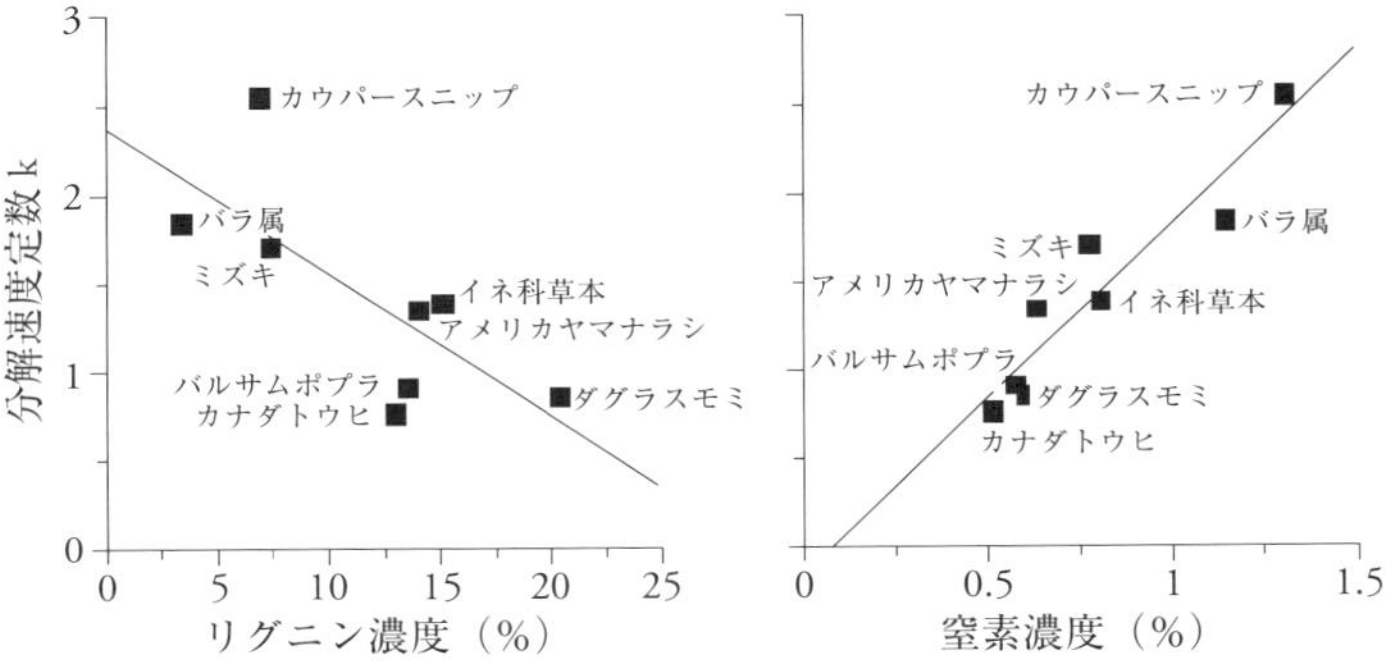

図4-3●落葉の化学性と分解速度との関係。ピアソン相関係数は、リグニン濃度が－0.74、窒素濃度が0.94。文献40より作図。

分解速度に影響を及ぼす要因

落葉ごとに得られた分解速度定数kを、落葉の化学性と関連づけて解析することで、分解速度に影響を及ぼす要因を検討することができる。カナナスキスでは、リグニン濃度の高い落葉ほど、また、窒素濃度の低い落葉ほど、分解が遅い傾向が認められた（図4-3）。

リグニンは落葉を構成する主要な構造性の有機物であるが、難分解性であるため、しばしば分解の律速要因となることが知られている。また、窒素は分解者生物にとっての必須の栄養素であり、これも分解の律速要因となりうる。

ヤマナラシ落葉では、分解の初期段階に大幅な重量の減少が認められたが、これ主に、水溶性の物質が水の流れにともなって、物理的に溶脱（leaching）されたことによる。その証拠に、水溶性の物質をあらかじめ除去した落葉では、分解の初期に、重量減少がほとんど認められなくなった（文献26）。

このような操作的な実験が、ヤマナラシの落葉を材料にして詳細に行われた。例えば、

・北向き斜面よりも南向き斜面で、落葉の分解が速かった（文献16）。
・アメリカミヤマハンノキの葉を混ぜると、単独で分解したときに比べて、分解が促進された（文献39）。
・冬期の凍結下や積雪下においても、微生物の活性が認められた（文献5）
・落葉が凍結すると、クチクラ層が物理的に崩れて、水溶性物質の溶脱が促進された（文献38）。
・土壌の乾燥―湿潤のサイクルは、分解にあまり影響しなかった（文献37）。
・温度が高いほど、また水分が多いほど、分解が速かった。水分よりも温度のほうが分解への効果が大きく、また、水分の効果は温度が高いほど増幅された（文献35、36）。

これら一連の研究成果の多くが、環境条件をコントロールできるミクロコズム（microcosm）を用いて得られた（図4-5）。このような操作実験を行うことで、分解に及ぼす個々の要因の影響を分離して、個別に検討することができる。操作実験の結果は、野外での観察結果を解釈する上で、有用な情報を提供してくれる。

なおカナダでは、一九九一年秋から、Canadian Intersite Decomposition Experiment（CIDET）とよばれ

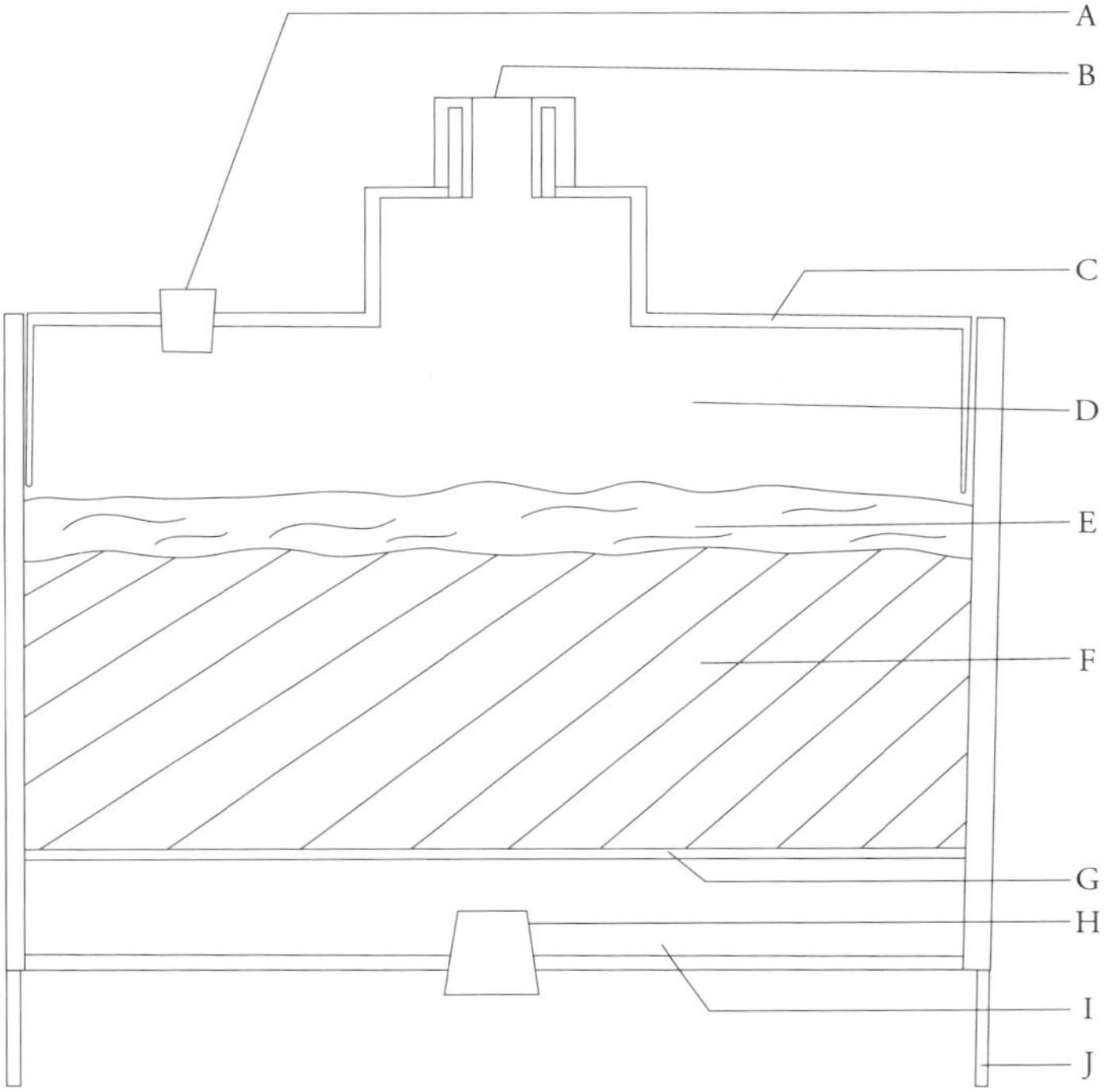

図4-5●落葉分解実験に用いられたミクロコズム。A：栓、B：ガス採取用セプタム、C：ねじ蓋、D：空間、E：リター、F：土壌層、G：ナイロンシート（3 mm メッシュ）、H：排水口の栓、I：排水チャンバー、J：底部。文献33より作図。

る広域的な長期リター分解研究プロジェクトが実施された。カナダ全域のスケールで、リター分解のプロセスと、その律速要因が明らかにされた（文献21）。カナナスキスはその研究サイトの一つとして選ばれている。また、一九八〇年代にカナナスキスで行われた、ここで紹介した分解研究の成果は、このプロジェクトに

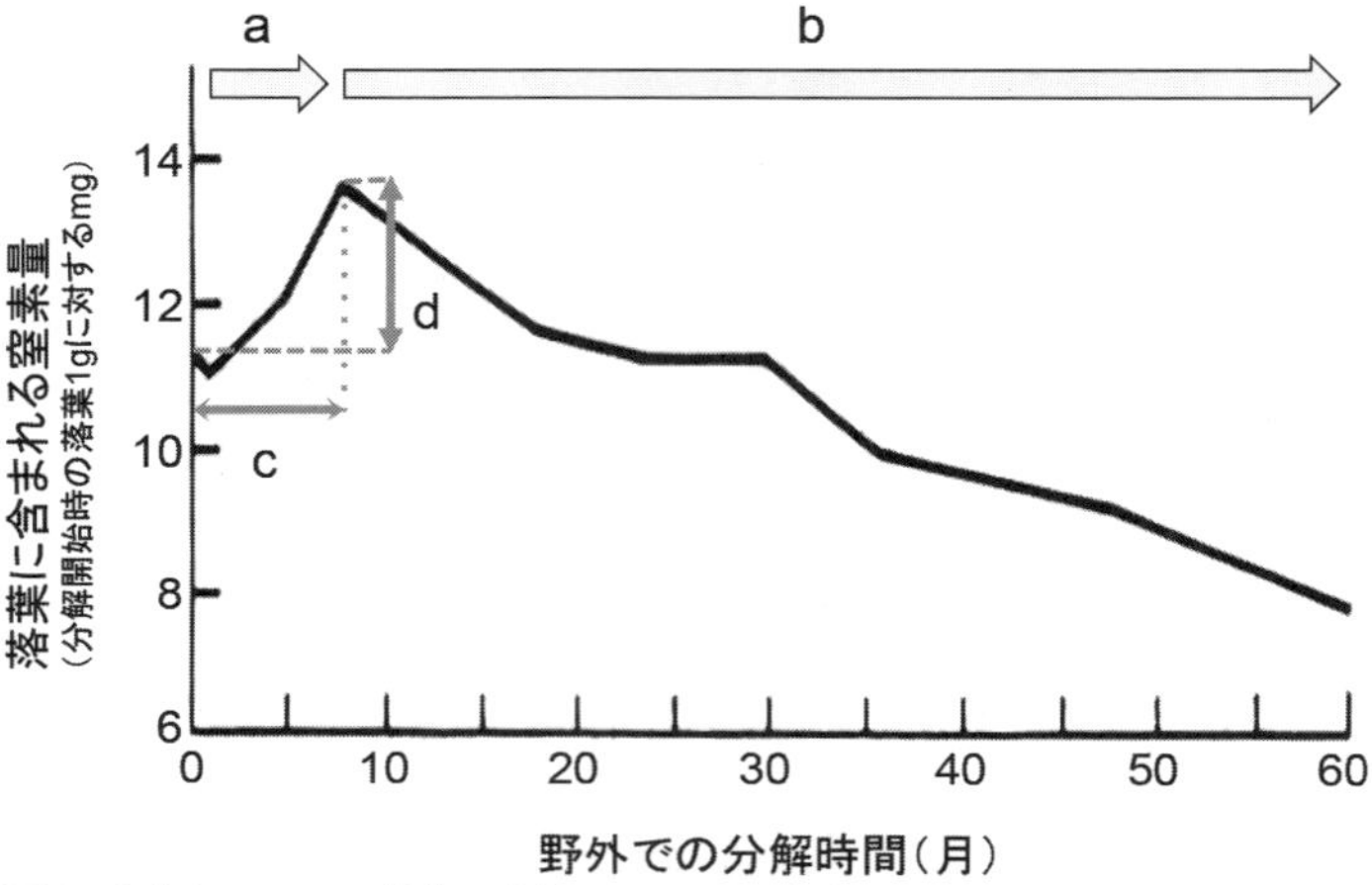

図4-6●ヤマナラシ落葉の分解にともなう窒素の動き。文献17より作成。a 純不動化、b 無機化、c 不動化の期間、d 最大不動化量。

対して有益な基礎情報を提供した点でも、意義深いといえる。

落葉からの養分放出

落葉が分解されるのにともなって、窒素やリンがどのように放出されるのかが調べられた。ヤマナラシの落葉では、分解の一年目に、分解開始時と比べて、落葉に含まれる窒素の絶対量が増加した（文献6、17）。この絶対量の増加を、純不動化（net immobilization）という（図4-6）。最大不動化量（文献1）、すなわち分解の過程で環境から落葉へと取り込まれる養分の量は、落葉の初期重量一グラムに対して窒素二ミリグラムであった。続く一年目以降、こんどは窒素の絶対量が減少した。この絶対量の減少を、無機化（mineralization）という。

マツ落葉（図4-7）の分解プロセスでも同様に、窒素の無機化に先立って純不動化が認められた（文献32）。ただし、窒素の不動化の期間（落葉中の窒素量が最大不動化量に達するのにかかる時間）は3年間であり、ヤマナラシ落葉の一年間と比べて長かった。また最大不動化量は、落葉の初期重量一グラムに対して窒素三ミリグラムであり、ヤマナラシ落葉の約一・五倍だった。リンではヤマナラシでもマツでも、窒素のような純不動化はみられなかった。分解開始時から、リン量の減少（無機化）が認められた。

図4-7●コントルタマツ林の林床表面。

物質循環の説明のなかで、落葉は窒素やリンなど養分物質の供給源であり、いわば肥料の役割を担うことになっている。しかし、実際にカナナスキスでの分解のデータを見てみると、窒素の放出（無機化）に先立って、純不動化が起こっていた。

純不動化は、落葉における窒素の絶対量の増加を指す。つまり、落葉から土壌ではなく、逆に、土壌から落葉へと、窒素が取り込まれていたことになる。そして、純不動化の後に無機化が起こるということは、落葉の養分源としての働きが、時間差で認められることを意味する。

分解にともなう落葉への窒素の不動化は、カナディアンロッキーだけでなく、温帯林や北方林で一般にみられる現象である（文献24）。落葉ごとのリグニンや窒素の濃度の違いが、不動化の量や期間に影響することが知られている。カナナスキスの例では、マツの落葉ではリグニン濃度の高さが、窒素の最大不動化量の多さと、不動化の期間の長さに貢献したと解釈できる（文献1）。

窒素の不動化は、主に、リグニンの分解産物と窒素が結合して起こると考えられている（文献3）。カナディアンロッキーのように、リグニンを効率的に分解する菌類のアバンダンスが少ない場合には（文献23）、窒素がリグニンの量に応じて、分解途上の落葉に保持されることになる。土壌から落葉へは、主に、菌類の菌糸を介して窒素が移動すると推察される。

以上をまとめると、ヤマナラシ落葉よりもマツ落葉のほうが、不動化される窒素量が多く、窒素の不動化期間が長かった。このことは、マツ林の土壌で、より多くの窒素が、より長期にわたって落葉に保持されることを意味する。土壌での養分循環も、広葉樹林に比べて、針葉樹林のほうが、ゆっくり起こるといえる。

4　丸太の分解

丸太は落葉と並んで、林床にみられるリターの主要な構成要素の一つである（図4-8）。丸太は落葉に比べるとはるかに粗大であるため、分解には時間を要する。丸太の分解プロセスの研究には、さらに長期的な実験が求められる。

カナナスキスの各針葉樹林で、枯死した直後のマツ、カナダトウヒ、モミの丸太（直径一五センチメートル、長さ二〇センチメートル）をそれぞれの林分に設置し、一四年にわたって分解のプロセスが調べられた（文献15）。

分解はマツの丸太でもっとも遅く、重量の半減期は二八年であった。これに対し、カナダトウヒとモミの丸太の半減期は、それぞれ一〇年、一一年と短かった。樹種間で分解の速度に差が見られたが、これには調査地ごとの水分条件の違いが関与している可能性がある。

丸太の重量の半減期を、同じ樹種で調べた落葉の半減期と比べると、マツでは丸太のほうが四・六倍長く、カナダトウヒとモミでも

図4-8●コントルタマツ林の林床で腐朽途上にある丸太。

丸太のほうが一・四〜一・六倍長かった。

丸太の分解を調べた研究が、もう一例ある。カナナスキスの亜高山帯林（標高一五八〇〜一八〇〇メートル）において、マツとエンゲルマントウヒの丸太（直径二〇センチメートル以下）の分解が調べられた（文献10）。調査はいずれも、火災後に更新した五ヶ所の森林（林齢五八〜一二二年）で実施された。立枯れ木では乾燥のため、分解にともなう重量の減少がほとんど認められなかった。重量の減少は、立枯れ木が倒伏したのち、認められるようになった。倒伏後の丸太の重量半減期は、マツで二三〜一九九年、エンゲルマントウヒで一三〇〜二七九年と推定された。

丸太の分解は、若齢の森林ほど速かった。若齢林は老齢林に比べると、林冠が開いていて林床が明るく、林床に到達する日射量も多い。このため、温度が高いことや、融雪が早くて生育期間も長いことにより、丸太の分解が促進されたと考えられる。

5　土壌の発達パターンにみられる特徴

落葉や丸太などの植物リターは、微生物の分解作用によって、最終的には二酸化炭素まで無機化される。しかし、一部は土壌有機物へと変化して、土壌中に長期的に留まる。土壌における有機物や養分の集積を考えるのに先立って、カナディアンロッキーでの土壌の発達にみられる特徴を押さえておく必要がある。

まず一般に、土壌の生成には、気候（温度、降水量、風など）、生物、地形（方角、傾斜、標高など）、母材、時間の五つの要因が関わることが知られている。これらに加えて、局所的に重要な要因として火災と雪崩がある（文献7）。火災、雪崩や、噴火にともなう火山灰の堆積といったイベントが、土壌発達のパターンを変化させることが示されている（文献12）。

カナディアンロッキーでは、完新世になってから氷河が後退して出現した空き地（氷河後退域）に、植物が順次、定着していった（第3章）。氷河後退域の基質は、母材や堆石からなっており、土壌の生成の時間が短い。そのため、未成熟な土壌が多い。

例えば、ルイーズ湖周辺では、土壌の発達状態が時間の経過に大きく依存していることと、土壌の生成の速度が過去約一万年の気候変動を反映することが示されている（文献7）。

アサバスカ氷河の後退域においても、氷河後退後の一〇〇年にわたる時間経過にともなって、土壌の性質が変化することが報告されている（文献9）。特に、標高の高い山岳地域では、温度が低く、化学的、生物的な土壌プロセスの進行が遅い。このため、永久凍土や霜の作用といった、物理的な土壌プロセスが卓越する（文献19）。

とはいえ、植物は、リターの供給を通じて、定着場所における土壌の生成に深く関わる。これがも

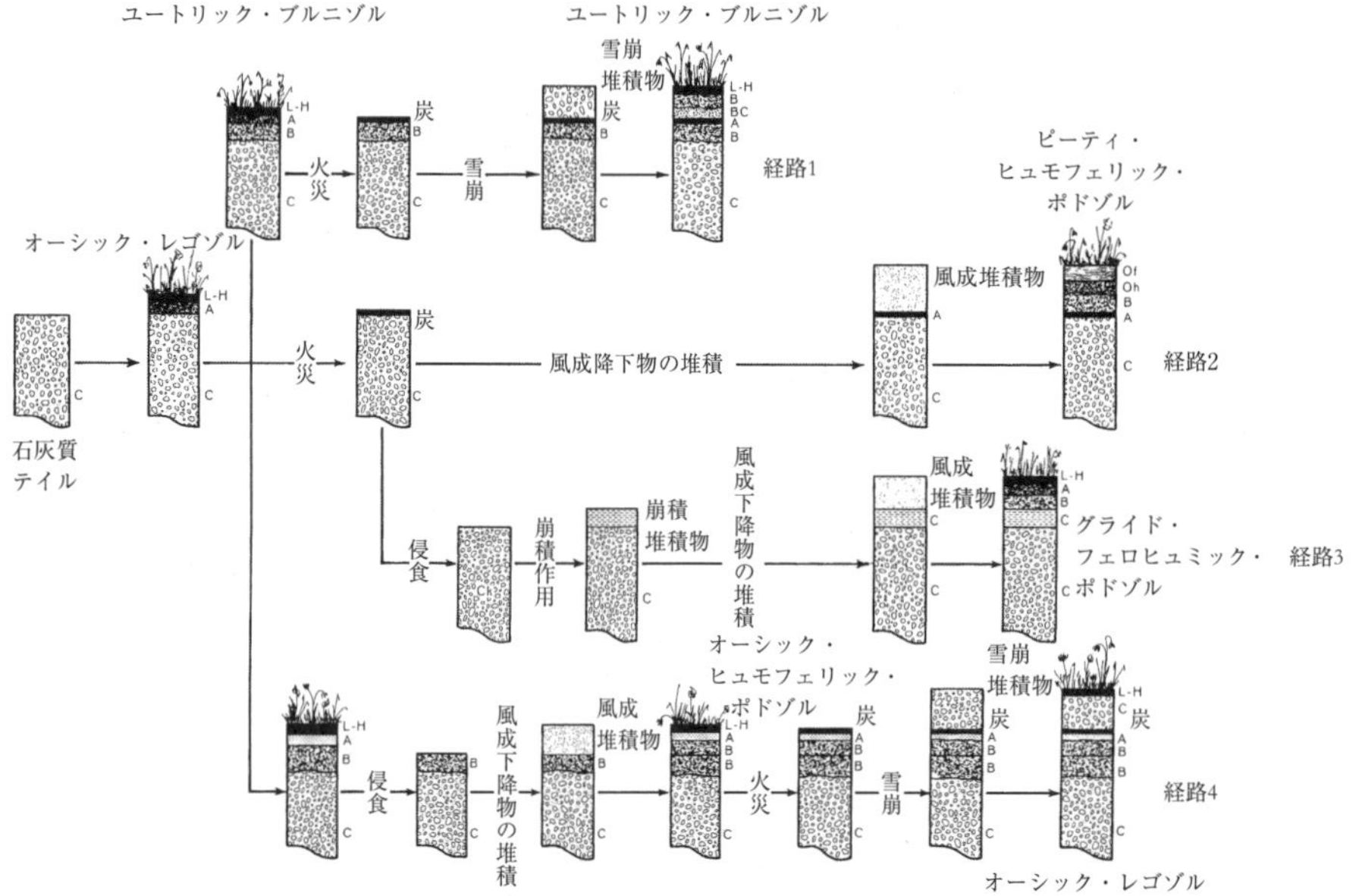

図4-9●ボウ峠の亜高山帯林にみられるポドゾルの四つの生成経路（経路 1, 2, 3, 4）。L-H は黒色で混合の進んだ有機物層、Of, Oh はそれぞれ F 層、H 層、A, B, C は鉱質土層の層位。文献 11, 12 より作図。

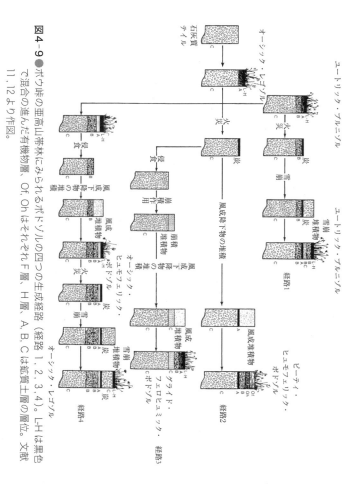

っとも顕著なのは、植被が点在する高山帯である。高山帯では、パッチ状に存在する植生と、その直下の土壌タイプとのあいだに対応関係が認められた（文献8、14）。森林でも、後述のように、ヤマナラシとマツといったような樹種の違いに応じて、土壌の性質に違いがみられる。

カナディアンロッキーの、特に亜高山帯の水はけのよい土壌では、ポドゾル（podzol）が認められる場合がある。ポドゾルの発達には、母材の物理性、化学性に加えて、火災や雪崩、地滑り、浸食、風成堆積物が強く影響する（図4-9）。さらに、火山灰の堆積層も影響を及ぼす。

灰分は、強い酸性条件下で速やかに加水分解されるが、このときアルミニウムなどを含む不定形の風化産物が形成される。こうして、土壌にモンモリロナイトを主な粘土鉱物とする層が形成され、その下に、アルミニウムと鉄の酸化物が集積するポドゾル化した層が形成される。

このほか、火災は土壌表層の有機物を焼失させるとともに、その後の植生の変化や雪崩の誘発を通じて、土壌の発達に影響する。雪崩は斜面の上部の土壌層を押し流して除去するとともに、斜面の底部にそれらを堆積させる。これらの自然撹乱については、第3章で詳しく紹介した。

6 林床における有機物・養分の集積と無機化

カナナスキスの広葉樹林と針葉樹林で、有機物層(organic layer)の厚さは五〜一二センチメートル程度である(表4-4)。ヤマナラシ林、マツ林に比べると、カナダトウヒ—マツ林、モミ—エンゲルマントウヒ林のほうが、有機物層は厚い。

ヤマナラシ林の有機物層は、表層から順にL層(厚さ約二センチメートル)、F層(二〜四センチメートル)、H層(四〜七センチメートル)に区分される(文献18)。鉱質土層(mineral soil、深さ八センチメートルまで)を含む有機物の総量の約五〇パーセントが、厚いH層に含まれていた(森林土壌の層位に関するこれらの用語については、コラム05を参照)。

有機物層における、元素別の蓄積量は表4-4のとおりである。ヘクタールあたり、炭素一九〜三八トン、窒素〇・五〜一・〇トン、リン〇・〇三〜〇・一二トンであった。炭素の蓄積量は、モミ—エンゲルマントウヒ林とヤマナラシ林で同程度だったが、マツ林の土壌ではこれらの森林より少なかった。窒素とリンの蓄積量は、針葉樹林よりもヤマナラシ林で多かった。

有機物層における物質の蓄積量を、年間リターフォール量で除することで、物質の平均滞在時間を求めることができる。このとき、有機物層というスケールで、リターの加入と分解とが釣り合ってい

表4-4●森林タイプ別の有機物層の厚さ、有機物層の炭素・窒素・リンの蓄積量と平均滞在時間。

	有機物層の厚さ(cm)	現存量(Mg/ha)			平均滞在時間(年)		
		炭素	窒素	リン	炭素	窒素	リン
広葉樹林[a]							
ヤマナラシ林	5-9	38	2.0	0.12	20.4	22.9	16.8
針葉樹林[b]							
マツ林	6	19	0.5	0.03	13.5	25.6	14.6
カナダトウヒ—マツ林	12	25	0.9	0.07	20.2	59.4	31.1
モミ—エンゲルマントウヒ林	12	39	1.2	0.07	43.4	84.7	65.2

[a] 文献6、[b] 文献28、29。

る、すなわち、ターンオーバー(turnover)が定常に達しているという仮定を置く。

こうして求めた炭素の平均滞在時間は、マツ林で一三・五年ともっとも短かった。モミ—エンゲルマントウヒ林では四三・四年と、マツ林の三倍以上長かった。ヤマナラシ林(二〇・四年)とカナダトウヒ—マツ林(二〇・二年)は中程度だった。同様にして求めた、窒素とリンの平均滞在時間は、ヤマナラシ林とマツ林で短く、その一方で、モミ—エンゲルマントウヒ林でもっとも長かった。

有機物層は、さまざまな植物器官の混合物であり、落葉や丸太だけでなく、小枝や大枝、さらには花や球果などの繁殖器官、下層植生のリターなどが含まれる。これらの植物器官は、現存量や生産量、養分濃度、土壌への供給速度が異なる。針葉樹林の有機物層に対する、これら植物器官の窒素およびリンの供給源としての相対的な重要性が定量的に評価された(文献15)。

その結果、樹木の落葉が、有機物層への全供給量の五〇パーセント以上を占めることと、窒素とリンの供給源として量的にもっとも貢献が大きいことが示された。樹木の落葉に次いで、窒素およびリンの供給源として貢献が大きかったのは、マツ林では下層植生リター（全体の三四パーセント）であり、カナダトウヒ－マツ林では下層植生リターと小枝（それぞれ全体の二一パーセント、一二パーセント）であった。丸太の寄与率は、養分濃度の低さを反映して、いずれの森林でも全供給量の〇・四～五・一パーセントしかなかった。

針葉樹林では、ＦＨ層に含まれる無機態（アンモニア態＋硝酸態）の窒素の現存量と、窒素の無機化の速度が、野外での土壌培養実験により調べられている（文献30）。

ＦＨ層に含まれる無機態の窒素は、大部分がアンモニア態であった。硝酸態窒素の量は、アンモニア態窒素と硝酸態窒素を合わせた全無機態窒素量の七パーセントにも満たなかった。

無機態窒素の現存量は、不動化と無機化、植物による吸収、下層への移動により大きく変動する。このため、現存量それ自体を、植物への養分可給性の指標として使うことはできない。これに対して、窒素の無機化速度は、ある一定期間、土壌を培養したときに生成する無機態窒素の量として測定するが、植物が吸収できる養分の可給速度の指標として用いられる場合が多い。

野外での土壌培養実験により、ＦＨ層において一年間で無機化された窒素の量は、マツ林では負の値（一平方メートルあたり窒素マイナス一七五ミリグラム）であった。これは、無機態窒素の純不動化が認められたことを意味する。モミ―エンゲルマントウヒ林では、一平方メートルあたり一四七七ミリグラムの窒素が無機化された。モミ―エンゲルマントウヒ林のＦＨ層で生成した無機態窒素のうち、九八パーセントがアンモニア態であった。針葉樹林では、主にアンモニア態の窒素が、植物に供給される主な無機態窒素であり、硝化細菌により硝酸にまで変換される割合は低いといえる。

7 施肥を受けた森林土壌の物質循環

ここまで見てきたように、カナナスキスの針葉樹林では、落葉への窒素の不動化ポテンシャルが高い。このため、土壌における窒素の無機化速度が低く、森林の生産性は窒素の可給性により制限されている。

このような森林では、樹木の生長を促進するため、施肥（fertilization）がしばしば行われる。カナナスキスの針葉樹林では、施肥が土壌の養分動態と微生物に及ぼす影響が、長期的・短期的な実験により調べられてきた。

各針葉樹林の調査地、および皆伐地のそれぞれで、硫酸リン酸アンモニウムの施肥実験が行われた（文献31）。窒素・リンが、ヘクタールあたりそれぞれ一六〇キログラム、八六キログラムに相当する量が林床に施与された。施肥後、四年間にわたって追跡調査が行われた。

施肥の一年後に、林床植生（主にヤナギラン）の現存量が、施肥をしていない対照区に比べて、一・四〜二・一倍に増加した。これにともない、林床植生に含まれる窒素の量も二・〇〜二・九倍に、同じくリンの量も一・九〜四・〇倍に増加した。樹木に由来する地上部のリターフォール量と、葉リターに含まれる窒素とリンの濃度は、施肥にともなって変化しなかった。

土壌微生物の呼吸活性が、土壌からの二酸化炭素の放出量として評価された。しかし、対象とした森林タイプと皆伐地で、施肥は土壌微生物の呼吸活性に有意な影響を及ぼさなかった。微生物の現存量は、基質誘導呼吸法（substrate-induced respiration；文献2）により評価されたが、これも施肥による変化はみられなかった。

しかし、窒素・リンの無機化速度は、いずれの調査地でも、施肥にともなって劇的に増加した。モミ－エンゲルマントウヒ林と皆伐地の土壌では、硝化速度が大幅に増加しており、施肥から四年が経過しても、有機物層に含まれる無機態窒素の現存量は高いレベルを維持していた。

さらに別の研究では、マツ林の有機物層に、硝酸アンモニウムと尿素（いずれもヘクタールあたり窒素一八八キログラム相当）、重過リン酸石灰（同じくリン九四キログラム相当）を、単独で、あるいは組み合わせて施肥する実験が行われた（文献43）。

窒素よりもリンのほうが、添加にともなう土壌微生物への影響が大きかった。例えば、リンの単独施肥は微生物の呼吸活性を約一〇パーセント低下させた。また、リンの施肥により、鉱質土層から抽出されるリン酸の現存量が三・二倍に増加した。これらの増加傾向は、施肥から二年にわたって継続して認められた。

一方で窒素の施肥により、鉱質土層に含まれるアンモニウムイオンの現存量が、平均で七・〇倍に増加した。また、窒素の施肥により、窒素の無機化速度が三・六〜一五・五倍に増加した。窒素の施肥はリンの無機化に影響せず、また、リンの施肥も窒素の無機化に影響しなかった。尿素とリン酸の同時施肥により、尿素を単独で施肥した場合に比べて、アンモニア態窒素の現存量が倍増した。

この実験では、窒素とリンを組み合わせることで、単独で施肥した場合と異なる反応が得られることが示された。しかし、土壌中におけるその微生物的なメカニズムについては、明らかにされていない。

さらに、マツ林の有機物層を採取して実験室に持ち帰り、同様の施肥実験が行われた（文献42）。この室内実験でも、野外実験のときと同様に、リンを単独で添加したときに微生物の呼吸活性が低下した。しかし、この室内実験では、硝酸アンモニウムや尿素の施肥も、微生物の呼吸活性の低下を引き起こした。

室内実験では、温度や水分条件が一定に維持される。これに対して、野外ではこれらの条件は変動する。野外と室内での実験結果は、必ずしも一致しないことが予想されるが、両者を比較するときには、このような環境条件の違いを念頭に置く必要がある。

コラム05 有機物層を観察する

column

落葉や落枝などの植物遺体を、総称してリター（litter）とよぶ。リターは英語で、「ゴミ」を意味する。森林土壌の表面には、リターとその分解産物が集積しており、有機物層（organic layer）を形作っている。有機物層の下には鉱質土層（mineral soil）があり、これは主に、地球を構成する岩石が風化してできた無機物からなる。

有機物層と鉱質土層は、いくつかの層位に区分される。場所ごとの有機物層や鉱質土層にみられる層位の発達様式は、リターの分解のパターンにより決定されており、その特徴は土壌断面の形態に反映されている。

有機物層は、土壌堆積腐植層（A_0層）ともよばれ、一般に三層に区分される。上部から、新鮮な落葉からなるリター（L）層、分解の進んだリターと吸収根からなる発酵（F）層、不定形の分解産物および土壌動物などの糞からなる腐植（H）層である。

その下にある鉱質土層は、風化の度合いと、地上から供給された有機物との混合の程度により、主に3層に区分される。上から順に、風化の進んだ鉱物と腐植物質の混合したA層、風化の進んだ鉱物からなるB層、未風化の母材からなるC層である。

有機物層における物質の蓄積様式は、その構造の違いから、ムル型（mull）とモダー型（moder）・

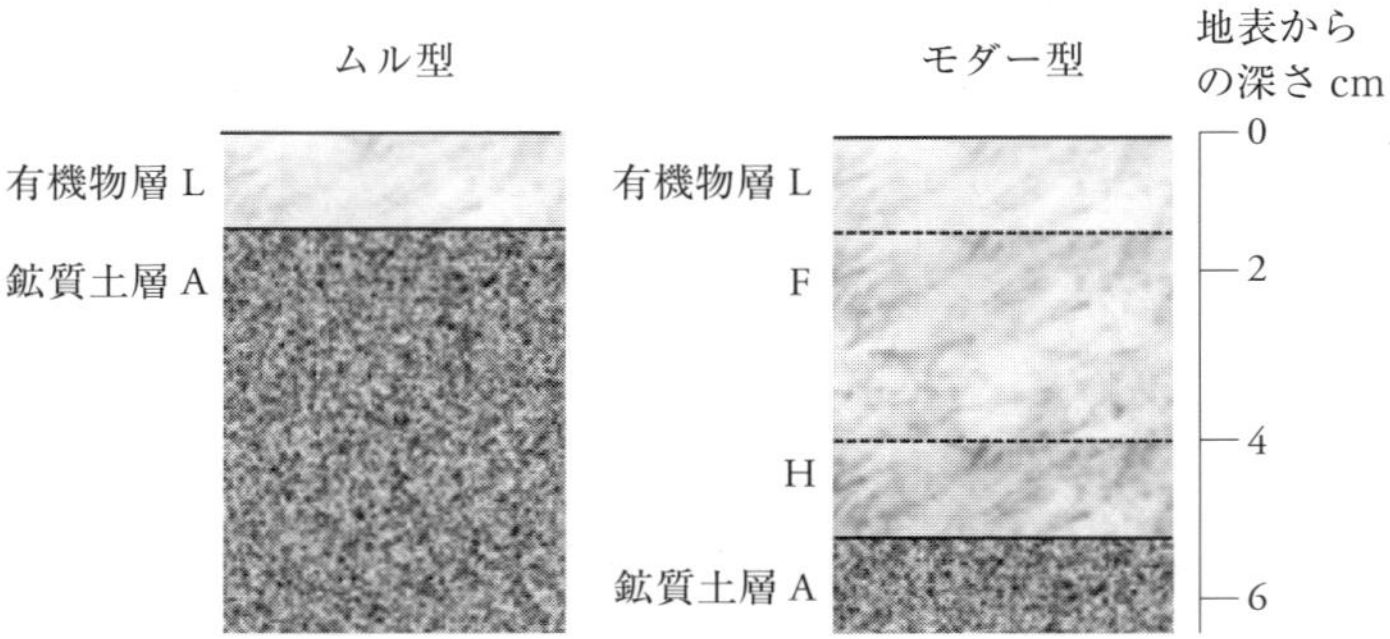

図4-A1●土壌堆積腐植層

モル型（mor）を典型として二つの様式に大別される（図4-A1）。

ムル型の土壌堆積腐植層は、ミミズやヤスデ、フナムシなどの大型土壌動物が多い場所や、これらの大型土壌動物が不在の場合でも、他の分解者生物の活動に好適な環境条件下などに見られる。リターの分解は比較的速やかであり、有機物層は主にL層からなり、一般にF層とH層の発達は悪い。

ムル型では、リター分解産物は、真正腐植となって鉱質土層に速やかに混入する。このため有機物層の下には、有機物に富む黒色のA層が発達し、そこに土壌の養分物質が蓄積している。

ムル型の土壌堆積腐植層は、熱帯林・亜熱帯林や、温帯林でも斜面下部の適湿地、そしてミミズなどの土壌動物の現存量が多い石灰岩地帯などに認められる。

モダー型やモル型の土壌堆積腐植層では、リターの分解は一般に遅く、L層、F層、およびH層からなる明瞭な有機物の堆積構造が認められる。土壌の養分物質は主に、F

層とH層を構成する堆積腐植に蓄積されている。

モダー型やモル型の土壌堆積腐植層は、温帯林の斜面上部にみられる乾燥地や、難分解性のリターが供給される針葉樹の人工林、および北方林に認められる。

カナディアンロッキーの森林では、第4章で述べたように、冷涼な気候条件下で、モダー型やモル型の土壌堆積腐植層が発達していた。だが、第5章で紹介するように、外来ミミズの侵入にともなって、従来からのモダー型やモル型の土壌堆積腐植層が、ムル型へと変化している。これにともない、森林の下層植生や、ミミズ以外の土壌生物相にも影響を及ぼしている。

第5章 土壌生物の働き

1 生態系を足元から支える土壌生物

土の中で生活を営む生物

森林の土を一握り、手に取ってみてみると、肉眼で見えるものも見えないものも含めて、その中には実に多様な生物が息づいている。まとめて土壌生物(soil organisms)とよばれる生物たちで、大きくは土壌微生物(soil microorganisms)と土壌動物(soil animals)に区別される(図5-1)。

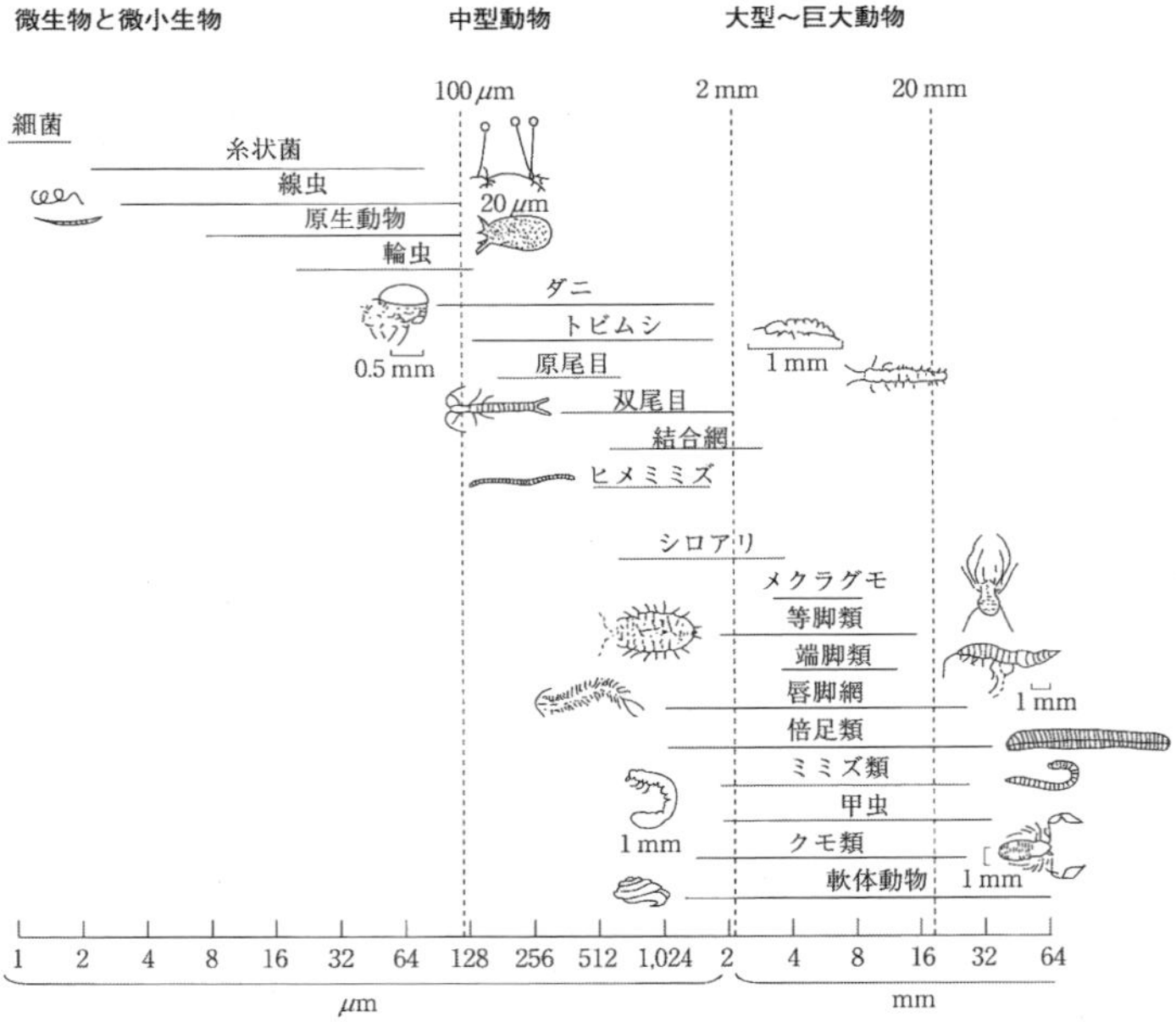

図5-1●土壌生物の大きさによる区分（文献50より）。

土壌微生物には、菌類（fungi）や、細菌（bacteria）、古細菌（archea）など、肉眼では見ることのできない顕微鏡サイズの、さまざまなグループの、さまざまな機能をもつ生物が含まれる。菌類は、一般に菌糸（hyphae）とよばれる糸状の細胞や、単細胞の酵母（yeast）とよばれる細胞で生活を営む生物であり、きのこやかびとして知られいる（菌糸については、コラム06を参照）。これに対して、細菌、古細菌は、単細胞で、分裂により増殖する微生物である。

土壌動物は、ミミズやダンゴムシ、ヤスデなど、土で暮らす動物を指す。体のサイズにより、センチュウやワムシなどの小型動物（microfauna）、ササラダニやトビムシなどの中型動物（mesofauna）、ミミズやヤスデなどの大型動物（macrofauna）に区分される（文献49）。

これらの土壌生物は、土壌のなかで、他の生物にはないユニークな役割を担っている。第4章で紹介したように、森林では地上部にある樹木などの植物体と、地下部の土壌のあいだで、炭素や窒素・リンなどの物質が循環している。樹木の寿命は数百年と長いが、樹体を構成する葉や枝などのモジュールの寿命は、半年から、せいぜい一〇年程度しかない。このため、森林では、落葉や落枝などの植物遺体が、毎年のように、大量に、土壌に供給される。この土壌に供給された植物遺体を分解・還元する役割を担っているのが、土壌生物である。

植物遺体は、土壌生物による分解を受けて、最終的には二酸化炭素や無機態の栄養素にまで変換される。植物は無機栄養といって、有機物のままの植物遺体に含まれる栄養素を直接は利用できない。無機物に還元されてようやく、栄養素として根から吸収し、再利用する。

そこで、有機物分解の大役を担うのが、落葉の内部に菌糸を張り巡らせて、落葉を構成する有機物をエサとして利用する菌類の菌糸などの土壌微生物や、落葉を摂食するトビムシなどの土壌動物なのである（図4-1）。

カナディアンロッキーでは、第4章で紹介してきたカナナスキスのヤマナラシ林とマツ林を中心に、さまざまな標高域の植生帯で、土壌生物（特に、菌類と土壌動物）の生態が詳しく調べられてきた。カナディアンロッキーは、土壌菌類と土壌動物の生態に関して、世界でもっとも詳細に調査が行われた場所の一つといえる。第5章では、さまざまな土壌生物の生態や多様性と、役割について述べる。

なお、これまでの章でも、菌類や細菌類はたびたび登場している。第2章ですでに、菌類や細菌が生物土膜の構成要素となることや、高山帯と亜高山帯、およびその中間に位置する高山屈曲林で、樹木と共生する外生菌根菌とエリコイド菌根菌について紹介した。第3章では、マウンテンパインビートルと共生する青変菌や、樹木に加害する根株腐朽菌について紹介した。また、氷河後退域では、植物と共生する根粒菌が、生態系への窒素の供給や、植物の定着における核形成において、中心的な役割を担うことを述べた。

2 土壌の菌類

アメリカヤマナラシ林の菌類

ヤマナラシ林では、有機物層における菌類の垂直的な分布が調べられた（表5-1）。菌類のバイオマス（生物量）が、菌糸の長さ（hyphal length）として評価された。菌糸長は、秋に枯死・脱落して土

表5-1●カナナスキスの森林土壌における菌糸長と菌類相。ND データなし。菌類相には高頻度で分離された分類群のみを示す。

層位	アメリカヤマナラシ林[a]		コントルタマツ林[b]	
	菌糸長（メートル／グラム）	菌類相	菌糸長（メートル／グラム）	菌類相
落葉直後	418	ペニシリウム・ジャンシネルム	ND	ND
L層	4773 ～ 7935	フォーマ属 クラドスポリウム属 胞子未形成の黒色菌糸	ND	クラドスポリウム属 胞子未形成の黒色菌糸
F層	7215 ～ 7930	フォーマ属 トリコデルマ属 ペニシリウム・シリアクム	ND	トリコデルマ属 ペニシリウム属
H層	5996	フォーマ属 トリコデルマ属 クサレケカビ属	2699	トリコデルマ属 ペニシリウム属 ケカビ属 クサレケカビ属

[a] 文献51、[b] 文献57。

壌に供給された直後の落葉で、落葉一グラムあたり約四二〇メートルであった。L層・F層では約八〇〇〇メートルまで増加したが、H層ではわずかに減少して約六〇〇〇メートルであった。これらの値は、わが国の森林土壌と比べても同程度である（文献39）。

この菌糸長を、菌糸が円筒形であると仮定し、含水率や密度の値を用いて重量に換算すると、菌糸が落葉や有機物層の総重量に占める割合は〇・二〜八・〇パーセントにすぎなかった。細長い菌糸が、わずかの重量で、落葉や有機物層のすみずみにまで入り込んでいるといえる。

菌類の種組成も、有機物層のなかで垂直的に変化した。枯死・脱落した直後の落葉では、ペニシリウム・ジャンシネルム *Penicillium janthinellum*（以下、*Pe.* ジャンシネルム）が多かった（図5-2）。

L層で *Pe.* ジャンシネルムは姿を消し、かわって、フォーマ属の一種（*Phoma* sp.）、クラドスポリウム属（*Cladosporium* spp.）、さらに分類群は不明だが、胞子を形成しない黒色菌糸（dark sterile mycelia）が増加した。

F層では、クラドスポリウム属菌や胞子未形成の黒色菌糸は姿を消した。かわって、フォーマ属菌に加えて、トリコデルマ属（*Trichoderma* spp.）、ペニシリウム・シリアクム *Pe. syriacum*（以下、*Pe.* シリアクム）が増加した。

さらに下のH層では *Pe.* シリアクムが減少し、フォーマ属菌、トリコデルマ属菌に加えて、クサレケカビ属（*Mortierella* spp.）が高頻度で分離された。

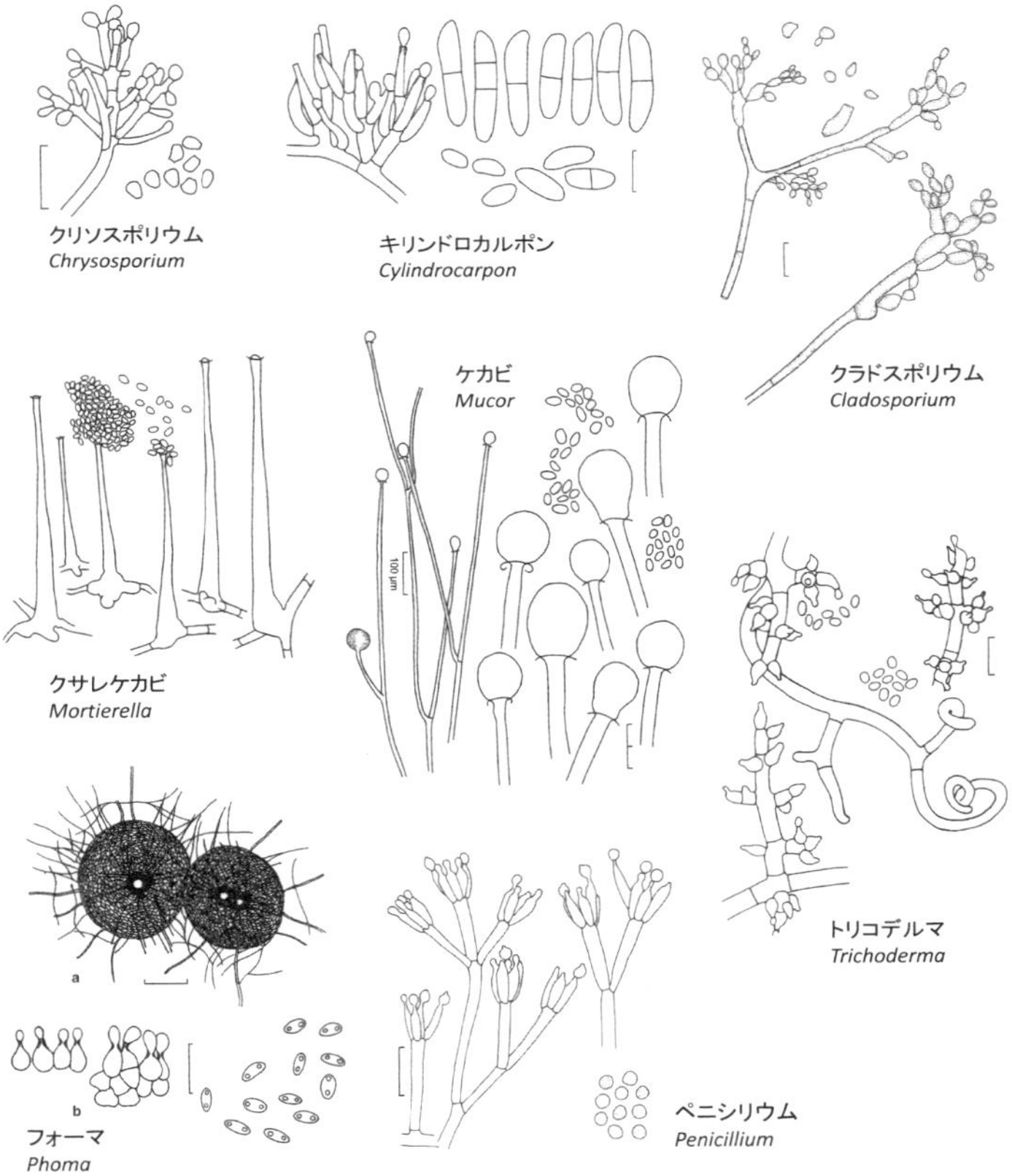

図5-2●カナナスキスで観察された代表的な菌類（文献14より）。

地表に落下した落葉は、次々と菌類の定着を受けて分解、変質し、下層へと移動していく。その落葉の変質の過程で、菌類の組成が変化していく。第3章では、植生や土壌を含めた生態系全体が、時間の経過にともなって遷移することを紹介したが、落葉の分解にともなう菌類の組成の変化は、菌類遷移（fungal succession）とよばれる。

葉が樹上で生まれてから死ぬまでのあいだにも、菌類遷移は認められる。ヤマナラシの葉（図5-3）における菌類遷移は、春に開葉する前から始まる。五月上旬、開葉直前の冬芽を切り開いてみると、幼葉をおおう芽鱗（bud scale）から、少数ながら菌類が分離された（図5-4）。ただし幼葉からは菌類が分離されず、ほぼ無菌状態であったといえる。

図5-3●アメリカヤマナラシの生葉。

開葉するとすぐに、葉の表面にはサイトスポラ・クリソスペルマ *Cytospora chrysosperma* やアクレモニウム・チャルティコラ *Acremonium charticola* が定着した。八月になり葉が成熟すると、これらの菌類は葉の表面から姿を消し、かわってクラドスポリウム属菌（*Cladosporium herbarum*、*C. cladosporioides*）などが分離されるようになった。生葉上の菌類相にみられる季節的に変化は、これまでにもさまざまな樹種で報告されている（文献38）。

葉の組織の内部に菌類が定着する時期は、葉の表面に比べて遅い。開葉直後には、組織の内部からは菌類がほとんど分離されなかった。八月にはクラドスポリウム属と、胞子未形成の黒色菌糸が出現し始めた。一一月、葉が老衰して脱落する直前には、葉の表面からはクラドスポリウム属が、葉組織の内部からは胞子未形成の黒色菌糸がもっぱら出現した。

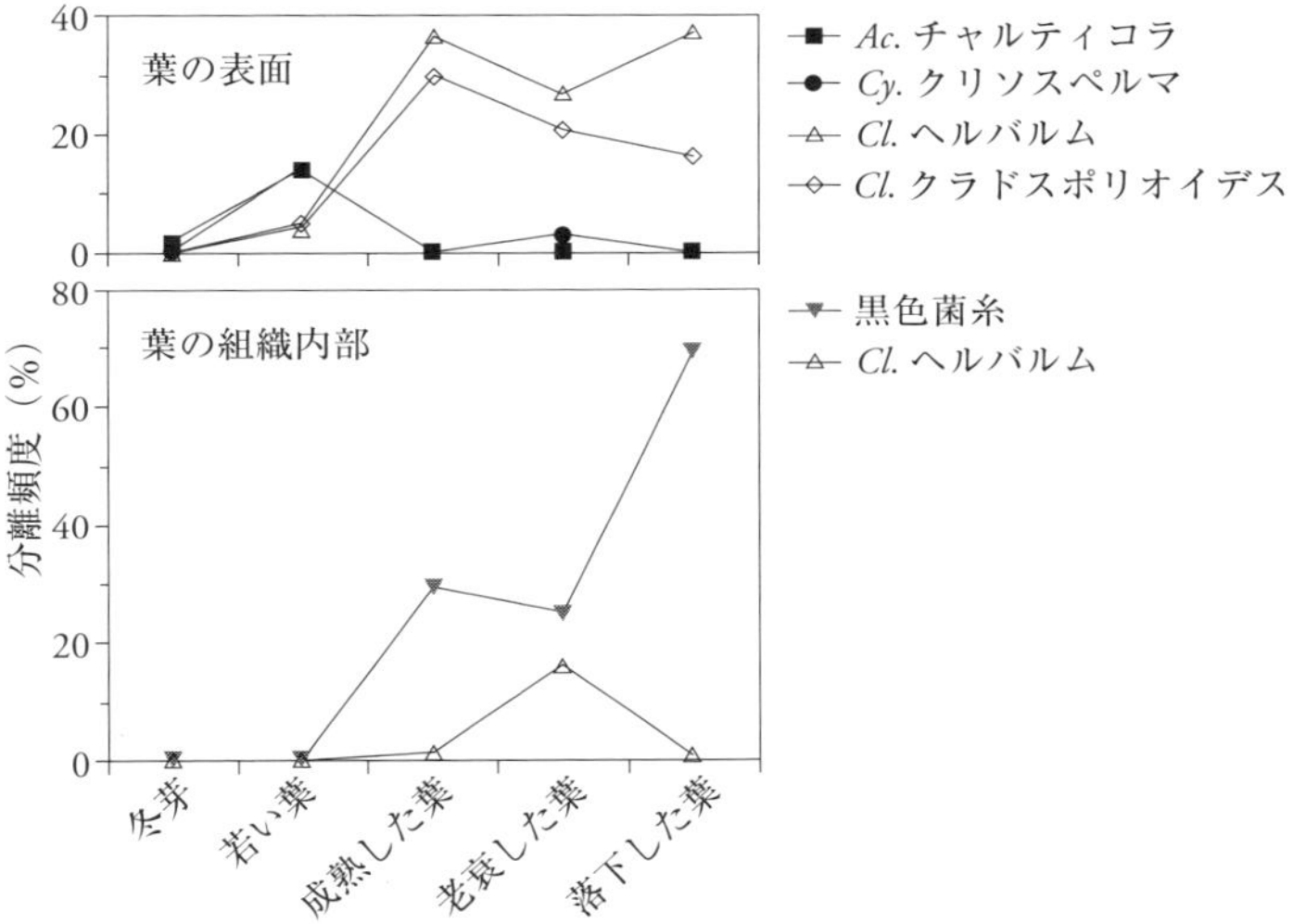

図5-4●アメリカヤマナラシの生葉上で観察された菌類遷移。分離頻度は、分離に供試した葉片数あたりの出現葉片数をパーセントで示した。文献60より作成。

生葉の胞子未形成の黒色菌糸が、どの分類群に属するのかや、有機物層から得られた黒色菌糸と同一種かどうかなどについては、明らかにされていない。

このような生葉での菌類遷移には、葉の形態的・生理的な性質や、葉上の微小環境の変化が影響しうる（文献40）。ヤマナラシの生葉からは、フルクトース、グルコース、スクロースといった糖類が溶出するが、葉の成熟と老衰にともなって、それらの濃度や組成が次第に変化することが確かめられている（文献62）。

菌類はこれらの糖類をエネルギー源として利用していると考えられることから、糖類の変化がヤマナラシ葉上での菌類遷移に関与している可能性がある。事実、糖類の添加によって、クラドスポリウム属菌の胞子の発芽率が上昇することが確かめられている（文献61）。

コントルタマツ林の菌類

マツ林の有機物層（図4-6）を対象とした菌類の調査が、ヤマナラシ林と同じように行われた（表5-1）。菌糸量はH層で、土壌一グラムあたり約二七〇〇メートルであり、ヤマナラシ林の有機物層より少なかった。

菌類の種組成も垂直的に変化しており、ヤマナラシ林の有機物層と同様の菌類遷移のパターンが認められた。すなわち、L層では、クラドスポリウム属菌や胞子未形成の黒色菌糸が多かった。これらの菌類はL層で減少し、かわってトリコデルマ属やペニシリウム属菌が増加した。H層ではこれらの菌類に加えて、ケカビ属（*Mucor* spp.）やクサレケカビ属といった接合菌類が高頻度で分離された。

ヤマナラシ林とマツ林で、有機物層における微生物の活性が調べられた（文献48）。ここでいう微生物には、菌類だけでなく、細菌も含まれる。

いずれの林分においても、微生物の呼吸活性と、基質誘導呼吸法（substrate-induced respiration、以下SIR、文献1）により推定された微生物の現存量は、L層でもっとも高く、F層、H層、さらに下の鉱質土層に向かって低下していた。

カナナスキスでは、夏の高温で乾燥した気候条件は、有機物層に生息する菌類や細菌に負の影響を及ぼしうる。これを実証するため、ヤマナラシ林とマツ林で採取した有機物層を、実験的に乾燥させる実験が行われた（文献47）。

採取した有機物層を、二〇℃の条件下で一四日間乾燥させたところ、ヤマナラシ林のL層に含まれる菌類と細菌の呼吸活性は、それぞれ三六パーセント、一九パーセント減少した。マツ林のF層・H層でも同様の処理を行ったところ、菌類と細菌の呼吸活性は、それぞれ六パーセント、五九パーセント減少した。

続いて、乾燥した後の有機物層に水やりをして、再び湿らせて培養する実験が行われた。水やりにより、微生物の呼吸活性は急激に回復した。乾燥により微生物の細胞は多くが枯死したが、水分条件が改善されると、その枯死した微生物体を有機物として利用して、微生物が再生長したと考えられる。

この水やり実験では、細菌のほうが菌類よりも水分の変化に敏感に応答した。水やりした有機物層をさらに培養したところ、細菌類の現存量（SIR）は培養二日目に四〇～六〇パーセント増加した。しかしその後、四〇日目に細菌の現存量は二一～六一パーセント減少した。一方で、菌類の現存量（SIR）は、四〇日間の培養期間でほとんど変化しなかった。

この結果から、単細胞で生活を営む細菌類のほうが、菌糸で生活する菌類よりも、水分条件の変化への感受性が高いといえる。野外においても、乾燥と降水による湿潤化の短期的なくり返しは、細菌の枯死と増殖に大きく影響すると考えられる。

森林火災が土壌菌類に及ぼす影響

カナディアンロッキーでは、第3章で述べたように、森林火災が頻繁に発生する。火災では地上部の樹木や草本のみならず、有機物層が焼失する場合がある。カナナスキスのマツ林では、火災の発生から一年間にわたって、土壌中の菌糸の量と、菌類の種組成が調べられた（文献58）。この火災では、地上部の樹木・草本と、有機物層のうちL層とF層が焼失した。

火災の跡地では、H層に含まれる菌糸量は、火災を被っていない対照区の森林に比べて、火災直後に約一・六倍に増加した。しかし、H層の直下にある鉱質土層では、菌糸長が増加したのは火災直後ではなく、火災発生から一ヶ月後であった。

燃焼した有機物から放出された養分が、土壌の下層へと徐々に移動し、それにともなって下層で菌糸の生長が促進されたことが、深度の違う土壌層で菌糸量の変化に時間差が生じた理由の一つと考えられる。

菌類の組成も、火災により大きく変化した（図5-5）。森林ではトリコデルマ属とペニシリウム属菌が多いが、これらの菌類は火災の跡地で減少した。かわって火災跡地では、森林ではほとんどみられなかったジェラシノスポラ属の一種 *Gelasinospora* sp.（以下、ジェラシノスポラ sp.）が増加した。キリ

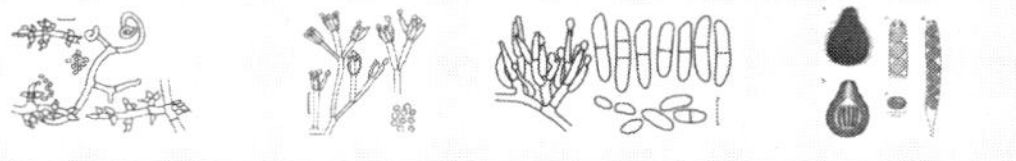

		トリコデルマ	ペニシリウム	キリンドロカルポン	ジェラシノスポラ
野外での分離頻度	森林（対照区）	66%	36%	5%	0.2%
	火災跡地	2%（↓）	11%（↓）	16%（↑）	30%（↑）
灰抽出物の影響	菌糸生長	46%低下	10%低下	17%低下	32%低下
	胞子発芽	58%抑制	78%抑制	0%（抑制なし）	データなし
まとめ		火災により胞子発芽・菌糸生長とも抑制され減少	火災により胞子発芽が抑制され減少	灰抽出物への感受性低く、火災跡地に再定着	胞子が耐熱性？で火災跡地に再定着

図5-5●カナナスキスの火災跡地における菌類の変化。分離頻度は、分離に供試した試料片数あたりの出現試料片数をパーセントで示した。矢印は、森林での分離頻度に対して増加（↑）したか減少（↓）したかを示す。灰抽出物の影響は、培養実験により調べられたが、有機物層の抽出物（対照区）を添加したときの実験結果に対するパーセントで結果を示した。文献58より作成。

ンドロカルポン・デストラクタンス *Cylindrocarpon destructans*（以下、*Cy.*デストラクタンス）は、森林と火災跡地の両方で認められたが、火災跡地でやや増加していた。

火災によって菌類群集が変化するメカニズムを探るため、実内実験が行われた（文献58）。火災を被っていない対照区の森林から、L層とH層を採取して混合したのち、実験室で燃やして灰にした。その灰の抽出物が、菌糸の生長と胞子の発芽に及ぼす影響が調べられた。

この灰抽出物と、燃やす前の有機物層からの抽出物（対照区）をそれぞれ培地に添加して、菌類を接種して比較した。トリコデルマ・ポリスポルム *Trichoderma polysporum*（以下、*Tr.*ポリスポルム）、*Pe.*ジャンシネルム、ジェラシノスポラ sp.では、灰抽出物の添加により、菌糸の生長が抑制された。しかし、*Cy.*デストラクタンスの菌糸の生長は、灰添加物の影響を受けなかった。

胞子発芽について調べたところ、灰抽出物は、*Tr.*ポリスポルムと*Pe.*ジャンシネルムの胞子発芽を抑制したが、*Cy.*デストラクタンスでは抑制しなかった。ジェラシノスポラ sp.を用いた胞子発芽試験は行われていないが、この種の菌糸生長は極めて速く、また灰抽出物の添加による、菌糸生長の抑制は認められなかった。

灰抽出物に含まれるどのような成分が、菌類に影響を及ぼしたのだろうか。これについては明らかに示されていないが、pHの影響がまず予想される。灰抽出物のpHは一〇・〇であったが、燃やしていないリターの抽出物のpHは六・八であった。森林土壌は通常、pHが七未満の酸性であり、七より高いアルカリ性であることは少ない。灰によるpHの上昇は、多くの菌類の生育や胞子発芽に、何らかの影響を及ぼす可能性がある。

以上から、カナナスキスの火災跡地における、菌類の変化のメカニズムは次のように推定された(図5-5)。まず、森林の土壌で優占していたトリコデルマ属とペニシリウム属菌の胞子は、火災により死亡したと考えられる。その上、火災跡地の灰に含まれる物質が、胞子の発芽や菌糸の生長を抑制した。この抑制作用により、これらの菌類の再定着は抑制されるだろう。

一方、*Cy.*デストラクタンスは灰抽出物に対する感受性が低く、火災跡地に速やかに再定着できると考えられる。最後に、ジェラシノスポラ sp.だが、この種が火災跡地で優占するのは、菌糸の生長が極めて速いことと、おそらく、子嚢胞子が耐熱性を持つためと推定される。

一九六八年、クートネイ国立公園バーミリオン峠の周辺で、大規模な火災が発生した。この火災により、標高一六二〇～一六七〇メートルに位置する亜高山帯林が焼失した（第3章、文献26）。この火災の跡地において、土壌の菌類が調べられた（文献5）。

火災から六年が経過し、草本やコントルタマツが再定着した火災跡地と、その火災跡地に隣接し、火災を被っていないエンゲルマントウヒとモミからなる森林において、比較調査が行われた。まず、有機物層に含まれる菌糸量は、火災跡地と森林でそれぞれ土壌一グラムあたり一〇・六～三三・七ミリグラム、二五・六～三五・七ミリグラムであった。両者のあいだで、有意な差は認められなかった。

菌類相を見ると、森林の有機物層では、ペニシリウム属菌や *Tr.* ポリスポルムに加えて、レカニシリウム・レカニ *Lecanicillium lecanii* やモルティエレラ・アルピナ *Mortierella alpina* が多かった。一方の火災跡地では、これらの菌類は減少し、かわってフォーマ属菌やクラドスポリウム・クラドスポリオイデス *Cladosporium cladosporioides* が増加した。これら火災跡地の菌類は、草本リターの分解に関わる菌類であることが知られている。火災から六年後の跡地にみられる菌類の増加は、火災後にヤナギランなどの草本が定着したことに起因すると考えられる。

このバーミリオン峠の火災跡地では、微生物の活性も測定された（文献5）。土壌サンプルを採取して実験室に持ち帰り、微生物の呼吸速度と、セルロースの分解速度を測定したところ、いずれも森林に比べて、火災跡地で遅かった。ただし、セルロースの分解速度を野外で測定したときには、室内実験とは逆に、森林に比べて火災跡地で速かった。

標高の高い亜高山帯では、低温が分解を律速する主な要因となることが知られている（文献7）。火災跡地では、日射を遮る樹冠がないため、森林に比べて土壌の温度が高くなる。これが、野外の火災跡地で高い微生物活性が認められた一因と考えられる。

高山帯の土壌の菌類

カナナスキスに近いアレン山（Mt. Allen、標高二八八〇メートル）の高山帯に、三つの調査地点が設定された（文献2、3）。

（1）サイトB：標高一九〇〇メートル。アウンレスブローム *Bromus inermis* が優占するサイト。
（2）サイトD：標高二五三〇メートル。チョウノスケソウ属 *Dryas* spp. が優占するサイト。
（3）サイトO：標高二八四〇メートル。フウセンゲンゲ *Oxytropis podocarpa* などが散在するサイト。

アレン山で観測された気象データによると、最暖月（七、八月）の月平均気温は一五℃近くに達するが、冬期にはマイナス一八℃まで下がり、土壌は九月から五月末までの期間、凍結している。年間降水量の約五〇パーセントが雪であり、北向き斜面では六月まで積雪がみられる。

この標高傾度に沿った三サイトで、深度別に、春、夏、秋の三回にわたって土壌菌類が調べられた。B、D、Oの各サイトで、それぞれ七五種、五三種、三六種の菌類が出現した。高標高に位置するサイトほど、種数が少なかった。

菌類の組成は三サイトで比較的類似していたが、優占種の顔ぶれはサイトごとに異なった。サイトBでは、*Pe.* ジャンシネルム、クリソスポリウム・パノラム *Chrysosporium pannorum*（以下、*Ch.* パノラム）、フォーマ・ウピレナ *Phoma eupyrena*（以下、*Ph.* ウピレナ）などが高頻度で出現した。サイトDでは、*Ch.* パノラム、*Cy.* デストラクタンスなどが高頻度だった。サイトOでは、ペニシリウム・ステキ *Penicillium steckii*（*P. citrinum* のシノニム）などが高頻度で出現した。

菌類の組成は、季節、および土壌層位で変化した（図5-6）。*Ch.* パノラムとペニシリウム・リストリクタム *Penicillium restrictum* の分離頻度は、土壌の深さにともなって増加したが、多くの種では逆に、分離頻度が土壌深にともなって低下した。

Ph. ウピレナ、*Pe.* ジャンシネルムなど一部の種で、分離頻度の季節的な変動が認められたが、季節が菌類に及ぼす影響は、サイトや土壌深の影響に比べて小さかった。

サイトO	全季節を通じて出現	春に増加	夏に増加	秋に増加
全層位から出現	*Gl.* デリケセンス *Cy.* ジジマム *Fu.* メリスモイデス		*Mo.* アルピナ *Cy.* デストラクタンス	
表層から出現	*Pe.* ステキ *Fu.* アクミナータム *Ch.* パノルム			
中層から出現				
下層から出現				

サイトD	全季節を通じて出現	春に増加	夏に増加	秋に増加
全層位から出現			*Mo.* アルピナ *Ve.* レカニ	
表層から出現		*Pe.* ステキ *Cy.* ジジマム *Pe.* ジャンシネルム *Fu.* メリスモイデス *Ph.* ウピレナ *Fu.* アクミナータム	*Cy.* デストラクタンス *Gl.* デリケセンス *Tr.* ポリスポルム *Ti.* オパクム *Tr.* トランカータ	
中層から出現				
下層から出現		*Ch.* パノルム		*Ch.* パノルム

サイトB	全季節を通じて出現	春に増加	夏に増加	秋に増加
全層位から出現			*Pe.* シリアクム *Mo.* アルピナ	*Tr.* ヴィリデ *Pe.* シンプリシシマム *Ac.* フルカタム
表層から出現	*Pe.* ジャンシネルム *Ph.* ウピレナ *Fu.* アクミナータム *Tr.* ハマタム			
中層から出現		*Pe.* リストリクタム *Ve.* セファロスポリウム *Pe.* モンタネンス *Ve.* レカニ		
下層から出現	*Ch.* パノラム *Pe.* カネセンス			

図5-6●カナナスキスの高山帯の標高に沿った3サイトにおける、主要な菌類の季節消長と出現層位。文献3より作成。

これらの菌類の多くは、温帯域や極地からも報告されており、高山帯に固有の種は少なかった。高山の厳しい環境にも適した性質を持つ種が、低標高域から分布を広げているものと考えられる。

この高山帯における菌類の分布パターンには、さまざまな環境要因が影響する（文献4）。なかでも、土壌の温度、含水率、土壌中のカリウムの濃度、およびpHが、菌類に有意な影響を及ぼしていた。例えば、サイトBは土壌が比較的乾燥していたが、そこで頻度の高かった*Pe.*ジャンシネルムと*Ch.*パノラムは、低温と乾燥に適応した性質を持つことが知られている。また、菌類の季節的な変化は、水分と温度の季節的な変化に対応していた。特に、春の低温と秋の低含水率が、大きく影響することが示唆された。土壌の深さ方向でも菌類相は変化したが、それには深さにともなう温度、水分、カリウム濃度の低下が大きく関与していた。

3 土壌の動物たち

ササラダニ

ヤマナラシ林の有機物層には、三〇種のササラダニ科のダニ（oribatid mites）が生息している。そのなかで、もっとも個体数の多い五種について、その生態が詳しく調べられた。これら五種は、有機物層における垂直分布の様式から、二グループに分けられた（文献34）。

（1）グループL：主にL層に生息する、ウプテロテゲス・ロストラタス *Eupterotegaeus rostratus*（以下、*Eu.* ロストラタス）、エレマエウス属（*Eremaeus* spp.）

（2）グループF：主にF層とH層に生息する、セラトジタス・カナナスキス *Ceratozetes kananaskis*（以下、*Ce.* カナナスキス）、セラトジタス・グラシリス *C. gracilis*、シェロリベーツ属の種（*Scheloribates* spp.）

グループLの二種では、卵が年間を通じて有機物層から見出された。これに対して、グループFの三種では、卵数は春に増加し、夏に急減するという季節的なパターンを示した。

グループＦの*Ce.*カナナスキスに注目して、個体群統計モデルを用いた詳しい解析が行われた（図5-7）。ササラダニの死亡率は、発達の初期段階ほど高く、発達にしたがって死亡率は低下した。最終的には、卵の二四パーセントが成虫になった（図5-7のＡ）。

この生命表から得られた、親個体に対する子の数（純再生産率）はほぼ一であり、個体数は調査期間を通じて比較的安定していた。世代時間は平均四・二年と比較的長く、長い生活環と低い繁殖力が、このササラダニの個体群を特徴づけるといえる。

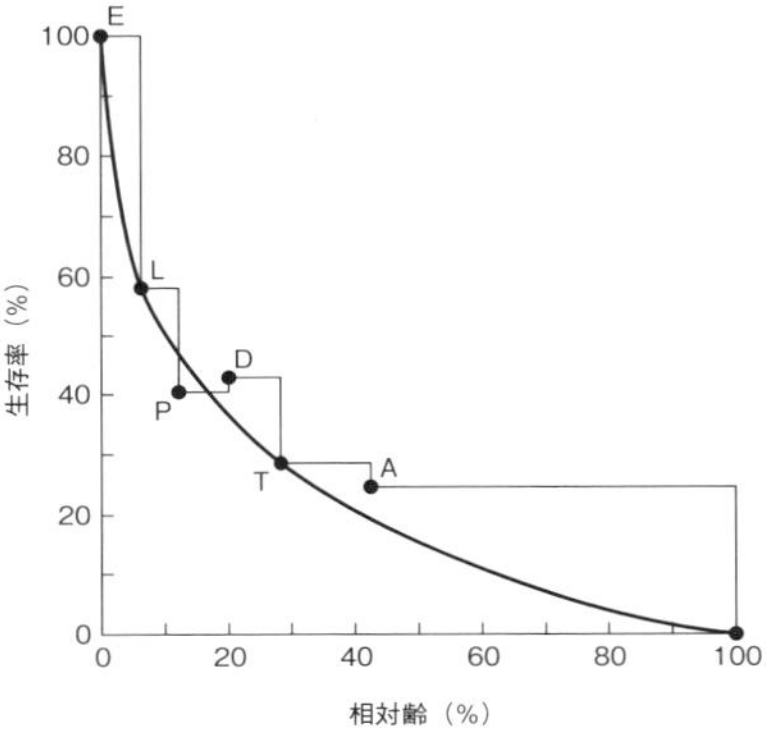

図5-7●ササラダニ *Ce.* カナナスキスの生存曲線（文献34より作図）。E、卵；L、幼虫；P、第一若虫期；D、第二若虫期；T、第三若虫期；A、成虫。

グループＦの三種のササラダニは、有機物層のなかで季節的に垂直移動する（文献35）。秋から冬にかけてはＬ層から下層へ、逆に春から夏にかけては下層からＬ層に向かって、それぞれ移動していた。一方、グループＬの二種では、垂直的な分布パターンは季節的に変化しなかった。

次に、ササラダニの水平的な分布パターンが調べられた。グループＦの三種のササラダニは、土壌の含水率の高い場所や、有機物層の厚い場所で個体数が多い傾向が認められた。これに対して、グループ

Lの*Eu.*ロストラタスの個体数は、土壌の含水率や有機物層の厚さと無関係であった。同じくグループLのエレマエウス属は、逆に、有機物層の薄い場所で個体数が多い傾向が認められた。

これら五種のササラダニが何を食べて生きているのかは、胃内容物の調査から確認されている（文献36）。すべてのササラダニが菌類を摂食しており、とりわけ黒色の菌糸が胃内容物の多くを占めていた。特に、グループLの二種では、胃内の菌糸の大部分が黒色であった。先述のように、L層には黒色の菌糸を有するクラドスポリウム属菌と胞子未形成菌が多いことを反映しているのだろう（表5－1）。これら五種のダニが一年間に摂食する菌糸の量は、一平米あたり一・二グラムと推定された。

有機物層のササラダニの全個体が、一年間に摂食する菌糸はどれくらいの量になるのだろうか。この一・二グラムという年間摂食量の推定値と、ササラダニの優占五種がササラダニの全個体数に占める割合（一五パーセント）、およびダニの体サイズと食性に基づいて試算された。

その結果、有機物層のササラダニが一年間に摂食する菌糸量は、一平米あたり六グラムと推定された。この年間菌糸摂食量の六グラムは、有機物層に含まれる菌糸の現存量（二三二～二八三グラム）（文献51）の、たった二パーセントにすぎない。

ササラダニが摂食する菌糸の量は、有機物層に含まれる菌糸の全量のごく一部にすぎないことが分かった。しかし、ササラダニは、特定の菌類種や菌糸タイプを好んで摂食しているようだ。このため、次に述べるトビムシの場合と同様に、ササラダニによる菌糸の摂食は、菌類の種組成に何らかの影響

表5-2●ササラダニと菌類の相互作用（文献36より）。ササラダニによる菌糸の定量的な摂食は、菌糸の量に影響を及ぼし、定性的な摂食は、特定の菌類種を摂食することで、菌類の種間関係および菌類種ごとのアバンダンスに影響を及ぼす。

	プロセス	効果
ササラダニ→菌類	1. 菌糸の摂食（定量的）	1. 分解速度
	2. 菌糸の摂食（定性的）	2. 菌類の群集構造の変化、分解速度
	3. 散布体の分散	3. 菌類の群集構造の変化、分解速度
菌類→ササラダニ	1. 食物源	1. ササラダニの個体群動態（繁殖、生存など）、ササラダニの群集構造（分布、種アバンダンス）
	2. 毒素の生産	2. ササラダニの群集構造

を及ぼしている可能性がある（表5-2）。

トビムシ

トビムシ（collembola, springtail）はトビムシ目の昆虫であり、ササラダニと並んで、森林の土壌でもっとも個体数の多い動物群の一つである。

オニチウルス・サブテニュイス *Onychiurus subtenuis*（以下、*On.* サブテニュイス）は、カナナスキスのヤマナラシ林においてもっとも優占するトビムシの一種である。

夏の乾燥した時期になると、このトビムシは乾燥した有機物の表層部から、比較的湿潤な下層へと移動する（文献15）。しかし雨が降って表層が湿潤になると、トビムシは数時間のうちに表層へと移動し、再び乾燥するまで表層にとどまることが分かった。

有機物層を実験室に持ち帰って調べた実験でも、湿らせた落葉を表層に置くことで、*On.* サブテニュイスの表層への速やかな垂直移動を再現することができた。

さらに興味深いことに、落葉に定着している菌類の種類の違いにより、表層に移動するトビムシの個体数が変化した。酵母やクラドスポリウム属菌は、生きた葉や脱落直後の落葉に定着しているが、これらの菌類を接種した落葉を表層に置くと、移動してくるトビムシの数が多かった。これに対し、担子菌類を接種した落葉を表層に置くと、移動してくるトビムシ個体数は少なかった。

トビムシは菌類を食べ好みするのだろうか。春の雪解け時に、*On.*サブテニュイスを採取して胃内容物を調べた。調べた七七パーセント以上の個体で、胃の容積の八〇パーセント以上が食物で満たされていた（文献55）。とりわけ、雪解け直後にヤマナラシの落葉から採取された*On.*サブテニュイスでは、胃の内容物に占める菌糸の割合が高く、しかも、そのほとんどが黒色の菌糸であった。

そこで、実験室において、*On.*サブテニュイスの食べ好みを確かめる実験を行った。そこでも、メラニン化した黒色の菌糸を有するクラドスポリウム属菌や、胞子未形成の黒色菌糸が好んで摂食された。菌糸が無色の担子菌類は、忌避されるどころか、*On.*サブテニュイスにとって有害であることが示された（文献18、19、52）。

この*On.*サブテニュイスによる菌類の食べ好みは、菌類のヤマナラシ落葉への定着競争にも影響を及ぼす（文献43）。*On.*サブテニュイスが存在する条件下では、このトビムシが好んで摂食する胞子未形成の黒色菌糸の落葉への定着は抑制され、担子菌類の定着が促進された（図5-8）。

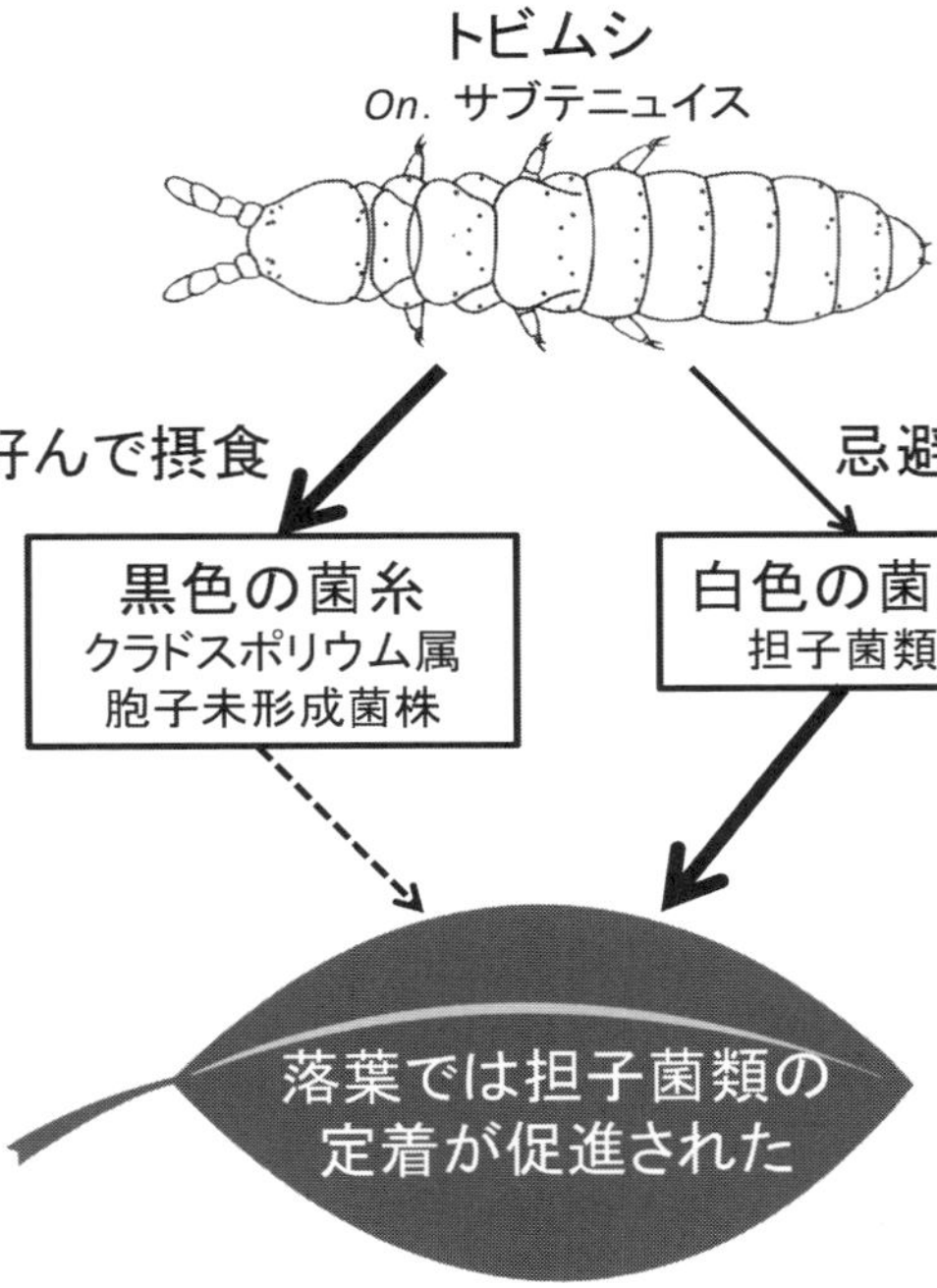

図5-8●トビムシ *On.* サブテニュイスの食べ好みが菌類の落葉定着に及ぼす影響。

On. サブテニュイスの体表には、一〇〇種を越える菌類の散布体（胞子など）が付着している（文献54）。有機物層の表層から採取された *On.* サブテニュイスほど、体表から分離される菌類の散布体の数や種数が多かった。体表にみられる菌類の種組成は、有機物層の各層で分離される菌類の種組成と類似していた。*On.* サブテニュイスの糞からも菌類が分離されたが、それも体表上の菌類の組成とほぼ同じパターンを示した。

On. サブテニュイスは、先に述べたように、降水イベント時に有機物層のなかを垂直移動する。その体表に菌類の散布体が付着しているということは、トビムシの移動にともなって菌類の散布体も垂直的に分散されることを示唆している。

実験室において、あらかじめ滅菌したヤマナラシの落葉に *On.* サブテニュイスを導入したところ、体表に付着していた菌類が、落葉にも定着しうることが示された（文献16）。しかし、すでに菌類が定着している非滅菌落葉では、トビムシの導入は落葉の分解に影響を及ぼしうるほどの変化を引き起こさなかった。

また、トビムシによる菌糸の摂食は、落葉での養分の無機化や、微生物の活性にほとんど影響しないことが確かめられている（文献53）。トビムシの存在は、有機物層における菌類間の相互作用や、垂直的な分布パターンに影響するかもしれないが、落葉の分解にはほとんど影響しないと考えられる。

ミミズ

カナダでは、土着のミミズ（earthworm、ツリミミズ科）は太平洋の沿岸地域にのみ分布しており、それ以外の地域では分布していない（文献12）。最終氷期にカナダが大陸氷床に覆われたとき（図1-7）、絶滅したと考えられている。最終氷期が終わった現在、ミミズは温暖な南方からカナダに向かって北上しているが、自然分布という点で、いまだカナダには再定着していない。

ところがカナダには、ヨーロッパ人の入植にともなってヨーロッパ産のミミズが持ち込まれた。最初に持ち込まれた場所はカナダ南東部に位置する大西洋の沿岸部であるが、次第に西進し、カナディアンロッキーのカナナスキスでは一九八五年になって、初めて確認された。

カナナスキスでは、ヨーロッパ北部に広く分布するリター生息性のデンドロビナ・オクテドラ *Dendrobaena octaedra*（以下、*De.* オクテドラ）が、頻繁に観察される。一九九二年の調査で、*De.* オクテドラの密度は、ヤマナラシ林では一平米あたり平均一四三五個体、多いところでは三二一八個体に達した。マツ林では平均六二七個体であった（文献12）。

施肥を受けていないヨーロッパの森林土壌では、このミミズの個体群密度は一平米あたり最大で一〇〇個体程度である。カナナスキスにおける *De.* オクテドラの密度は、原産地をはるかにしのぐ、極めて高い値といえる。

De. オクテドラの密度は、森林のなかでも林道に近い地点ほど高かった。このことは、*De.* オクテドラの繭を含む有機物層が、トラックなどの林業機械に付着して分散されるといったように、人間活動が分散に深く関わっていることを示唆している。

ヤマナラシ林のH層では、*De.* オクテドラの繭が生育期を通じて認められる（文献12）。繭の孵化率は平均四八パーセントと高く、サイズの大きい繭ほど孵化率が高かった。孵化した個体は、五月から九月にかけて、H層からL層・F層へと移動するが、成熟個体は主にH層にみられた。

そこで有機物層をエサとして、*De.*オクテドラを飼育する実験が行われた(文献27)。L層下部、F層上部、F層下部、ミミズの作用を受けていないH層、および鉱質土層のいずれにおいても、*De.*オクテドラの生育が認められた。F層下部をエサに用いたとき、*De.*オクテドラの生育はもっとも良好であった。

*De.*オクテドラが摂食した有機物は排泄されて、H層様の物質に変化する。このミミズの作用を受けたH層様物質をエサにして飼育すると、ほとんど生育が認められなかった。H層様物質に含まれる水溶性の物質が、*De.*オクテドラの生育を阻害していた。

このような外来ミミズの定着は、カナディアンロッキーの森林土壌にどのような影響を及ぼしうるのだろうか。ヤマナラシ林で詳しい調査が行われてきた(文献13、45、46)。

ヤマナラシ林では、*De.*オクテドラの定着にともなって、スレンダーウィートグラス *Elymus trachycaulus* の生長の促進が観察された。土壌微生物の現存量は、*De.*オクテドラが定着するとL層とF層では低下したが、H層では逆に増加した。無機態窒素の現存量は、L層とF層で低下した。無機態リンの現存量は、H層で増加した。

ミミズの活動により、L層、F層、およびH層の混合が進み、このような微生物的、化学的な変化が引き起こされた可能性がある。*De.*オクテドラの定着にともなって、土壌中のリンの無機化が促進されたことから、植物の生長の促進効果や、土壌から養分が流亡してしまう可能性が指摘されている。マツ林でも同様に、*De.*オクテドラを有機物層に導入したときに、炭素量、全窒素量、微生物活性の低下が認められた（文献28、29）。*De.*オクテドラの密度の高い場所では、F層とH層の混合が進み、それらの有機物が大量のミミズの糞へと変化していた。

*De.*オクテドラの存在は、有機物層に生息する菌類や他の動物にも影響を及ぼす（文献33）。このミミズを導入したマツ林の有機物層を、実験室で六ヶ月にわたって培養したところ、ササラダニと菌類の種数が増加した（文献30、31）。

しかし、野外では、ミミズを導入した処理区と導入していない対照区とを比較したところ、導入それ自体は菌類に影響しなかった（文献32）。ただし、ミミズが高密度の区画ほど、菌類の多様性が低くなる傾向が認められている。

この野外実験は、二年間にわたって行われたが、二年にわたる長期的なミミズの活動が、有機物層と糞の混合と均質化を引き起こし、菌類の多様性を低下させたと考えられる。

ヒメミミズ

ヒメミミズ（enchytraeids）はヒメミミズ科の動物で、土壌動物の主要な一群である。カナナスキスで記録された、ヒメミミズの個体数密度は、ヤマナラシ林で一平米あたり二〇〇〇〜二万匹、沼沢地で五〇〇〜一万匹であった（文献9）。

ヤマナラシ林では、年に二回、春と秋にヒメミミズの個体数がピークに達し、夏と冬に最小となる。一年を通じて湿潤な沼沢地では、ヒメミミズの個体数は年に1回、晩夏〜初秋にかけてピークに達し、冬に最小となった。

ヤマナラシ林におけるヒメミミズの個体数は、土壌水分の変動と関連している。土壌水分が多い時期ほど、個体数が多い傾向が認められた。一方、沼沢地では、水分との関連は認められず、温度が高い時期ほどヒメミミズの個体数が多かった。

ヒメミミズの食性が、胃内容物の観察から調べられた（文献8）。ヒメミミズは、主に有機物と菌糸を食べていた。なかでもクラドスポリウム属菌を好んで摂食していた。クラドスポリウム属菌は、ヤマナラシ林のL層に主に分布することから（表5-1）、ヒメミミズは主にL層で菌糸を摂食していると考えられる。

アメーバ

ヤマナラシ林の有機物層には、一平米あたり二億六千万個体もの有殻アメーバ（testate amoeba：有殻糸状根足虫類）が生息している（文献22、23、25）。全体で28種の有殻アメーバが記録された。

このうち、ウグリファ・レヴィス *Euglypha laevis*・ウグリファ・ロタンダ *E. rotunda*・トライニマ・エン

クライス *Trinema enchelys*・トライニマ・リニア *T. lineare* など一四種が、全アメーバ数の九八パーセント、全アメーバ現存量の八〇パーセントを占めていた。

アメーバの個体数密度はH層でもっとも高く、L層で低かった。有殻アメーバは原生動物であるが、元来、水中の生物であるため、乾燥しやすいL層では個体数が少ないといえる。

季節的な変化をみると、秋の落葉期にアメーバ数が最大に達した。冬期には、有機物層が凍結するにもかかわらず、アメーバの繁殖個体が観察された。

ヤマナラシの落葉は秋に落葉して有機物層に供給されるが、有殻アメーバは翌年の夏までその落葉に定着しなかった（文献24）。夏以降、落葉の分解にともなってアメーバの個体数と種数は増加傾向を示した。水分が、これら有殻アメーバの増殖を制限する主な要因といえる。その証拠に、夏の乾燥期に土壌に水分を添加すると、アメーバ数は大幅に増加した（文献20、21）。

4　土壌生物研究のこれから

土壌菌類と土壌動物の生態に関して、カナナスキスは世界でもっとも詳細な研究が実施された場所の一つである。土壌生物どうしの相互作用に関する、先駆的な実証研究が行われた。特に、土壌動物の移動が菌類の分散に与える影響や、土壌動物による選択的な摂食が菌類に与える影響を実証的に示した実験は、ユニークである。

土壌動物が土壌生物全体の物質代謝に占める、直接的な寄与は一般に小さい（文献44）。しかしカナナスキスでは、土壌動物が移動や摂食を通して、間接的な影響を及ぼしうることが示された。これにより、生物どうしの相互作用が分解プロセスに及ぼす波及効果を明らかにした。

カナナスキスは大陸性の気候条件下にあるため、乾燥が卓越する時期があり、それが土壌生物に大きな影響を及ぼしている。一連の研究から、乾燥が、菌類と細菌の呼吸活性を抑制し、ササラダニとトビムシの水平的・垂直的な移動を引き起こし、そしてヒメミミズとアメーバの季節変化のパターンを生み出していた。

裏を返せば、乾燥への適応が、土壌生物の生存にとってカギとなる形質といえる。高山帯では、土壌が比較的乾燥している場所があるが、そこで高頻度で出現する菌類種は、乾燥に適応した性質を持つことが知られている（文献４）。

これらの研究には、カルガリー大学のＤ・パーキンソンのグループが中心的な役割を果たした。パーキンソンは、一九六〇～七〇年代に実施された国際生物学事業計画（International Biological Program, IBP）で主導的な役割を果たした人物である。山岳地帯のヤマナラシ林や針葉樹林という、比較的単純な森林生態系を研究対象としたことに加えて、パーキンソンの指導的な役割と、彼の指導した多くの研究者の活躍が、世界的にも類のない研究展開を可能にしたといえる。

一連の研究をふまえて、土壌生物研究の今後の課題として、次の三点が挙げられるだろう。

一つ目は、土壌生物の機能的な評価である。一連の研究によって、土壌生物の生態や生物間の相互作用は詳しく調べられてきた。その一方で、土壌におけるその機能的な役割については、まだ研究事例が少ない。有機物層に含まれる微生物の呼吸活性、火災跡地でのセルロース分解、ミミズの定着と養分の無機化といったプロセスが、個別に調べられているに過ぎない。

菌類と土壌動物の相互作用が、土壌全体での落葉の分解や、落葉に含まれる難分解性の腐植様物質の分解、および分解にともなう窒素やリンの動態にどれくらい寄与するのかを調べることが、今後のテーマだろう。

例えば、トビムシの存在は担子菌類の定着を促進するが（文献43）、担子菌類には強力なリグニン分解菌が含まれる。リグニン分解菌は落葉の分解活性が高く、養分物質の無機化にも深く関わっている（文献37）。このため、担子菌類が絡む生物間の相互作用は、土壌の機能に大きく関与する可能性がある。

二つ目は、細菌・古細菌・線虫など、土壌生物の主要な構成要素だが、これまでカナディアンロッキーにおける研究事例の少ない生物群を対象とした研究の必要性である（文献47）。これまでにも、氷河底の堆積物におけるメタン生成とメタン生成古細菌や（文献6）、落葉分解菌に対する放線菌の拮抗作用（文献11）について報告はあるが、まとまった研究がまだない。

三つ目として、菌類の生態に関していえば、パーキンソンのグループはカナダの高緯度北極や東部広葉樹林、北方林などでも、活発に研究を行っている（文献10、56、59）。私も、カナダ最北の島・エルズミア島でホッキョクヤナギとイワダレゴケ・シモフリゴケを対象に菌類を調べたことがあるが（文献41、42）、これらの植物はカナディアンロッキーにも分布している（第2章）。それらの植物を対象とした菌類の調査を行えば、極域と山岳のツンドラで、どのような菌類が共通していて、どのような違いがあるのかについて、実証していくことができるだろう。

以上のように、カナディアンロッキーで得られた成果を、カナダや北米大陸の他の地域で得られたデータと比較して、その多様性や種組成にみられる地理的分布の特徴を明らかにすることも、今後の課題の一つといえる。

column

コラム06 菌糸という生き方

菌類は、きのこやかび、酵母として知られる微生物の一群である。分類学的には、菌界（Kingdom Fungi）に属する生物を指し、担子菌類、子嚢菌類、ケカビ類、ツボカビ類などに大別される。

菌類として、これまでに約一〇万種が記載されたが、地球上には一五〇万種いると推定されており、昆虫に次いで種数の豊かな生物群であると考えられている。しかし、そのほとんどが肉眼では見えない、顕微鏡サイズの微小な生物である。

マツタケやシイタケ *Lentinula edodes* などの担子菌類や、冬虫夏草などの一部の子嚢菌類には、肉眼でも観察可能な、大型の繁殖器官（子実体）を形成するものがあり、きのことよばれて親しまれている。

かびはお風呂場やエアコンにはびこるなど、厄介者の代表格である。しかし一方で、かびは、味噌や醤油、鰹節、ブルーチーズなどの食品や、酵母とともにビールや日本酒、焼酎、泡盛などのアルコール飲料を作るのに欠かせない、人間の生活にもなじみ深い生物である。

きのこやかびの生活の主体は、「菌糸（hyphae）」とよばれる太さ二～一〇マイクロメートルほどの糸状の細胞である（図5-A1）。細長い菌糸が、落葉、土壌、もち、パンなどの中に入り込んで、生活を営んでいる。菌類の利用する住み場所であり、かつ食物である物質は、基質（substrate）とよばれる。基質は、言うなれば、菌類にとっての「お菓子の家」であるといえる。

菌糸は、先端生長とよばれる生長様式で、枝分かれ（分枝 branching）しながら菌糸体（mycelia）とよばれる菌糸のネットワークを形成し、基質の隅々にまでひろがっていく。このとき菌糸の先端から消化酵素を、細胞の外、つまり基質の中に放出する。この細胞外酵素とよばれる酵素の作用で、基質を構成する有機物が溶かされて栄養素となり、細胞壁を通して吸収される。

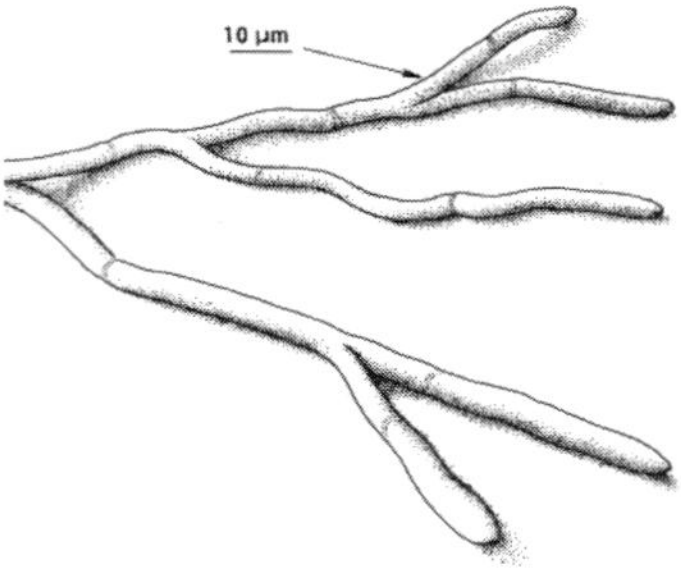

図5－A１●菌糸（文献17より）。

この菌類のように、他の生物が作り出した、植物や動物やきのこなどの有機物を利用して栄養を獲得する生物は、従属栄養生物（heterotroph）とよばれる。われわれ人間を含む動物も、菌類と同じ従属栄養生物であり、その栄養獲得の方法は基本的に共通している。

ただし、手段は大きく異なる。

動物は、ジャガイモをまず口に入れて、咀嚼して物理的に小さくしてから体腔（消化管）に入れ、そこで消化酵素をかけて溶かしてから、胃壁などを通じて体内に吸収する。

これに対し、菌糸は、ジャガイモの中に入り込み、内側から消化酵素をかけて溶かして、菌糸の細胞壁を通じて細胞内に吸収する。ジャガイモはやがて、溶けてなくなってしまうので、菌糸は伸長するだけでなく、菌糸の末端に子実体（きのこ）と胞子を作って分散し、別のジャガイモや他の基質を探索する。

段ボールに入れておいたジャガイモの表面に、ビッシリとかびが生えている（胞子が形成されている）のに気付いたときには、時すでに遅し、というわけだ。

菌糸が細いということは、細胞の体積に対して表面積が大きいことを意味している。人体の隅々にまで張り巡らされた細い血管が、体の各部位に栄養を運ぶように、基質の隅々に入り込んだ細い菌糸が、基質の消化を効率的に進めている。

第2章で紹介した菌根菌も、細い菌糸が、植物の根が入り込めないような土壌構造のなかに入り込んで養分を吸収する。同時に菌根菌の菌糸は、植物の根に入り込み、菌糸表面を通じて植物細胞と物質を交換する。このため、菌根共生していない場合と比べて、より多くの養分へのアクセスが可能となり、植物の生長を促進する効果を発揮するのである。

すべての菌類が基本的に、この「菌糸による栄養吸収」という生活様式を採用している（単細胞で増殖する菌類の場合は、酵母とよばれる）。最近の研究から、動物と菌類は共通の祖先から枝分かれした「姉妹群（syster group）」であることが示されているが、菌糸という生き方が、動物という生き方と同じか、あるいはそれ以上に理にかなった合理的、効率的なものであることは、食料に生えるかびや風呂場のかびがなかなか防除できないことからも、納得できるのではないだろうか。

第6章 人間活動と野生動物・生態系の保全

1 人間と野生動物と生態系

カナディアンロッキーには、さまざまな野生動物が生息している。植物を摂食する草食性の大型動物、他の動物を摂食する捕食性の大型動物、さらにはリス類、ビーバー *Castor canadensis* といった比較的小型の哺乳類、そして多様な鳥類、魚類である。

大型の植食者として、オオツノヒツジ *Ovis canadensis*（図6-1）・シロイワヤギ *Oreamnos americanus*（図6-2）・ミュールジカ *Odocoileus hemionus*・オジロジカ *Odocoileus virginanus*（図6-3）・ワピチ *Cervus elaphus*（図

図6-1●オオツノヒツジ

図6-2●シロイワヤギ

図6-3●オジロジカ

図6-4●車道の近くで草を食むワピチ。野生動物と人間の生活圏は重なっている。

図6-5●ハイイログマ（口絵参照）

6–4）・ヘラジカ *Alces alces* などがいる。

大型の捕食者（肉食動物）として、アメリカグマ *Ursus americanus*・ハイイログマ *Ursus arctos*（図6–5）・コヨーテ *Canis latrans*・シンリンオオカミ *Canis lupus* などが挙げられる。

カナディアンロッキーには、カナダ太平洋鉄道の開通（一八八五年）により、ヨーロッパやアメリカ東部から、ハンターが大勢訪れるようになった。当時のカナディアンロッキーでは、狩猟に対する規制がなかった。このため、ハンターによる過剰な狩猟が行われ、野生動物の個体数は大幅に減少した。

例えば、従来からカナディアンロッキーに生息していたワピチの個体群は、一九世紀末から二〇世紀初頭の乱獲により絶滅した。現在みられるワピチは、一九〇〇年にマニトバから導入されたワピチと、一九一七〜一九二〇年にアメリカ合衆国のイエローストーン国立公園（Yellow Stone National Park）から導入されたワピチの子孫である。

シンリンオオカミも、ワピチと同じ運命を辿った。一九五〇年代には、狂犬病対策のため、「悪い」動物と見なされて積極的な駆除の対象となり、根絶やしにされてしまった。シンリンオオカミは、ワピチなど草食動物の主要な捕食者である。このため、シンリンオオカミの絶滅を境に、ワピチの個体数が増加した。

一九八〇年代中頃になって、シンリンオオカミがボウ谷に再び導入されるまで、今度は増えすぎたワピチが駆除の対象となった（文献38）。シンリンオオカミが再定着した現在も、ワピチはボウ谷に生息する有蹄類（ungulates：蹄をもつ草食性の哺乳類）のなかで、もっとも個体数の多い種類となっている。

このように、植食者（ワピチ）の個体数は、捕食者（オオカミ）により調節されている。それら生物どうしのバランスは、生態系全体のバランスにも波及する効果を持っている。そこに人間活動の影響が加わると、生物どうしのバランスの変化を通じて、さらなる生態系の変化を引き起こすことになる。

2 オオカミによるワピチの密度依存的な捕食

生物どうしの食う食われるの関係を、順につなげてでき上がる関係を食物連鎖（food chain）という。例えば、ヤマナラシを草食性のワピチが食べ、そのワピチをオオカミが食べるといった関係である。

バンフ国立公園では、このヤマナラシ―ワピチ―オオカミの食物連鎖系と、人間の活動がその食物連鎖系に及ぼす影響が、生態系レベルの視点から詳しく調べられてきた。

まず、捕食者であるシンリンオオカミは、草食者である有蹄類を食べ好みするのだろうか。バンフ国立公園に生息するオオカミの捕食選択性を調べた報告がある（文献25）。オオカミの食餌となりうる有蹄類には五種類以上いるが、実際にオオカミに食べられた動物の八割をワピチが占めていた。ワピチは捕食しやすいエサなのだろうか。これを評価するため、捕食の効率が調べられた。ここで捕食の効率とは、捕食によりオオカミが得るエネルギーと、捕食するのに必要なエネルギー（＝捕食に際して消費するエネルギー）の比率である。

この捕食の効率は、有蹄類五種のあいだでほとんど差がなかった。捕食の効率は変わらないのに、オオカミはワピチを頻繁に捕食していたのだ。ワピチ以外には、ミュールジカ、オジロジカ、ヘラジカもオオカミに捕食されていた。しかし、オオツノヒツジ、シロイワヤギはほとんど捕食されていなかった。

オオツノヒツジとシロイワヤギは、主に標高の高いエリアで生活している。主に谷部で生活するオオカミとは、住み場所（habitat）がほとんど重複しない。この二種の動物がオオカミにほとんど捕食されない理由は、両者が遭遇する確率の低さにある。

ワピチの中では、生まれて一年に満たない個体が、特にオオカミによって捕食されていた（文献26）。成熟個体がオオカミに捕食されることもあるが、餌食となるのは老齢で、大腿骨の脂肪の量も少ない個体である。鉄道や道路での衝突により事故死するワピチに比べると、明らかに活動性の低い個体が、オオカミの餌食となっていた。

ワピチは通常、群れで行動している。このことから、オオカミはワピチの群れと遭遇した際、動きの遅い若齢個体や、弱った老齢個体を狙って捕食していることが分かる。

ワピチの群れの大きさも補食に影響していた。群れが大きい（個体数が多い）ほど、その群れがオオカミと遭遇する確率も高く、また餌食になるワピチの個体数も多かった（文献20）。

バンフ国立公園では、ワピチの個体数の密度（＝平方キロメートルあたりの個体数）が高くなるほど、群れのサイズも大きくなる傾向がある。群れサイズが大きくなると、オオカミが遭遇する確率と、捕食の成功率が高くなり、オオカミにより捕食されるワピチの数も増える。

このようにして、ワピチの個体数は増えすぎないように調節されていると考えられる。これは、食う―食われる関係における個体数の調節メカニズムの一つであり、密度依存的な捕食（density-dependent predatory）とよばれる。

3 栄養カスケード――食う―食われるの関係と生態系

実際のところ、オオカミによる捕食は、ワピチの個体数にどれくらい影響しているのだろうか。一九八五年から二〇〇一年までの一六年間における、ワピチの個体数の変化が検討された。

人間の往来が活発で、オオカミがほとんど出現しないバンフ市街周辺では、一六年間でワピチの個体数が増加していた。

一方、オオカミが一九九一年に導入されたバンフ市街の東側のエリアでは、同じ一六年間で、ワピチの個体数が減少していた。オオカミのいるこのエリアでは、ワピチの成熟したメスの生存率が低かった。そして、生後一年に満たない若い個体も減少していた（文献22）。オオカミによる捕食が、ワピチの個体数を抑える効果を持っていたといえる。

ワピチの死亡要因が、より詳しく調べられた。オオカミのいるバンフ市街の東側エリアでは、オオカミによる捕食に加えて、衝突事故による死亡と、冬の厳しさが複合的に作用することで、ワピチの個体数が抑制されていた。

これに対して、オオカミがほとんど出現しないバンフ市街周辺では、鉄道や道路での衝突事故が、ワピチの主要な死亡要因であった（文献21）。なお、バンフ市街周辺では、ワピチの個体の密度が高いほど、個体数の増加が抑えられる傾向が認められた。

さらなる研究により、オオカミによるワピチの捕食が、ワピチによるヤマナラシの摂食を間接的にコントロールしていることが示された（図6-6）。先に述べたように、バンフ市街周辺ではワピチの個体数が増加している。増えたワピチによる摂食圧が、ヤマナラシの定着率を低下させ、ヤナギ類の

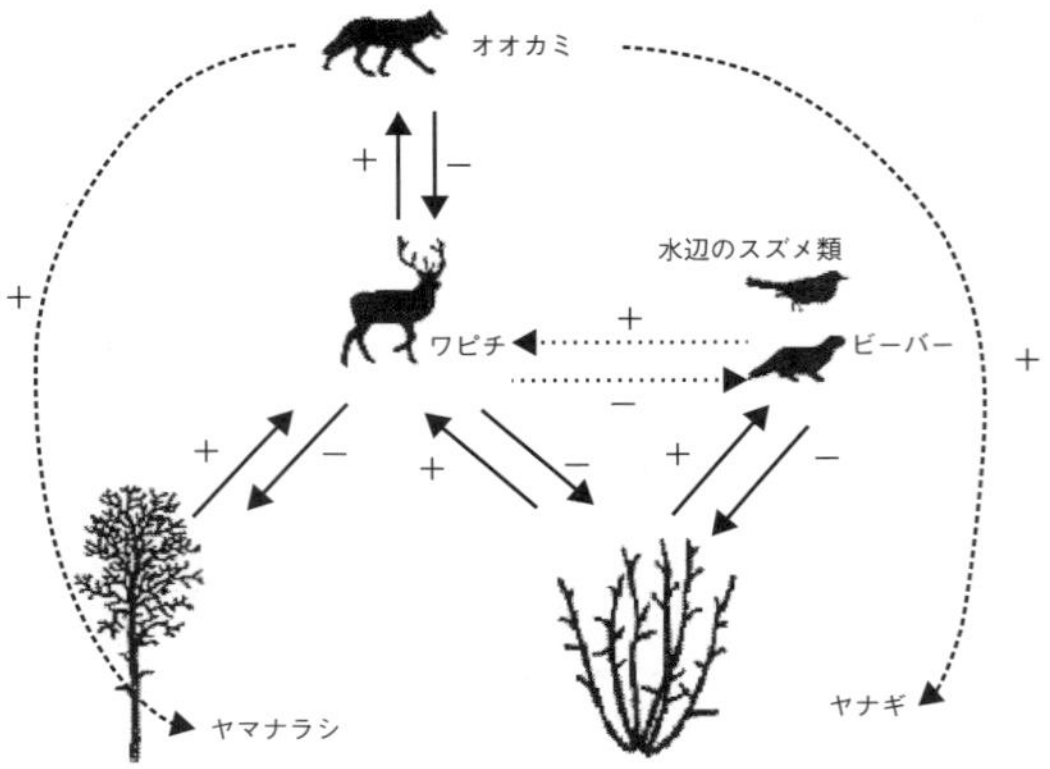

図6-6●バンフ国立公園のボウ谷で観察された、栄養段階間の相互作用の模式図。実線は直接的な被食者（植食者）実線は捕食者の相互作用を、点線は同じ栄養段階にある植食者間の間接的な相互作用を、破線は捕食者による間接的な栄養カスケードを、それぞれ示す。＋は上位の栄養段階へのプラスの効果を、－はマイナスの効果を示す。文献22を一部改変。

生産量を低下させていた。

バンフに限らず、ワピチの個体数の増加と、それにともなう摂食圧の増加が、カナディアンロッキーにおけるヤマナラシ林の減少を引き起こす要因の一つと考えられている（文献47）。さらに興味深いことに、バンフ市街周辺におけるヤナギ類の減少は、ビーバーの巣の数の減少をも引き起こしていた。

生態学では、光合成を行う植物であるヤマナラシやヤナギを「生産者(producer)」、これら生産者を食べる植食者ワピチを「第一次消費者（primary consumer)」、ワピチを食べる捕食者オオカミを「第二次消費者（secondary consumer)」とよぶ。このような食う―食われるの関係における階層性を、栄養段階（trophic level）という。

これらの生物間にみられる関係は、生態学的に興味深い。栄養段階の上位にいる捕食者（オオカミ）が、栄養段階を通じて（ワピチを介して）下位の生物（ヤマナラシ、ヤナギ）にまで及ぼす影響を、トップ・ダウン効果（top down effect）とよぶ。そして、上位の捕食者が、下位の生物にトップ・ダウン効果を及ぼすことを栄養カスケード（trophic cascade）とよぶ。

バンフ国立公園では、オオカミによる直接的な栄養カスケード（ワピチを食べる）に加えて、間接的な栄養カスケード（ワピチの捕食を通じて植物の量を調節する）の存在が確認された。そして人間によるオオカミの排除（人間の往来が活発な市街という状況）が、その栄養カスケードを変化させている（ワピチが植物を減少させる）ことが実際に示された。

4 生態系の保全指標としての大型動物

オオカミやクマといった大型の肉食動物は、一般に個体群の密度が低い。個体数の増加には、繁殖力と分散力が大きく寄与するが、大型の肉食動物は繁殖力も分散力もともに低いことが多い。このため、大型の肉食動物は、景観や環境の変化の影響を受けやすい。つまり、変化に対する感受性が高い。

大型の肉食動物のこのような特性は、生態系の保全（conservation）に際して、しばしば注目される。大型の肉食動物を焦点種（focal species）と捉え、生態系の指標として用いる保全アプローチもある。

焦点種とは、分散能力が限られている種や、利用できる資源が限られている種といったように、生息地の劣化や消失にもっとも脅かされやすい生物を指す。そのような種に焦点を当てながら、生態系や景観のレベルでの保全戦略を立てれば、その他の種も保全できるはずという考え方を、焦点種アプローチという（文献27）。

例えば、カナディアンロッキーと、それに隣接するアメリカ合衆国のノーザン・ロッキーに生息する大型の肉食動物のうち、テン *Martes pennanti*・ヤマネコ *Lynx canadensis*・クロアナグマ *Gulo gulo*・ハイイログマの住み場所を調べた研究がある。

これら四種の肉食動物が、好適な住み場所として利用していたのは、生産性が高く、かつ人間活動の影響が小さいエリアだった（文献7）。しかし実際のところ、そのような好適地は面積的に狭く、また断片的に分布している。すでに設定されている保護区とも、あまりうまく対応していない。

同じ地域で、ハイイログマとクロアナグマの住み場所はおおむね重複していたが、それらとヤマネコの住み場所はあまり重複していなかった。この結果は、生態系の保全を計画するとき、単一種のみを考慮するだけでは不十分なことを示唆している。住み場所が重複しない複数の生物種について、考慮しておく必要がある。

以上の現状をふまえて、焦点種に注目した生態系の保全を考えると次のようになる。すなわち、人間の活動がこれら肉食動物の住み場所に与える影響を小さくし、住み場所がさらに断片化されるのを防止する方策を考えていく必要がある。

しかし、実際のところ、野生動物の保全（すなわち、住み場所の保全）を考える上で、さまざまな問題点がある。次節からは、ハイイログマを例にとって、その実状を詳しくみていこう。

5 ハイイログマの保全

ハイイログマとは？

ハイイログマは、北アメリカに生息するクマ科の大型動物である。大きいもので体長三メートル、体重は四〇〇キログラム以上に達する。日本でもグリズリー（grizzly）の名前で知られており、北海道に生息するエゾヒグマ *Ursus arctos yesoensis* に近縁で、亜種の関係にある。

ハイイログマは、オオカミと同様、食物連鎖の頂点に位置しており、草食動物のみならず、植物や昆虫も食べる雑食性（omnivorous）である。カナダ全体でみると、ハイイログマは国土の西部および

図6-7●カナダにおけるハイイログマの生息地。黒塗りは現在の分布域、網掛は絶滅したかつての分布域。文献23より。

北西部に分布しており、その分布域は「ハイイログマ帯（grizzly bear zone）」とよばれることもある。ハイイログマは、カナディアンロッキーにおける、代表的な焦点種の一種といえる。

ハイイログマの生息地では、一九世紀の終わりから現在に至るまでの約一二〇年で、農地や放牧地の開発や、森林の利用、油田やガス田の開発などが進められた。その過程で、ハイイログマは農作物や家畜に被害を及ぼす「悪い」動物として、ときに人にも危害を加えうる「危険な」動物として、駆除の対象となった。シンリンオオカミと同じ扱いである。プレーリーに生息していたハイイログマの個体群は、すでに絶滅に追い込まれている。

地域的な絶滅にともなって、カナダにおけ

るハイイログマの分布域は狭まっている（図6-7）。ハイイログマは、かつての分布域の二四パーセントで絶滅し、現在の分布域の六三パーセントで絶滅の危機に瀕している（文献2）。一九九〇年代の時点で、カナダにおけるハイイログマの個体数は二万二〇〇〇〜二万八〇〇〇頭と推定されている（文献23）。

これまで、ハイイログマの多くの生息地では、個体群の持続性や保全を考慮することなく駆除が行われてきた。列車や車との衝突による死亡事故も多い。特に、メス成獣の死亡率の高さは、個体群の維持にとって大きな問題となっている。

このような背景から、ハイイログマの個体数や齢構成、性比、繁殖数、死亡率や死亡要因といった個体群統計学（demography）的な特性を理解し、それをハイイログマ個体群の保全に活かすための提案がなされてきた。

ハイイログマの個体数の推定法

ハイイログマは、広大な地域に分散して生活を営んでいる。そのため、その個体数や個体群密度の推定には困難がともなう。しかし、一九九五年以降、ＤＮＡを対象とした方法が用いられるようになると、ハイイログマの個体識別や個体群に関する情報が、以前より効率的に得られるようになってきた（文献39）。

特に、野外に設置した有刺鉄線でハイイログマの毛を採取し、その毛根(hair root)からDNAを取り出す方法や、訓練したイヌを使ってハイイログマのフンを探索し、そこからDNAを取り出す方法が考案されている(文献46)。

採取した試料に含まれる、ハイイログマの核DNAを対象とした分析の手法も確立されている。核ゲノム上に存在する、数塩基の単位配列の繰り返しからなる配列はマイクロサテライト(microsatellite)、あるいは単純反復配列(simple sequence repeat:SSR)とよばれる。原理の説明はここでは省略するが、その反復配列を解析することで、ハイイログマの個体や雌雄の識別が可能となる場合がある。

このような試料を系統的にサンプリングすれば、個体数やその変動を推定することができる。ハイイログマに発信器をつけて行動を追跡するラジオテレメトリー(radiotelemetry)調査の結果と合わせることで、個体の行動が詳しく解析されている。最近では、全地球測位システム(Global Positioning System, GPS)を装着した首輪を使って、ハイイログマの行動圏を調べる試みも進められている。

フンを採取した場合、フンに含まれるハイイログマのDNAに加えて、コルチゾール(cortisol)やプロゲステロン(progesterone)などのホルモンの濃度を測定することで、生理的なストレスやメス個体の繁殖活動についての情報も得ることができる。

カナディアンロッキーには、四〇〇~五〇〇頭のハイイログマが生息すると推定されている。このうち、バンフ国立公園のボウ谷には、約六〇頭が分布している（文献12）。一九九四年から二〇〇二年までの九年間にわたって実施された研究により、ハイイログマの個体数は、この期間でわずかに増加したと見積もられた。

しかし、その後に行われた研究では、ハイイログマ個体数の減少傾向が指摘されている。ボウ谷におけるハイイログマの個体数を、毛から採取したＤＮＡを手がかりに解析した報告では（文献43）、二〇〇六年における個体数は七三・五（九五パーセント信頼区間は六四―九四）、二〇〇八年には五〇・四（同四九―五九）と推定された。この有刺鉄線を使って毛を採取する方法では、ハイイログマのメスの検出率は高かったが、オスの検出率が極めて低かった。

一方、背こすり（bear rub）により樹木の表面に毛が付着する場合もあり、その毛を対象にして同様の解析を行うと、オス、メスともに高頻度で検出された（文献43）。二〇〇六年から二〇〇八年までの三年間で得られた、背こすりに由来する毛のデータが解析された。この方法により推定された、ボウ谷におけるハイイログマの個体数増加率（population growth rate）は、オスで〇・九三（九五パーセント信頼区間は〇・七四―一・一七）、メスで〇・九〇（同〇・七六―一・二〇）であった。

一九九九年から二〇〇九年のラジオテレメトリー調査から推定された、アルバータ州の主要な生息地におけるハイイログマの個体数も、おおむね減少傾向にあると考えられている（文献5）。

ハイイログマでは人為起源の死亡事例が多い

このようなハイイログマの個体数の減少には、人為起源の死亡が大きく関与している。例えば、カナダのアルバータ州、ブリティッシュ・コロンビア州、およびアメリカ合衆国のモンタナ州、ワシントン州、アイダホ州の、ロッキー山脈およびコロンビア山脈での調査結果を見てみよう(文献28)。一九七五年から一九九七年のあいだに、発信器をつけたハイイログマ三八八頭のうち、九九頭が死亡したが、その七七~八五パーセントの個体の死亡要因は人為的なものであった。ハイイログマの狩猟が許可された区域では、死亡個体の三九~四四パーセントが合法的な狩猟によるものであった。この他、居住地への接近や自己防衛による駆除や、不当な狩猟による死亡もあった。

バンフ国立公園とヨーホー国立公園でも、人為的な死亡要因が主であった(文献3)。一九七一年から一九九八年のあいだに、一三一頭の死亡事例があり、このうち九一パーセントに相当する一一九頭の死亡に、人間が関与していた。

この内訳をみると、トラブルを引き起こしたハイイログマの駆除が一一九頭の七一パーセントを占めており、高速道路や鉄道での衝突事故が一九パーセントを占めていた。

人為起源の死亡事例のすべてが、道路から五〇〇メートル以内、ないし歩道から二〇〇メートル以内の場所で発生していた。発生場所は、バンフ市街、レイク・ルイーズ、およびトランスカナダ・ハ

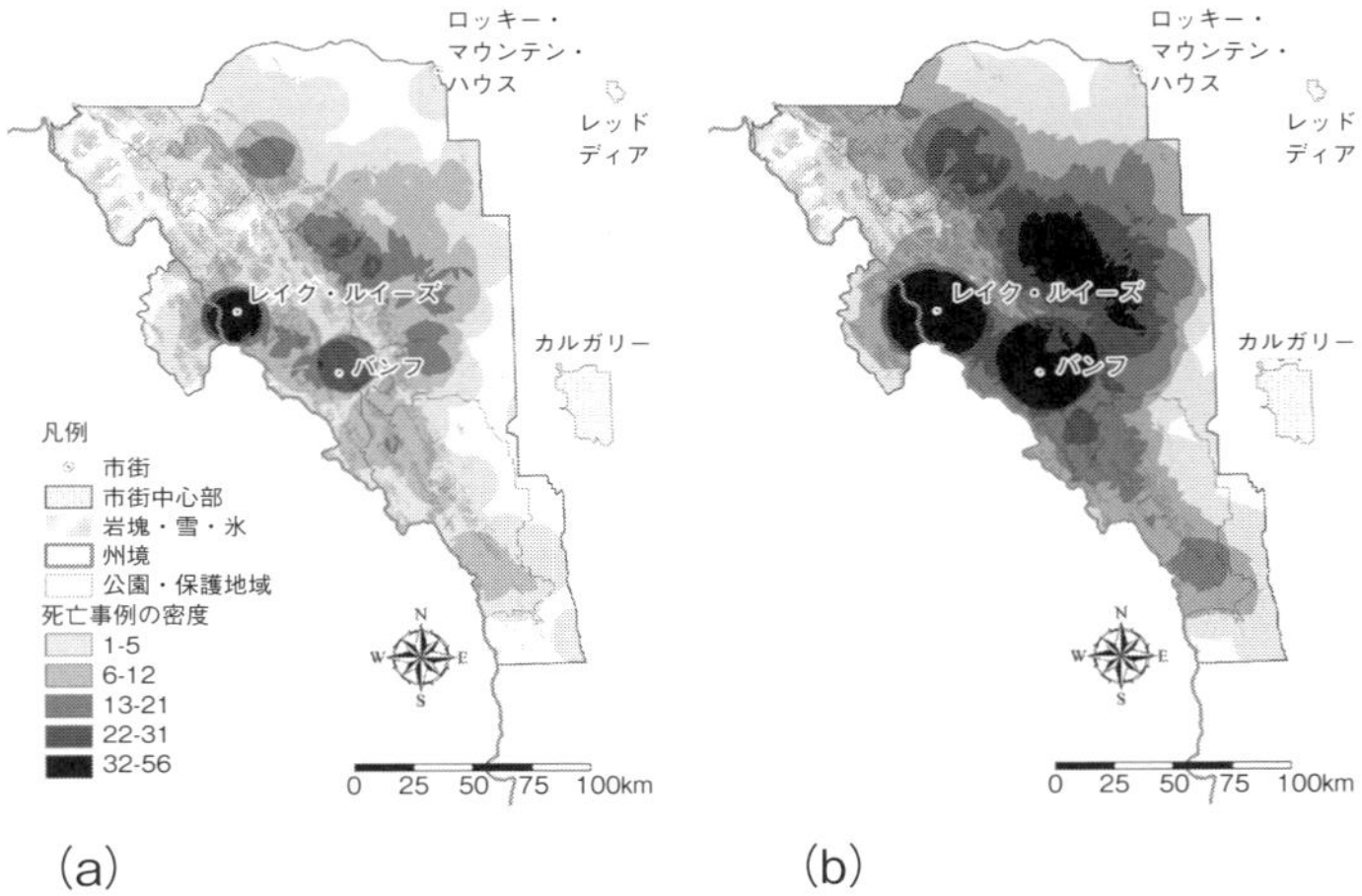

図6-8●バンフ、ヨーホー、カナナスキスにおけるハイイログマの死亡事例の分布と密度。(a) メス、(b) オス。文献34よりより作成。

イウェイ沿いに集中していた（図6-8）。

このバンフ国立公園とヨーホー国立公園のデータに、カナナスキスでのデータを加えて、さらに長期にわたる一九七一年から二〇〇二年までの三二年にわたるデータがまとめられた（文献34）。全二九七件のハイイログマの死亡事例を詳しく解析して、人間による開発、立地、および植生との関連が検討された。

その結果、人間のアクセスの多い場所、水際、および林縁でハイイログマの死亡リスクが高いことが示唆された。オスとメスのあいだで（図6-8）、また季節間で、死亡事例の発生した場所に違いは見られなかった。

ハイイログマの行動パターンを調べる

ハイイログマで人為起源の死亡事例が多いという結果は、ハイイログマの行動圏と人間の行動圏が重複していることを示唆する。では、ハイイログマは、どの季節のどの時間帯に、どのような住み場所を、何のために利用しているのか。また、そのような行動パターンは、ハイイログマの齢や雌雄でどれくらい変化するのだろうか。これらの疑問に答えを出していくことが、ハイイログマと人間とのコンフリクト（conflict：衝突）を抑えるための第一歩となる。

ハイイログマの行動パターンの研究には、個体に発信器を付けてその移動を調べるラジオテレメトリー法が一般に用いられており、成果を挙げている。ラジオテレメトリーで得られたハイイログマの足跡を、地理情報システム（geographic information system：GIS）により土地利用図と重ねることで、ハイイログマの住み場所の利用やその季節的な変化などを推定することができる。また、ハイイログマのフンに含まれる内容物の分析や、ハイイログマが摂食する植物の果実期や分布についての情報は、ハイイログマの住み場所の利用について、さらに詳しい情報を提供してくれる。

さらに、ラジオテレメトリーから得られた、複数の個体の行動に関する情報を重ね合わせることで、ハイイログマの個体同士の遭遇パターンについても解析することができる（文献44）。例えば、六一頭のハイイログマ同士でみられた四〇四件の遭遇事例のうち、六八例が相互に誘引された「積極的な」

遭遇であった。その六八例のうち、オス個体とメス個体の組み合わせが六五パーセントを占め、同性の組み合わせが三五パーセントを占めていた。異性間の平均の遭遇時間は、同性間の平均の遭遇時間よりも有意に長い傾向が認められており、繁殖に関連する行動を示唆している。

食物資源の変動とハイイログマによる住み場所の利用

ハイイログマによる住み場所の選択は、その住み場所における食物資源の存在とよく対応することが確かめられている。ハイイログマは雑食性であり、さまざまな植物の果実や根に加えて、イネ科植物、アリ、そして機会があればワピチの幼獣などの哺乳動物を摂食する（文献19）。ジャスパー国立公園だけでも、ハイイログマが利用しうる植物として三二種の植物がある（文献33）。これらの食物資源は、景観のなかで不均一に分布している上に、その利用可能性は季節的に変化する。それらに応じてハイイログマは利用する住み場所を選択し、変化させている。生物が季節的に変化する現象は、生物季節（phenology）とよばれる。

例えば、バッファローベリーの果実（図2-13）は炭水化物が豊富であり、ハイイログマは晩夏にこれをよく利用する。エサとなるバッファローベリーの果実の分布は均一でなく、森林の林冠の被覆率が少ないところほど、生産量が多い傾向が認められている（文献17）。

バッファローベリーは、火災跡地に特によく出現するが、果実の生産は火災後五年目以降から多く

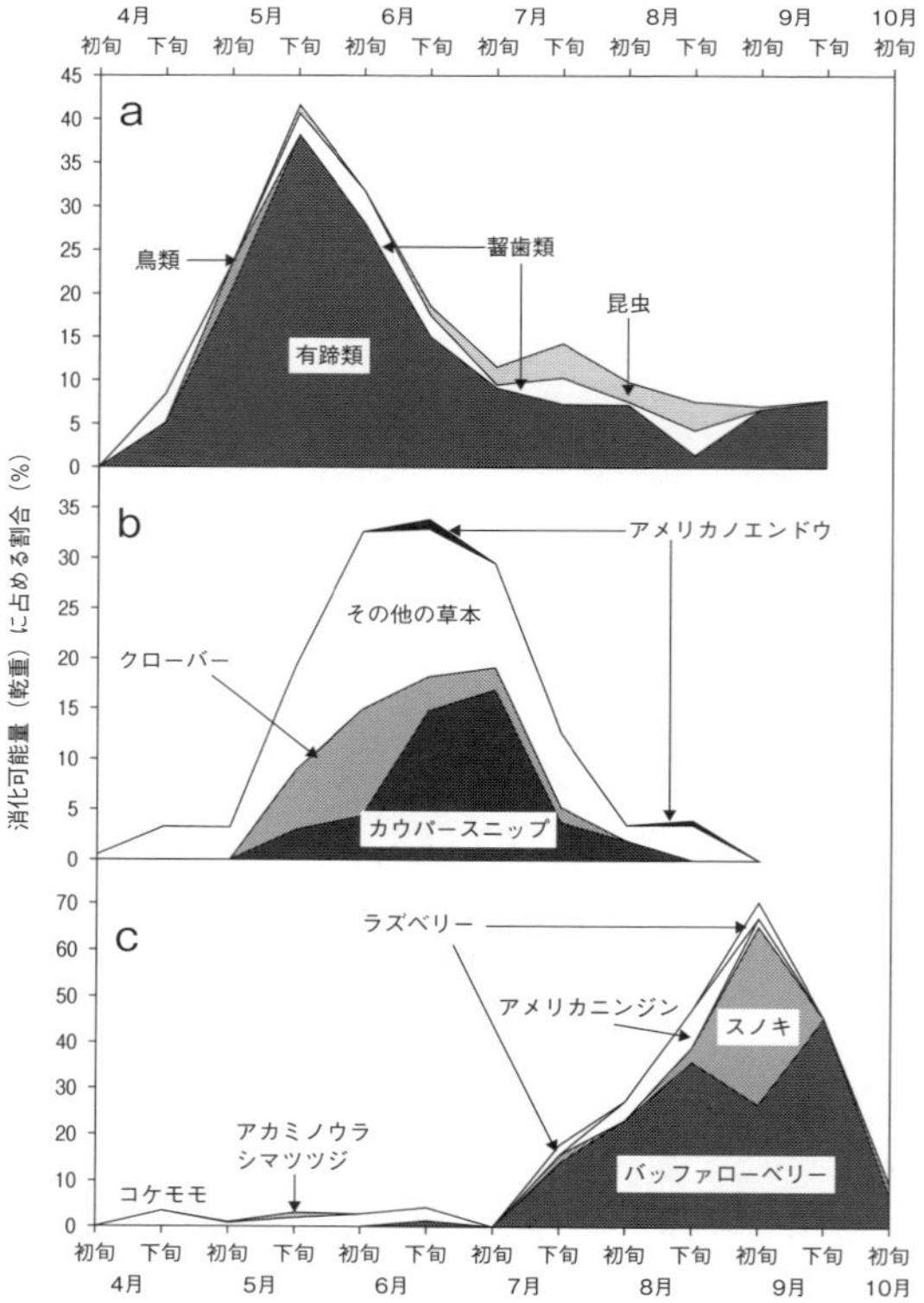

図6-9●ハイイログマのフンから推定した食物資源の利用の季節変化。(a) 動物、(b) 草本、(c) 果実。文献 29 より。

なる。土壌の乾燥やチヌーク、雪崩などにより、火災後の森林の回復が遅い場所がある。バッファローベリーの果実生産量はそのような場所で多く、ハイイログマの利用頻度も高い。

バッファローベリーの他にも、ハイイログマはピンクヘダイセラム *Hedysarum alpinum* やイエローヘダイセラム *Hedysarum sulphurescens* の根、アカミノウラシマツツジの果実などを好んで食べるが、ハイイログマがこれらの植物を利用するのは、主に草原や低木林、林冠の不連続な森林などである（文献19）。一方で、スギナ *Equisetum arvenese* は閉鎖した森林で利用される。

ジャスパー国立公園において、ハイイログマによる住み場所の季節的な利用パターンを解析した例では、食料になる植物の出現の有無が、ハイイログマの出現データともよく合致した（文献33）。アルバータ州のカナディアンロッキー東斜面では、ハイイログマのエサ利用の季節変化が明らかにされている（文献29）。一八頭のハイイログマから採取した六六五個のフンを調べたところ、五月から六月にかけては有蹄類などの動物を、六月から七月にはカウパースニップ *Heracleum lanatum* などの草本を、そして八月から九月にかけては果実を、それぞれ主に利用していた（図6-9）。

人間活動はハイイログマの住み場所の有効度を低下させる

ハイイログマが利用する住み場所の、ハイイログマにとっての有効性は、住み場所の有効度（habitat effectiveness）とよばれる指標により定量的に評価することができる。住み場所の有効度は、「ある区域における野生動物の収容能力」と言い換えることもできる。例えば、食物資源が豊富な場所や、死亡のリスクの低い場所は、潜在的に有効度が高いといえる。

カナディアンロッキーのバンフ、ヨーホー、クートネイの三つの国立公園に相当する約九三〇〇平方キロメートルを対象に、ハイイログマの住み場所の有効度が評価された（文献14）。ここでは、人間活動を考慮しない場合の「潜在的な」有効度と、人間活動を加味した「現実の」有効度を比較することで、人間活動がどれほどの影響を及ぼしうるのかが可視化された。

まず、対象地域を、地形や人間活動、クマの利用頻度に応じて、四〇の管理単位（bear management unit）とよばれる地域に区分した。管理単位ごとに、ハイイログマによる住み場所の利用や食物資源のデータ、および人間活動による撹乱の程度をモデル化して、住み場所の有効度を1〜10までの一〇段階で求めた。

その結果、人間活動による撹乱を考慮しないモデルと、人間活動による撹乱を考慮したモデルとで、住み場所の有効度に大きな違いが認められた（図6-10）。人間活動を考慮しない場合、三つの国立公園の大半の管理単位は、ハイイログマにとって、おおむね生産的な住み場所であるといえる。しかし、人間活動を考慮したモデルでは、すべての管理単位でハイイログマの住み場所としての有効度は低下した。

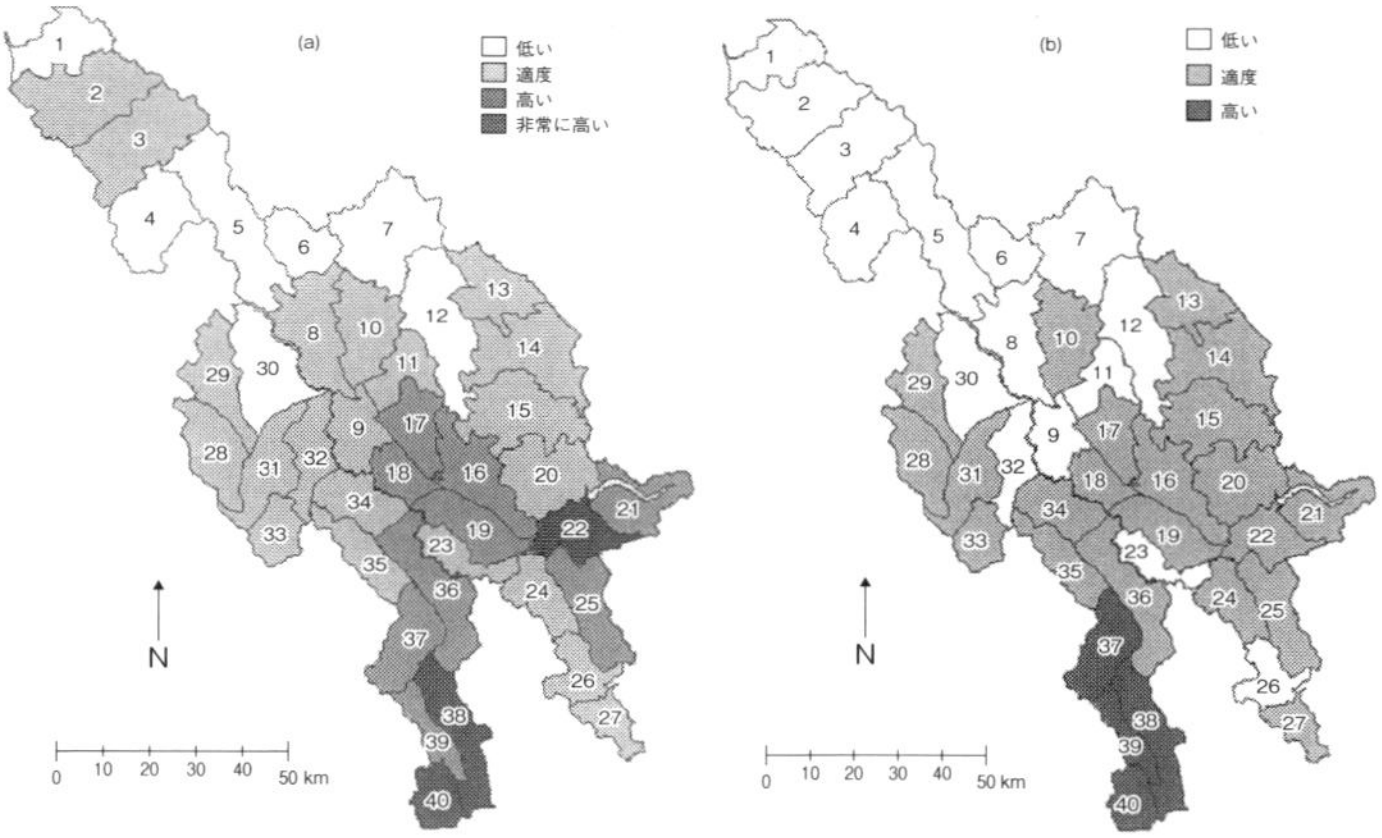

図6-10●バンフ、ヨーホー、クートネイの各国立公園におけるハイイログマの住み場所の有効度。(a) は人間活動による撹乱を考慮しないモデルの結果、(b) は人間活動による撹乱を考慮したモデルの結果。住み場所の有効度は1 ～ 10 の 10 段階で評価されており、数字が高いほど住み場所としての有効度が高い。40 の管理区域ごとに、非常に高い（有効度 7 以上）、高い（同 5.0 ～ 6.9）、適度（同 3.0 ～ 4.9）、低い（同 2.9 以下）の 4 ないし 3 段階で図示している。すべての管理区域で、人間活動は住み場所の有効度を低下させるといえる。文献 14 より。

国立公園には、ハイイログマの保護区域の核としての機能が期待されている。しかし、国立公園での人間活動は、ハイイログマの生活基盤となる住み場所の有効度に、大きく影響していることが明らかとなった。

ジャスパー国立公園のマリーン渓谷（図2-11）においても、人間によるレクリエーション利用がハイイログマの住み場所の有効度に及ぼす影響が評価された(文献24)。

登山道に設置した自動カウンターや直接観察により、一九九七年四月から一〇月までの利用者数を、登山道、キャンプ場、湖といった景観ごとに定量化した。人間による利用は、七月の第一週に急激に増加し、九月最後の週末のあと減少していた。

ハイイログマにとっての潜在的な有効度が高い住み場所では、このような人間によるレクリエーション利用が、住み場所の有効度を大きく低下させた。また、いくつかの地域では、国立公園を管理するカナダ公園管理局（Parks Canada）の設定した基準を下回るレベルにまで、有効度が低下する月もあった。

これらの結果は、ハイイログマの保全に配慮しながら国立公園の利用や開発を計画する際に、人間の利用状況や、その季節性を加味する必要があることを示唆している。

このように、ハイイログマにとっての住み場所の有効度を評価するときには、食料資源の存在などに基づく「住み場所としての利用可能性」と、人間活動に関連した「死亡リスク」という二つの側面から考える必要がある。

アルバータ大学のS・E・ニールセンらは、これらの二要因を考慮して、ハイイログマの住み場所を二次元の枠組みで整理した（図6-11）。それによると、ハイイログマの住み場所は大きく五つのカテゴリーに区分される

（1）必須でない住み場所（non-critical habitat）：利用頻度の低い住み場所

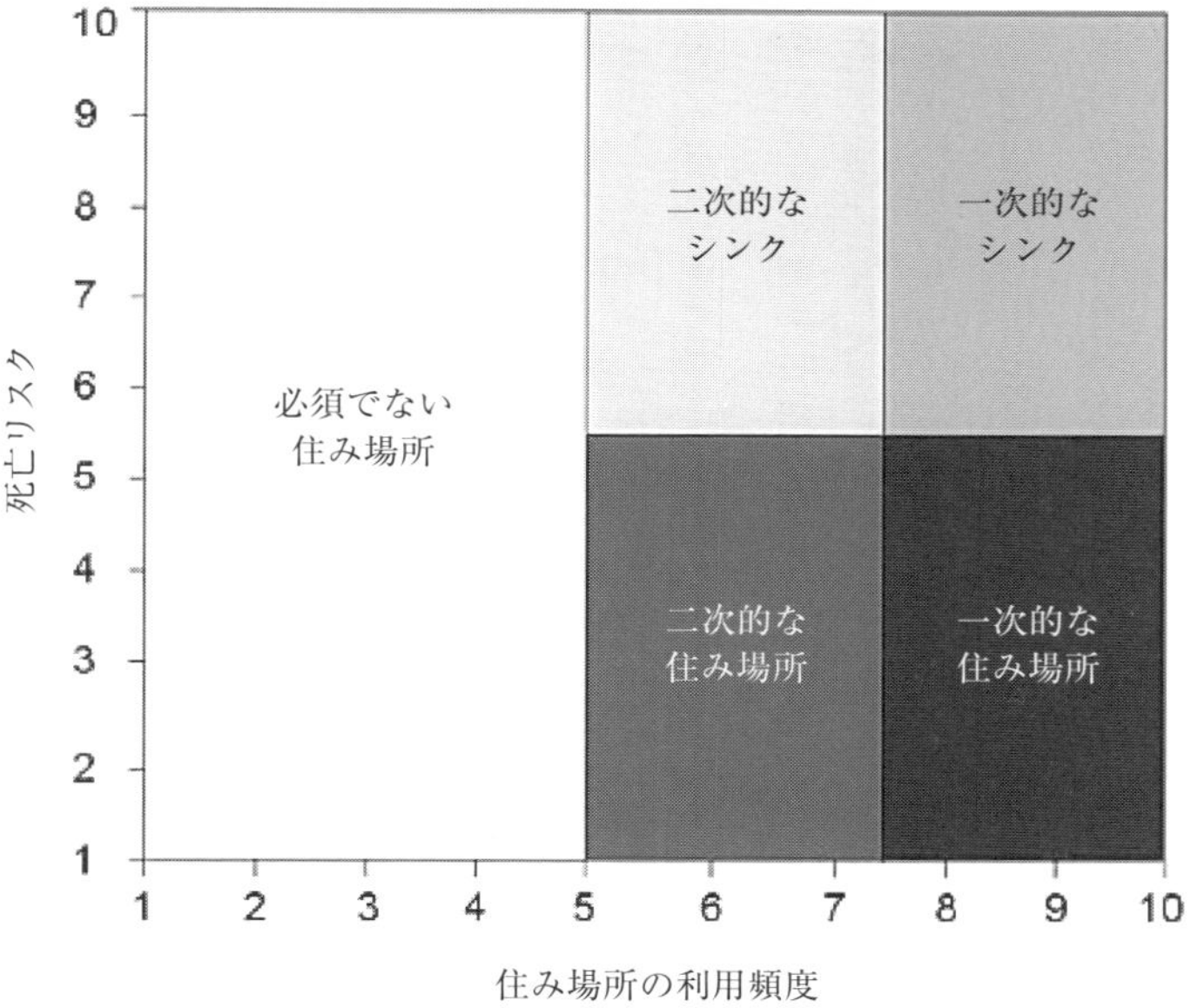

図6-11●ハイイログマの住み場所の5つのカテゴリー。文献35より。

(2) 二次的な住み場所(secondary habitat):質は低いが、安全性は高い住み場所

(3) 一次的な住み場所(primary habitat):質は高く、安全性も高い住み場所

(4) 二次的なシンク(secondary sink):質は低いが、死亡リスクの高い住み場所

(5) 一次的なシンク(primary sink):質は高いが、死亡リスクの高い住み場所

一次的なシンクの例として、フットヒルが挙げられる。ここは林業や油田開発などの人間活動が死亡リスクを高

めている一方で、それらの人間活動により、ハイイログマの食物資源が豊富な林縁が生み出されている。一方、保護区内に含まれる高山帯や亜高山帯といった場所は、一次的な住み場所の代表例といえる。

ハイイログマによる撹乱地の利用

第3章で述べたように、カナディアンロッキーのフロント・レンジに位置するバンフ国立公園では、大規模な火災がくり返し発生した。それらの火災跡地には、ハイイログマの食物となる植物が豊富にみられる。このため、ハイイログマは火災跡地を頻繁に利用しており、そこが一次的な住み場所として機能していた（文献18）。

しかし近年、森林火災の抑制プログラムにより、そのような火災起源の住み場所が減少しつつある。最近得られたラジオテレメトリーのデータは、ハイイログマが、林業や油田開発といった人間活動に起因する撹乱地を利用していることを示している（文献4）。

アルバータ州に位置するフットヒルはプレーリーに隣接しており、カナディアンロッキーのなかでも人間活動の影響が大きい地域である。特に、林業による伐採や、油田・ガス田開発、鉱山採掘、レクリエーション利用などが盛んに進められているが、その対象地域の多くがハイイログマの生息地と重複している。

近年になって、人工衛星であるランドサット（LANDSAT）の撮影した衛星画像を用いることで、広大なハイイログマの生息地における撹乱地の発生状況を、高空間・高時間解像度で解析することが可能となってきた（文献13）。この地図データと、ハイイログマのラジオテレメトリーのデータを重ねることで、撹乱地の出現と、ハイイログマによる撹乱地の利用パターンが、次第に明らかにされつつある。なかでも、森林伐採にともなう撹乱地の出現が、ハイイログマに及ぼす影響が、詳しく調べられてきた。

カナディアンロッキーの東斜面、フットヒルを中心とする一万一〇〇〇平方キロメートルの地域で、ハイイログマによる撹乱地の利用状況が詳細に調べられた（文献45）。二〇〇五年から二〇〇九年までの期間に得られた、ハイイログマ成体二二個体（メス八頭、オス一四頭）のラジオテレメトリーデータと、衛星画像から抽出された撹乱地のデータが合わせて解析された。

その結果、ハイイログマが、期待されるよりも高い確率で、撹乱地を利用している実態が明らかになった。狭い撹乱地よりも、面積の大きい撹乱地を利用する傾向も見られた。また、オスよりもメスのほうが、撹乱地を頻繁に利用していた。季節的にみると、メスは春よりも夏と秋に撹乱地を頻繁に利用していたが、オスでは秋よりも春と夏に撹乱地を多く利用していた。

この研究では、ハイイログマが撹乱地を頻繁に利用する時期が特定できた。それらの時期に、撹乱地への人間のアクセスを制限すれば、人間とハイイログマとのコンフリクトを抑え、ハイイログマの死亡を抑制することにもつながるだろう。

「人間とハイイログマのコンフリクト」が、どのような場所で実際に発生したのかを解析した研究もある。カナディアンロッキー南西部の、イースタン・メイン・レンジで、一九九九年から二〇〇九年までの一〇年間で報告された「人間とハイイログマとのコンフリクト」二五七件の空間パターンが解析された(文献37)。

この地域では、コンフリクトのほとんどが私有の農地で発生していた。人間による農地開発と、ハイイログマが好んで選択する住み場所との重複が、数多くのコンフリクトを引き起こしていた。人間とハイイログマとのコンフリクトには、人間の存在と、ハイイログマの住み場所の選択の両方が影響していることを念頭に置く必要がある。

道路がハイイログマに及ぼす影響

林業や油田・ガス田開発では、伐採地や産業施設にアクセスするための道路の建設が不可欠である。しかし、道路の建設は、ハイイログマをはじめとする野生動物に大きな影響を及ぼしうる。

例えば、バンフ国立公園とヨーホー国立公園では、ハイイログマの人為起源の死亡事例のすべてが、道路から五〇〇メートル以内、ないし歩道から二〇〇メートル以内の場所で発生していた(文献3)。

また、伐採地にはハイイログマの食料資源となる植物が多く分布するが、ハイイログマが伐採地にアクセスするとき、伐採地につながる道路を利用することがある（文献40、41）。

ハイイログマが好んで選択する住み場所と、人間による開発や人間活動のエリアが重複すると、両者のコンフリクトの可能性が増大する。このため、ハイイログマの保全を考える上で、道路がハイイログマに及ぼす影響についての知見が必要である。

バンフ国立公園のボウ川集水域における、ハイイログマの行動パターンが、道路との関連で調べられた（文献15）。ラジオテレメトリーにより追跡されたハイイログマの行動を解析したところ、オスよりもメスのほうが、自動車や交通の騒音から遠ざかる傾向にあり、舗装路からより離れた場所を利用していた。

オスが舗装路に近づくのは、舗装路の近くに質の高い住み場所がある場合と、人間の活動が最小となる時期であった。一方、メスは、質の高い住み場所を探すことよりも、人間を避ける方を選ぶ傾向にあった。ボウ川集水域では、オスよりもメスのほうが、人間活動や、人間による開発の影響を受けやすいといえる。

道路の交通量も、ハイイログマの行動に影響を及ぼす（文献36）。道路近傍の利用や道路の横断は、交通量の少ない夜間に増加した。これは、ハイイログマの昼行性（diurnal）の行動パターンが、道路の存在により夜行性（nocturnal）へとシフトすることを示唆している。

また、ハイイログマは、一日あたり二〇台未満しか走行しない道路の周辺を選択していた。このような道路は私有の農地に多いため、ハイイログマと人間とのコンフリクトの可能性を高めうる（文献37）。ハイイログマの住み場所の中心地域では、道路の密度と交通量の両方を制限するような管理計画が必要となるだろう。

ハイイログマは実際に、道路を横断している。では、その横断の頻度や、横断場所の環境、および道路周辺でのハイイログマの分布はどうなっているのだろうか。

ジャスパー国立公園の東隣に位置するヒントン周辺では、一九九九年から二〇〇五年までの期間に、三二頭（メス一七頭、オス一五頭）のハイイログマによる、計一九六五回の道路の横断が観察された（文献16）。バンフ国立公園のボウ川集水域では、オスよりもメスのほうが道路から遠ざかっていたが（文献15）、ヒントン周辺では逆に、季節や時間帯によらず、オスよりもメスで、道路の横断頻度が高かった。

ハイイログマによる道路の横断がもっとも頻繁に認められたのは、小川に近く、未舗装で道路幅の狭い区間であった。春には、幼獣を伴ったメス成体が道路から二〇〇メートル圏内に出現する傾向が認められた。また、秋には、メスの亜成体が道路から二〇〇メートル圏内にいる傾向が認められたが、逆にオス成体では道路から遠ざかる傾向が認められた。

なぜ、オスが道路から遠ざかっていたのかは不明であり、さらに詳しい調査が必要である。ただ、この研究の結果から、この地域では、メスのハイイログマのほうが人間との遭遇確率が高いといえる。

地下道は道路による生息地の分断を緩和できるのか

交通量の多い道路は、大型の野生動物にさまざまな影響を及ぼす。交通死亡事故といった人間とのコンフリクトに加えて、生息地の消失、物理的な障壁などが、その主な例として挙げられる。道路が物理的な障壁となり、住み場所が断片化されてしまうと、野生動物の遺伝的な多様性や種の多様性を保全する上で、大きな問題となりうる。

障壁の透過性と、住み場所の連結性（connectivity）を高めることを目的として、一九七〇年代から地下道（underpass）や跨線橋（overpass）が道路に設置されるようになった（文献10）。しかし、地下道や跨線橋の設置の効果を検証した例は少ない。その検証例も、特定の動物種を対象としているに過ぎない。複数の種類の野生動物にとって有効な地下道や跨線橋はどのようなものかに関しては、知見が乏しいのが現状である。

バンフ国立公園のボウ谷を走るトランスカナダ・ハイウェイには、野生動物の侵入を防ぐフェンス（高さ二・四メートル）が設置されている四五キロメートルの区間があり、その二二ヶ所に地下道が、二ヶ所に跨線橋が設定されている。

このうち一一ヶ所の地下道を対象に、大型の肉食動物四種（アメリカグマ、ハイイログマ、ピューマ、シンリンオオカミ）、有蹄類三種（シカ類、ワピチ、ヘラジカ）、あわせて七種の野生動物による利用パターンと、野生動物の利用に影響を及ぼす要因が検討された。

通年観察を含む、三五ヶ月間にわたる観察の結果、大型哺乳類による合計一万四五九二回の地下道の利用がみられた。このうち七八パーセントが有蹄類、五パーセントが肉食動物、残り一七パーセントが人間（徒歩、自転車、乗馬での利用）であった。

野生動物に限定すると、ワピチの利用がもっとも多く（野生動物全体の七四パーセント）、シカ類（同二〇パーセント）、オオカミ（同二・五パーセント）が続いた。地下道の通り抜けは、野生動物による利用の九八パーセントで認められた。

一一ヶ所の地下道は、構造や立地、人間の利用頻度などが異なっている。このような特性の違いに注目して、地下道を特徴づけるどのような要因が、野生動物の利用に影響を及ぼすのかが検討された。肉食動物では、市街から離れた場所にある地下道ほど、また徒歩で利用する人間が少ない地下道ほど、利用頻度が高かった。その一方で、有蹄類では、開口部が小さくて長い地下道ほど、また内部の騒音の大きい地下道ほど、利用頻度が高かった（表6-1）。

個々の野生動物についてみると、肉食動物と有蹄類で異なる要因が利用頻度に影響を及ぼしていた（表6-1）。さらに、肉食動物の種や、有蹄類の種によっても、影響する要因が異なっていた。

例えば、ハイイログマでは、市街から離れた場所にある地下道ほど利用頻度が高かった。一方で、ピューマでは、騒音の大きい地下道ほど利用頻度が高かった。ワピチでは長さの短い地下道ほど利用頻度が高かったが、シカ類では乗馬での利用者が少ない地下道ほど利用頻度が高かった。人間活動は、すべての動物種の利用頻度に負の影響を及ぼしていた。また多くの動物種で、市街から遠いほど地下道の利用頻度が高かった。

これらの結果は、どのような生物種に効果的な地下道を設計するにはどうすればよいかや、複数の生物種が利用しうる地下道を設計する上で、参考になるだろう。

なぜハイイログマの保全はうまくいかないのか

野生動物や生態系の保全を考える上で、これまでに述べてきたような、生物学や生態学に基づく知見は必須である。しかし、そのような科学的な知見があれば、現実に野生動物や生態系を保全できるのかというと、必ずしもそうではない。

科学的な知見を集約して、保全のための戦略的な枠組みを作ることができても、それを現実に実施(implementation)して、さらにその評価(appraisal)までも行うことは、通常、困難である(文献9)。

なぜ、うまくいかないのだろうか。問題点としてくり返し指摘されるのは、人間側の視点の欠如である。野生動物と生態系の生物学的な側面だけでなく、人間の振る舞いや社会的な価値をも含めた、包括的な保全・管理の必要性が近年、認識されている(文献27)。

というのも、保全の活動は、政策の担当者、地域の住民、観光業者、商工業者、そして非政府組織

表6-1●地下道を利用する野生動物の個体数に影響を及ぼす要因のランク付け（文献 10）。バンフ国立公園を通るトランスカナダ・ハイウェイに設定された 11 ヶ所の地下道での、35 ヶ月間にわたる観察より得られたデータに基づく。決定係数が有意であった要因を示す。＋はその要因の値が大きいほど対象動物の個体数が多かったことを示し、−はその要因の値が大きいほど対象動物の個体数が少なかったことを示す。カッコ内の数字は、動物ごとに得られた決定係数の大きさの順位である。例えば、ハイイログマでは、市街からの距離が遠いほど、人間による利用指数が小さいほど、森林からの距離が近いほど、カナダ太平洋鉄道（CPR）の線路からの距離が近いほど、地下道を利用する個体数が多い傾向が認められており、それらのうちでもっとも決定係数が大きかったのは、市街からの距離であった（第 1 位）。

要因	野生動物全体	肉食動物全体					有蹄類全体			
			アメリカグマ	ハイイログマ	ピューマ	オオカミ		シカ	ワピチ	ヘラジカ
地下道の特性										
幅	− (6)		− (8)				− (3)	− (4)	− (3)	− (5)
高さ	− (10)				− (3)	+ (3)			+ (10)	
長さ	+ (11)		+ (7)				+ (8)		− (1)	+ (4)
開放性[1]	− (1)	− (5)	− (4)				− (1)	− (5)	+ (4)	− (1)
騒音レベル	+ (8)	+ (7)	+ (12)		+ (1)		+ (2)	+ (3)	+ (8)	
位置的な特性										
東ゲートからの距離[2]	+ (13)		− (1)			+ (2)	− (10)			− (3)
森林からの距離	− (12)		− (11)	− (3)	+ (4)		− (7)	− (6)	− (11)	− (6)
水路からの距離		− (6)	− (9)			− (7)	+ (5)	+ (2)	+ (2)	
CPR 線路からの距離	+ (9)			− (4)		+ (5)	+ (12)	+ (8)		
市街からの距離	+ (2)	+ (1)	+ (3)	+ (1)	+ (2)	+ (1)	+ (13)		+ (12)	

人間活動										
人間による利用指数[3]	− (3)	− (3)	− (6)	− (2)		− (6)	− (9)		− (5)	− (8)
自転車	− (7)	− (8)	− (10)			− (4)	− (11)		− (6)	− (7)
乗馬者	− (4)	− (4)	− (5)				− (4)	− (1)	− (7)	− (2)
登山者	− (5)	− (2)	− (2)		− (5)	− (8)	− (6)	− (7)	− (9)	− (9)

[1]開放性＝幅×高さ÷長さ。
[2]バンフ国立公園の入り口に設置されたトランスカナダ・ハイウェイのゲート。
[3]人間による利用指数＝自転車、乗馬者、登山者の合計値の月平均値。

の職員など、価値観、態度、信条の異なる人々に、直接的、間接的な利害を与える。そのため、保全活動の推進に際して、これら利害関係者（stakeholder）のあいだで意見の対立がみられるのが普通であり、そのような意見の対立の調整が大きな課題となる。

このような対立は、避けては通れないのが一般的である。既存の制度の枠組みだけでは、問題を解決することが難しいためである。そこで、価値観、態度、信条の異なる利害関係者のあいだで、話し合いが持たれることになる。話し合いによって意見をまとめていくためには、同じ土俵で話し合を進め、問題に対するそれぞれの観点の違いを共有していく必要がある。

利害関係者がハイイログマ問題について話し合う

バンフ国立公園に生息するハイイログマの問題を例にみていこう。バンフ国立公園は、ハイイログマの生息地のなかで、もっとも開発の進んだ地域の一つである。先に述べたように、人為に起源する高速道路や鉄道での衝突事故が、ハイイログマの主な死亡要因にもなっている。

その一方で、ハイイログマの出没は、観光客や登山客にとって危険要素でもある。ハイイログマの保全と、商業開発、そしてレクリエーション利用とのあいだの軋轢に、政策担当者は頭を悩ませている（文献８）。

現状認識にも、利害関係者のあいだで食い違いがみられる。例えば、事故死を減らさない限り、バンフ国立公園とボウ谷ではハイイログマが絶滅してしまうと主張する人もいる。一方で、科学的な調査は不完全であり、絶滅の恐れがないにも関わらず、「ハイイログマの保全」という名目で、国立公園の利用が不当に制限されていると主張する人もいる。

このような、さまざまな利害関係者が持つ、ハイイログマの保全と管理に対する観点の違いを整理し、共有するための試みが始まっている。問題解決を目的とした、学際的なワークショップがその一例である（文献42）。このワークショップは、次の手順で進められた。

（1）それぞれの利害関係者の立ち位置、すなわち固有の興味・関心と、その偏り（bias）を確認する（standpoint clarification）

（2）それをふまえて問題点を整理し、より明確に定義する（problem orientation）

（3）その問題点に基づいて、ハイイログマの保全においてカギとなる要因を明らかにする（social process mapping）

（4）最後に、既存の問題解決のための手法について検討を行い、その利点と欠点を評価した上で、改善のための代替法を提案する（decision-process mapping）

このワークショップを通じて、最終的な結論が得られるわけではない。さまざまな利害関係者が意見を出し合い、それらの知見を統合して共有し、共通の基盤を見出すことが主眼となっている。

また、別の取り組みでは、野生生物学者、地域住民、商工業者、観光業者、非政府組織（NGO）の職員、国および州の機関の職員を対象に、バンフ国立公園とボウ谷におけるハイイログマ問題についての意見（問題の捉え方）と、それに対する解決法について、聞き取り調査が行われた（文献8）。調査の結果をまとめると、さまざまな利害関係者の考える「問題点」と「解決法」についての意見は、おおよそ次の五つのパターンに集約されることが分かった。

（1）計画志向の保全論者：保全の目的や計画が対症療法（症状が現れて初めて対応して、軽減を目的に治療を行う）的で、非科学的で不完全なのが問題。ハイイログマの保全を最優先にすることで、問題を解決すべき。

（2）制度志向の保全論者：予算の不足や、制度の不備が問題。ハイイログマの保全を最優先にすることで、問題を解決すべき。

（3）楽観的な意思決定法の改革論者：問題は誇張されている。ハイイログマ管理に関する意思決定をより効果的、科学的に改善すべき。

（4）楽観的な景観管理主義者：問題は誇張されている。クマと人間の活動エリアを分けるような景観の管理を推進すべき。

（5）民主主義者：ハイイログマ管理に関する意思決定が政治的になされているのが問題。解決法に関しては特に志向性はない。

ここで紹介した例は、見解の異なる利害関係者の意見を、同じプラットフォーム上に並べ、それぞれの立ち位置の共通点や相違点を整理する試みである。これにより、すべての利害関係者にとってメリットのある解決法が得られるわけではない。しかし、利害関係者の集まる話し合いの場を設定し、話し合いを進めていくことで、新たな解決策を探り、異なる意見をまとめていく手助けになるものと期待されている。

6 公園の利用と土壌の変化

自然環境の「保全」と「レクリエーション利用」は、しばしば互いに相容れない性質を持つ。過多な利用（オーバーユース）は、自然の価値をときに減少させてしまう。世界自然遺産地域として保全されている屋久島や知床でも、オーバーユースに対処するため、入場制限が実施されたことは記憶に新しい。このように、「保全」と「利用」との軋轢は避けては通れない課題である。

訪問者による利用圧の増加は、それに対応した管理の強化をともなう。しかし、そもそも、このような利用や管理といった人間の振る舞いや活動は、自然環境にどれくらい影響しうるのだろうか。もし、それを知ることができれば、管理する側の人々に対して、客観的かつ具体的な提言を行うことができるだろう。同時に、利用する側の人々に対しても、利用の方法や、利用上の規制を伝える上での有用な根拠を提供できることになる。

マウントロブソン州立公園では、利用者の活動が、目に見える植生や土壌の露出度の変化だけでなく、目に見えない土の中でも変化を引き起こしていた（文献1）。公園のキャンプ場では、食器を洗ったあとの水などの生活排水は、石で区切られた区画に流す決まりになっている。その区画内の土壌を分析した結果によると、アルミニウム、鉄、カリウム、ナトリウム、コバルトの各含有量が、周辺の土壌に比べて低くなっていた。排水の増加にともなって、これらの元素は溶脱されたと考えられる。

その一方で、排水を流す区画では、リン、銅、亜鉛、窒素、炭素の各含有量が、周辺の土壌に比べて高くなっていた。これらの元素は、利用者の出す生活排水に高濃度で含まれていると考えられる。焚き火は、キャンプ場のなかで定められたピット（穴）においてのみ、許可されている。このピット内の土壌はアルカリ性になっており（平均pH＝7.9）、周辺の土壌が酸性（平均pH＝4.2）であるのに対して、大幅な上昇が認められた。

焚き火のピット内では、特にカルシウムの含有量が高くなっていた。ピットで燃やされる落葉や落枝、そして残飯などが、カルシウムの主な供給源と考えられる。燃え残った灰分が、土壌のアルカリ化を引き起こしていた。加えて、食料のプラスチックのパッケージや、金属容器などが燃やされることで、銅などの元素が土壌に放出されたと考えられる。

この研究では、利用者の活動が保護地域に与える、目に見えないインパクトが「見える化」された。このような情報を利用者に提供することで、保護地域の利用に関する注意を喚起し、ゴミや排水の取り扱いについての意識を高めることができるかもしれない。

7　登山道の利用圧と植物相の変化

利用者の増加にともなって、登山道（trail）のコンディションの劣化が進行する場合がある。例えば、すれ違ったり追い越したりする際に歩道の脇に踏み込むようになると、道幅は次第に広くなってしまう。道幅の増加のほかにも、土壌の侵食、土壌の圧縮、歩道部分の踏みあとの掘り込み、岩や樹木根の露出、泥やぬかるみ部分の増加といった問題が発生しうる。

図6‐12●バーグレークトレイルを行く登山者。

図6‐13●バーグレークトレイルは一部区間で自転車も通行が許可されている。

しかし実際のところ、これらの問題はどれくらいの利用者数のとき、どれほど顕在化してくるのだろうか。登山道の存在が植生に及ぼす影響については、これまでにもさまざまな地域、植生帯で調べられてきたが、ここでは、まずマウントロブソン州立公園の登山道での事例を紹介する。

マウントロブソン州立公園には、利用圧の異なる二つのトレイル、バーグレークトレイル（Berg Lake Trail：以下、ＢＬトレイル）（図6‐12、図6‐13）とマウントフィッツウィリアムトレイル（Mount Fitzwilliam Trail：以下、ＭＦトレイル）がある。この二つで、登山道のコンディションの違いが調べられた（文献32）。

まずＢＬトレイルとＭＦトレイルでは、訪問者の利用圧が異なる。年間利用者をみると、ＢＬトレイルでは約一万五〇〇〇人だが、ＭＦトレイルではその二パーセントの約三六〇人とかなり少ない。

利用圧に加えて、管理側の体制にも違いがある。職員による巡視は、ＢＬトレイルでは週に一回以上の頻度で行われるのに対し、

ＭＦトレイルでは定期的な巡視は行われていない。登山道の小規模な維持作業は、ＢＬトレイルでは毎週行われているのに対し、ＭＦトレイルは年に一回しか行われていない。

しかし、このような利用圧の違いにも関わらず、登山道の幅、踏みあとの掘り込みの深さ、岩や根の露出度を比べると、両登山道で差が認められなかった（文献32）。これはＢＬトレイルにおいて、登山道の維持管理が頻繁に行われていることを反映している。

踏みあとの深さに加えて、踏みあとの幅も考慮した「踏みあとの断面積」を登山道の浸食の指標として求め、比較したところ、二つの登山道で差が認められた。ＢＬトレイルでは、この「踏みあとの断面積」がＭＦトレイルよりも大きく、土壌の浸食がより進んでいた。

さらに、ＢＬトレイルでは、踏みあとの植生の被覆率と、土に含まれる有機物の量がＭＦトレイルより少なかった。また、ＢＬトレイルでは、ＭＦトレイルよりも土壌が圧縮されていた。このような違いには、登山道の利用圧の差が影響していたが、両登山道のあいだでの土性の違いも影響していた。

逆に、ＭＦトレイルでは、泥やぬかるみが認められる区間が多くなっていた。これはＭＦトレイルにおいて、登山道の管理が積極的に行われていないことを反映していると考えられる。このことは、維持作業と管理が効果的に行われない限り、たとえ利用圧が低くても、登山道の劣化は進行する可能性があることを示唆している。

この二つの登山道では、道沿いの植生の調査も行われている（文献31）。登山道に沿って、一×一メートルの方形区がBLトレイルに四〇個、MFトレイルに三一個、合計七一個設置された。そして、登山道沿いのそれぞれの方形区について、同じサイズの方形区（対照区）が、登山道から山側に五メートル入ったところにも同じ数だけ設置された。この計一四二個の方形区で、植生の被覆率や植物の種組成が比較された。

植生の被覆率をみると、BLトレイルでは、登山道沿いの方形区のほうが、対照区に比べて低くなる傾向がみられた。また、BLトレイルとMFトレイルのいずれにおいても、登山道沿いの方形区で、露出した土壌が地表の面積に占める割合が高くなっていた。利用者の踏みつけに加えて、登山道わきでの歩道の整備や枯れ木の除去といった作業が行われることによる。

植物の組成をみると、この調査全体を通じて九七種の植物が記録された。このうち、登山道沿いの方形区でのみ出現した種類として、ヤナギランやアカミノウラシマツツジ、コントルタマツ、ツルコケモモ *Vaccinium oxycoccus* といった草本・低木・陽樹があった。その一方で、対照区でのみ認められた種類には、アメリカネズコ *Thuja plicata* やダグラスモミがあった。

植物の種数を比較すると、BLトレイルでは、登山道沿いの方形区のほうが対照区よりも種数が多かった。登山道沿いで植物の種数が増加したのは、撹乱に強い草本類や、明るい環境に適応した植物がみられたことによる。

雑草として至るところにみられる外来植物のセイヨウタンポポ *Taraxum officinale* とアカツメクサ *Trifolium pratense* の二種は、MFトレイルよりも、利用圧の高いBLトレイルでより頻繁に認められた。ただし、これらの外来種の分布は、登山道沿いに限られていて、登山道から五メートル入った対照区からは出現しなかった。

8 高山帯の登山道における植物相の変化

アルバータ州に位置するホワイトホースワイルドランド州立公園（Whitehorse Wildland Provincial Park）の南部、カージナル・ディヴァイド（Cardinal Divide）およびトリポリ山（Tripoli Mountain）の標高約二千メートルの高山帯には、登山者のみならず乗馬者や自転車が通行できる登山道が、一九七〇年代に開設された。一九九八年に州立公園が設定された後には、登山者のみが利用する登山道となったが、最近では年間二千人を越える利用者がみられる。

登山道周辺には高山草原がひろがっており、マキバチョウノスケソウなどの草本が優占している。高山帯は一般に、低い生産性、短い生育期、厳しい気候条件、貧栄養な土壌などにより特徴づけられる。このため撹乱を受けやすく、回復も遅いと考えられており、人間活動に対する感受性も高いことが予想される。

この登山道沿いと、登山道から五〇メートル離れた撹乱を受けていない高山草原の、計一四二ヶ所に、〇・五メートル×一メートルの調査プロットが設置された。そのプロットで、植物相や土壌の性質の比較が行われた（文献11）。

未撹乱の高山草原に比べて、登山道では植生の被覆率が顕著に減少していた。例えば、維管束植物の被覆率は、高山草原では平均三五パーセントであったのに対し、登山道では四パーセントだった。同様に、登山道では、地衣類の被覆率も一〇パーセントから〇パーセントに、生物土膜の被覆率も四パーセントから〇パーセントに、それぞれ減少していた。

植物の種数も、高山草原ではプロットあたり平均一一種であったのに対し、登山道では平均七種に減少していた。登山道に出現したのは、周辺の高山草原にもみられる植物種であったが、その相対頻度が大きく変化していた。登山道では、直立（upright）と叢生（caespitose）の生育型を持つ植物種が優占しており、指標種（indicator species）の多くがイネ科草本であった。登山者による踏みつけが、高山草原の植生に明瞭な影響を与えたといえる。

さらに、この人為的な撹乱を受けた登山道と、霜の作用による自然撹乱を受けた砂礫地で、植物相が比較された。砂礫地の植被はまばらで、砂礫が露出しており、一見すると登山道とよく似ている。しかし、実際に調べて見ると、砂礫地における植生の被覆率は、登山道よりも約三倍高く、植物の種数も多く、植物の組成も異なっていた。登山者による踏みつけという人為撹乱は、高山帯においてこれまでにないタイプのユニークな植生の発達を促している。

登山者による踏みつけは、周辺の高山草原に比べて土壌の圧縮も引き起こしていた。土壌硬度計(soil penetrometer)を用いて測定した土壌の圧縮程度は、高山草原で一平方センチメートルあたり平均一・二五キログラムであった。これに対し、登山道では平均二・七五キログラムであった。

このように、登山者による踏みつけは植物の被覆率を低下させるだけでなく、土壌の圧縮を引き起こすことで、水分の土壌への浸透が悪くなり、土壌の流出が引き起こされる可能性がある。また植物の種子の発芽率の低下や、根の生長の抑制が懸念される。

第2章で述べた生物土膜は、土壌中の水分や養分の保持、土壌流出の抑制、空中窒素固定といった機能を担っている(文献6)。登山道における生物土膜の減少は、これらの機能の低下を示唆する。

高山帯の生態系では、人為的な撹乱からの回復が遅いことはよく知られている。その原因として、ここで述べたような植生の踏みつけ、生物土膜の減少や、土壌の圧縮による生態系の変化が影響しているのは間違いないだろう。放棄された登山道を高山草原へと復元する際には、このような植生および土壌の変化を考慮に入れた取り組みが必要である。

マウントロブソン州立公園とホワイトホースワイルドランド州立公園での例が示すように、登山道沿いでは植生に変化が生じており、それには利用者の利用圧だけでなく、管理の強度や、それらにともなう生育環境の変化が影響している。

植物の専門家や愛好家でもない限り、このような植物の変化を現地で実感するのは難しいかもしれない。しかしあらかじめ、公園の利用が生態系や植物に及ぼす影響についての予備知識があれば、自然との接し方や、自然を守るとはどういうことかを、登山道の利用を通じて具体的に考える機会になるだろう。

9 人間活動が山岳生態系に及ぼす影響——まとめにかえて

この本では、人間活動が、カナディアンロッキーの自然や生態系に、直接的、間接的な影響を及ぼしていることをくり返し述べてきた。

人間活動が生態系に及ぼしたもっとも顕著な影響は、一九世紀末から二〇世紀の初頭にかけて行われた鉄道の敷設にともなう、谷部の景観の変化であった（文献30）。カナダ太平洋鉄道がボウ谷に敷設されたとき、谷を覆っていた森林の大部分が焼失した。この火災のあと、コントルタマツが一斉に更新した。

その森林は現在でも「犬の毛並みのような森（ドッグ・ヘアー・フォレスト）」と呼ばれ（図3-25、

口絵参照)、その後一〇〇年以上にわたって、ボウ谷の景観となってきた。

火災による森林の更新は、自然のサイクルの一部である。とはいえ、現在のカナディアンロッキーにおける火災の発生と、それにともなう森林の変化には、人間の働きかけが大きく関与していることは間違いない。火災の頻度や規模が、火災抑制のキャンペーンや、ヘリコプターを用いた消火活動、そして定期的な火入れといった手段により、人為的にコントロールされている。このような人間の活動が、今後もカナディアンロッキーの景観を方向付けていくだろう。

生態系の景観を変化させたのは、火災ばかりではない。二〇世紀初頭には、鉄道の敷設と並行して集落が新たに建設され、人々の生活の場となった。集落に暮らす人々は、燃料や建築材を得るために、森林を伐採した。また炭鉱も開設されたが、そのときにも森林は伐採された。

このような火災や伐採にともなう森林の減少が、こんどはボウ谷における洪水の増加を引き起こしていた可能性が指摘されている(文献30)。洪水が増えると、河川に沿って発達する湿原や氾濫原が打撃を受けて、植生の動態に変化を及ぼす。

また、人為起源の火災により、大面積にわたってマツの一斉林が更新したが、そのような一斉林は、成熟するにともなって害虫に対する感受性が高くなる。そのような森林は、害虫が大発生すると壊滅的な被害を受け易くなる。

そして、近年の火災抑制プログラムは、こんどは逆に大規模な火災の発生リスクを引き上げるとともに、ハイイログマにとって好適な住み場所を減少させ、人間との遭遇による死亡の引き金となっている。

このように、人間の活動がカナディアンロッキーの自然や景観に及ぼす直接的、間接的な影響は、枚挙にいとまがない。これを逆に言えば、カナディアンロッキーは、さまざまな時間的、空間的なスケールで、人間の活動が生態系に及ぼす影響を目の当たりにできる格好の場所の一つであるといえる。

観光に関連した産業の発展は、観光の拠点となる市街の発達を促す。人間による利用が増えると、そのエリアからは大型の肉食動物（捕食者）が排除されることになる。すると、それらの捕食者によりコントロールされていた栄養カスケードが変化して、下位の栄養段階に位置する植食性の動物や、それら植食者が食べる植物にも、直接的、間接的な影響を及ぼしうる。

自然や野生を求めて、多くの人がカナディアンロッキーを訪れる。それにともなって、そこでの野生動物の営みは、だんだん人為の影響を受けたものとなっていく。観察者自体が、観察対象を変化させてしまうのだ。自然観察のチャンスが増えれば増えるほど、観察対象の姿は本来の自然から離れていくという矛盾を、常にはらんでいる。

自然を求めてカナディアンロッキーを訪れる人々にとって、眼前にある生物の営みが、ほかでもない、人間の影響を受けたものであるという事実に無関心ではいられないだろう。「カナディアンロッキー」という場所は、自然だけではなく、人間が作り上げてきたものでもある。もちろん、人間の力がとうてい及ばないような、壮大なスケールの自然も数多く、それもカナディアンロッキーの醍醐味の一つである。

しかし、その壮大な自然を眼前で手軽に楽しめる、そのこと自体が、道路や市街や展望台の建設などといった、人間の生態系に対する働きかけによって成し遂げられていることを忘れてはならない。

生態学の目線でカナディアンロッキーを知る、ということは、人間の活動がどのようなプロセスを経て、いま目の前に広がる山岳生態系を形作っているのかを知ることに他ならない。そして、それと同時に、生態系がこれからどう変化していくのか、その将来の姿を想像し、予測するための力を養っているともいえるのである。

column

コラム07　生物多様性・生態系保全の国際的な取り組み

人間活動の活発化にともなって、地球上の生態系や生物多様性が劣化の脅威にさらされている。このような現状に対処するための取り組みが、国際的に進められている。その代表的なものが、生物多様性条約（Convention on Biological Diversity：CBD）である。

CBDは、一九九二年にブラジルのリオ・デ・ジャネイロで開催された国連環境開発会議（UNCED、地球サミット）で調印された国際条約である。CBDは、「生物多様性の保全」、「生物多様性の持続的な利用」、そして「遺伝資源の利用から生じる利益の公正かつ衡平な配分」の三つの目的を掲げている。

CBDは、生態系とそこに暮らす生物の多様性を保全する国際的な枠組みを示すものであり、条約の締約国はその枠組みに従って、保全の方策を個別に検討していくことになる。

CBDを理解する上での重要のキーワードが、「生物多様性（biodiversity）」と「生態系サービス（ecosystem service）」である。

生物多様性は、生物学的な多様性（biological diversity）を意味している。その定義も多様であるが、ここでは地球上に存在する、あらゆる生き物のあいだに見られる違い（変異性）とする。

CBDでは生物多様性を三つの階層に分けて「ある地域における遺伝子・種・生態系の総体」と捉

える。

（1）遺伝的多様性は、ある一種の生物のなかに見られる遺伝子の多様性を指す。
（2）種多様性は、種間の多様性であり、多くの種が存在することを指す。
（3）生態系の多様性は、地形や地質、生物による環境形成作用、および撹乱などによって生み出される景観の異質性であり、具体的には、森林や草原、河川といった相観の多様性を指す。

生態系サービスとは、生態系が持つ機能のうち、人間が受ける無償のサービスを指す。生態系サービスは、

（1）食料、水、木材、繊維などの「供給サービス」
（2）気候の緩和、洪水の調整、疾病の制御などの「調整サービス」
（3）美的・教育的な恩恵、レクリエーション機会の提供などの「文化的サービス」

に大別される。

食料の供給や木材の生産などの直接的な恩恵だけでなく、気候の緩和・水資源の供給・土壌の保全・生物多様性の保全といった間接的な恩恵も含まれる。

生態系サービスの実現は、そこに暮らす生物の多様性と機能をベースとする。そのため現在では、生態系サービスを指標として、人間活動にともなう生態系と生物多様性の劣化の現状が評価されている。世界規模でのそのような評価の内容をまとめたものとして、ミレニアム生態系評価（Millennium

Ecosystem Assessment, MEA）と、地球規模生物多様性概況第３版（Global Biodiversity Outlook3, GBO3）がある。

ＭＥＡは、生態系サービスを地球規模で評価することを目的としたレポートである。国連環境計画（ＵＮＥＰ）が二〇〇五年に発表した。ＭＥＡでは、人間活動にともなう生態系サービスの劣化が、地球規模で進行している現状が明らかにされた。

例えば、地球規模での生態系改変の現状が評価され、二〇〇五年までに農耕地の拡大が減速している傾向が示された。農耕地の拡大を減速させた要因として、農耕地に適した土地の多くがすでに改変されてしまった点と、生産技術の向上が食料増産を支えている点を挙げている。ただし、今後は、熱帯地域で生態系の改変の可能性が高いことを予想している。

この他にも、外来種の増加や生物種の絶滅についての現状や、生態系を維持した場合と改変した場合での、市場価格の数値比較など、人間活動が生態系サービスに及ぼす影響が多面的に評価された。

それらをまとめて二四項目の生態系サービスの劣化の現状を評価し、このうち二〇項目のサービスで人間による利用が増え、さらに一五項目のサービスで悪化、ないし持続的な利用が困難な状況にあると結論づけられた。特に、調整サービスと文化的サービスに関する項目で、劣化の頻度が高いことが示されている。

ＧＢＯ３は、生物多様性条約が二〇一〇年に発表したレポートである。二〇〇二年にＣＯＰ６がハーグで開催され、そのときに「二〇一〇年目標」が設定された。これは、「二〇一〇年までに生物多様性の損失速度を顕著に減少させる」という目標であり、ＧＢＯ３はその達成状況を評価したレポートである。

GBO 3では、生物多様性条約二〇一〇年目標は「達成できなかった」ことが指摘された。二〇一〇年目標のなかでは、二一の個別目標が設けられたが、地球規模で達成された個別目標は一つもなかった。生物多様性の保全に向けた取り組みは増加したが、生物多様性への圧力も増加しており、その結果として、生物多様性の損失は続いているというのである。

紙面の関係で概略を紹介するに留めるが、GBO 3では、熱帯林で生物の個体数が激減している現状や、森林の世界的な減少傾向と一部地域での森林保護の動き、保護地域は増加傾向にあるものの保護の状態は不十分である現状、さらには、人間が供給量よりも多くの生態系サービスを利用している現状などが紹介されている。

カナダは一九九二年にCBDを批准した。カナダはまた、CBDの事務局（モントリオール）が設置されている国でもある。CBDに関連して、「生物多様性を守り生物資源を持続的に利用するためにできること（Doing Our Part to Conserve Biodiversity and Sustainably Use Biological Resources）」と銘打たれた生物多様性の国家戦略（Canadian Biodiversity Strategy）や、自然調査の結果をまとめたレポート（2012 Canadian Nature Survey）などが公表されており、二〇二〇年に向けた目標づくりも進められている（Draft 2020 Biodiversity Goals and Targets for Canada）。

おわりに

「動かざること山の如し」という言葉があります。山のように少々のことでは動じないことの喩えですが、そこには「山はじっとして動かないもの」という暗黙の前提があります。

しかし、ひとたび地球環境学や生態学を学び、学問のメガネを通して眺めると、山や森やそこに暮らす生物の営みが、決して不変不動の存在ではなく、さまざまな空間・時間スケールで動き続ける存在であることに気付かされます。

そんな発見があるからこそ、研究や勉強は面白いし、山歩きはヤメられない。

この原稿の仕上げに取り組んでいた二〇一四年夏にも、「はじめに」で紹介した京都大学のポケット・ゼミナールという講義で、こんどは北海道の黒松内でフィールドワークを行いました。ここは、日本のブナ林の「最北限」として知られる場所です。

しかし、「最北限」という言葉の寂しげな印象とはまったく異なり、黒松内のブナ林は立派で、勇壮で、美麗でした。黒松内町ブナセンター学芸員の斎藤均さんに聞くと、近年の温暖化の傾向にあって、ブナは現在、北進中とのことです。

ここでは昨年、ブナの自然分布の最北限が更新されました。尾根を走る登山道の近くで、四〇個体近くの、まとまったブナの集団が新たに発見されたのです。急斜面を一時間ほど歩いて登ったその尾根の上で、ブナはアカエゾマツに混じって、多数の実生とともにしっかり根付いていました。最北限というより、最北端、いや、最前線という言葉のほうがピッタリきます。生物が、地球環境の変化に対応して動き続けていることを、改めて実感した瞬間でした。

いままでは、山や森が、常に動いていることを知らなかっただけなのです。あるいは、山や森が動いているなんてことを、わざわざ意識しなかっただけかもしれません。人間の大きさや寿命や考えをはるかに越えた空間的・時間的なスケールで、山や森は動いています。

動き続ける地球と、変化しつづける地球環境に対応して、ダイナミックかつ柔軟に変化しつづけることが、地球に生まれ育まれてきた生物と、生物が環境と関わりながら形作る生態系に与えられた、基本的な性質なのだと思います。

読者の皆さんがこの本を通じて、自然のダイナミクスや生物どうしのつながりを知り、そしてカナディアンロッキーや、日本や、世界各地の山を訪ねたときに、新しい発見や感動に巡りあうきっかけになれば幸いです。

ただ、山岳や植物の話のあいまに、窒素の循環やかび・きのこ、果てはダニやミミズの話まで出てくることに、戸惑いを覚えた方もいるかもしれません。しかし、この本でくり返してきたように、生態系はさまざまな生物に住み場所を提供しています。生態系は、それらの生物の働きにより、さまざまな時間・空間スケールで変動しています。そのことを実感できれば、自然を見る目が変ってくるでしょうし、自然を重層的に見ることの楽しさを体得できるのではないかと思っています。

この本では、カナディアンロッキーに限定して、山岳生態系を紹介してきました。地球上には、カナディアンロッキー以外にも、さまざまな山岳地帯があります。日本を含むそれらの山岳地帯では、科学的な研究の成果が、日々、蓄積しつつあり、新しい発見もなされています。地球上のさまざまな山岳生態系の姿と、本書で紹介した内容との共通点や相違点を探るのも、今後の課題（というより、楽しみ）の一つだと思っています

本書を上梓するにあたり、以下の方々・組織・場所にお世話になりました。ここに記して感謝の意を表します。内田雅己先生（国立極地研究所）と神田啓史先生（国立極地研究所）には、両極でのフィールド経験の機会を与えていただきました。武田博清先生（同志社大学理工学部）のご指導が、自分が学んだ生態学のすべてだと日々実感しています。森章先生（横浜国立大学）には、いつも新しい刺激と、有益な示唆をたくさんいただいています。一緒にブリティッシュ・コロンビア州を見て回れたのは、得難い経験になりました。

トニー・トロフィモフ博士（カナダ連邦立森林研究所）、ヒュー・バークレイ博士（カナダ連邦立森林研究所）、中川和俊君（京都大学法学部）、齋藤稜君（京都大学理学部）、そして私の家族には、カナダでの滞在でたいへんお世話になりました。京都大学教育研究振興財団、ブリティッシュ・コロンビア公園管理局、カルガリー大学の生物地球科学研究所には、カナダでの滞在や調査に際して、貴重な援助をいただきました。田中真介先生（京都大学国際高等教育院）には、ヤマでいつもお世話になっていますが、これからもお世話になります。

横浜国立大学准教授の森章博士には、クルムホルツの写真をご提供いただきました。アルバータ大学准教授のS・E・ニールセン博士には、論文の図の利用を快諾いただきました。カナダ森林局のD・ワートマン氏とT・ホルムズ氏には、マウンテンパインビートルの電子顕微鏡写真をご提供いただきました。京都大学学術出版会の高垣重和さんには、前途多難だったこの本の出版に際して、的確な助言と暖かい応援をいただきました。重ねてお礼申し上げます。

二〇一五年五月二〇日

大園享司

木村和男（編）カナダ史――新版世界各国史23、山川出版社、1999
アジアからの先住民の移住、ヨーロッパ人の入植前の時代から、フランス、イギリスの植民地時代を経て、戦後、冷戦終結、NAFTA調印までのカナダの歴史が網羅的に書かれた書籍。カナダ太平洋鉄道の建設など、カナディアンロッキーに関連の深い出来事についても記述されている。

小島覚（著）カナダの植生と環境、北海道大学出版会、2012
北極ツンドラから西岸性の針葉樹林、プレーリー、東部の落葉広葉樹林まで、カナダ全体の植生と環境に関する科学的な知見が、網羅的に扱われている。各植生帯を特徴づける植物や、土壌の特性について丁寧にまとめられており、高緯度地域の生態系の成り立ちについて勉強するのに最適の教科書。

小池一之・坂上寛一・佐瀬隆・高野武男・細野衛（著）地表環境の地学――地形と土壌、新版地学教育講座9、東海大学出版会、1994
地表（地球の表面）の特徴や成り立ちを解説した基礎的な教科書。初学者が、地殻変動や重力、水、氷河、凍土現象、風のはたらきでできる地形や、土壌の成り立ちと性質について勉強するのに適している。

岩田修二（著）氷河地形学、東京大学出版会、2011
氷河に関する知見が、網羅的にまとめられている専門書。その内容は、氷河そのものの性質、形態、運動から、氷河堆積物、氷河浸食地形、氷河堆積物の地形、気候変動と氷河の変動、氷河と人間活動まで、多岐に渡る。

増沢武弘（編著）高山植物学――高山環境と植物の総合科学、共立出版、2009

日本の高山帯を主な題材として、高山の環境、地形、植生、および高山植物の地理的な分布、起源、および形態、生態、生理など、幅広い分野の成果をまとめた総合的な書籍。コケ類、地衣類、シダ類、菌根菌、動物相など、高山帯で普通にみられるものの、これまであまり紹介されてこなかった生物群についての記述も詳しい。

武田博清・占部城太郎（編著）地球環境と生態系――陸域生態系の科学、共立出版、2006

森林、土壌、水文、陸水など、炭素の流れに沿った陸域生態系の物質循環と生物プロセスについて、近年の生態系研究の動向をふまえて解説している。生態系の物質生産、物質循環を学ぶのに適した教科書である。

金子信博（著）土壌生態学入門――土壌動物の多様性と機能、東海大学出版部、2007

土壌生態学の入門書。土壌生物の多様性や機能、土壌生物どうしの相互作用と食物網、土壌分解系の特徴、土壌分解系の機能と生物多様性の関係など、土壌生態学に関連する最新のトピックがくまなく紹介されている。

広瀬大・大園享司（訳）菌類の生物学――生活様式を理解する、京都大学学術出版会、2011

菌類（カビ・キノコ）の生活の主体である菌糸に注目し、菌類の生活様式（生長、栄養摂取、繁殖、分散）に関する基礎的な知識を網羅した、これまでにない菌類の教科書。豊富な図版を使うことで、菌糸の生活様式が分りやすく解説されている。

大園享司（訳）グラスエンドファイト――その生態と進化、東海大学出版部、2012

内生菌（エンドファイト）とイネ科植物（グラス）との相互作用に焦点を当てた、菌類と植物のあいだにみられる共生関係の生態と進化に関する専門書。目に見えない微生物の感染が、植物の生長や繁殖をコントロールし、その植物を餌として利用する動物や、生態系全体にまでも影響を及ぼしている。

森章（編著）エコシステムマネジメント——包括的な生態系の保全と管理へ、共立出版、2012

生態系の保全と管理を網羅的に扱った、生態系管理学の最新の教科書。生態系に及ぶ危機とその対応、生態系と社会のレジリアンス、生態系マネジメントのあり方、生態系を保全する社会的な取組みに関する知見が、詳しく紹介されている。

索　引

［な行］

［は行］

［ら行］

［わ行］

引用文献

はじめに

(1) 秋山裕司（2008）カナディアンロッキーの高山植物．クラックス・パブリッシング．

(2) 秋山裕司・石塚体一（2011）カナディアンロッキーのハイキング・ガイド．クラックス・パブリッシング．

(3) Cannings R.（2005）The Rockies. A Natural History. Graystone Books, Vancouver.

(4) 福井幸太郎・飯田肇（2012）飛騨山脈、立山・剱山域の 3 つの多年性雪渓の氷厚と流動．―日本に現存する氷河の可能性について―．雪氷 74: 213-222.

(5) J.A. クラウリス写真、J. ガルト文（1994）ロッキー山脈―北米大陸の屋根．ベースボールマガジン社編訳.

(6) Kershaw L., MacKinnon A., Pojar J.（1998）Plants of the Rocky Mountains. Lone Pine Publishing, Alberta.

(7) 小島覚（1986）カナダ―北の森のエコロジー．KYOIKUSHA.

(8) 小島覚（2012）カナダの植生と環境．北海道大学出版会.

(9) Leighton D.（1993）The Canadian Rockies. Altitude Publishing Canada. Vancouver.

(10) Wright R.T., Herger B.（1981）The Canadian Rockies. Whitecap Books, Vancouver.

(11) 山崎敬（1985）フィールド版日本の高山植物．平凡社.

(12) 柳沢純（2003）カナダ、花と氷河のハイキング紀行．千早書房.

(13) Wilkinson K.（1990）Trees and Shrubs of Alberta. Lone Pine Publishing, Alberta.

第1章

(1) Cannings R., Cannings S.（2004）British Columbia. A Natural History, Revised and Updated. Greystone Books, Vancouver.

(2) S.J. グールド著・渡辺政隆訳（2000）ワンダフル・ライフ―バージェス頁岩と生物進化の物語．早川書房.

(3) 木村和男（1999）カナダ史．新版世界各国史 23．山川出版社，東京.

(4) Kraus J.（1986）The Rocky Mountains. Key Porter Books, Toronto.［邦訳：ロッキー山脈，北米大陸の屋根．1994．ベースボールマガジン社，東京］

(5) Lawrence R.D. (2005) The Natural History of Canada. Key Porter Books, Toronto.
(6) Luckman B.H., Osborn G.D. (1979) Holocene glacier fluctuations in the Middle Canadian Rocky Mountains. Quaternary Research 11: 52-77.
(7) Pole G. (1991) The Canadian Rockies, a history in photographs. Altitude Publishing Canada Ltd. Alberta.
(8) Pole G. (1997) Canadian Rockies. An Altitude Superguide. Altitude Publishing Canada Ltd. Alberta.
(9) Roy PE, Thompson JH (2005) British Columbia. Land of Promises. Oxford University Press, Ontario.

第2章

(1) Baig M.N. (1972) Ecology of timberline vegetation in the Rocky mountains in Alberta. Ph.D. thesis, the University of Calgary, Calgary.
(2) Beaudoin A.B., King R.H. (1990) Late Quaternary vegetation history of Wilcox Pass, Jasper National Park, Alberta. Palaeogeography, Palaeoclimatology, Palaeoecology 80: 129-144.
(3) Bloomberg W.J. (1950) Fire and spruce. The Foresty Chronicle 26: 157-161,
(4) Breen K., Lévesque E. (2008) The influence of biological soil crusts on soil characteristics along a high arctic glacier foreland, Nunavut, Canada. Arctic, Antarctic, and Alpine research 40: 287-297.
(5) Cannings R. (2005) The Rockies. A Natural History. Graystone Books, Vancouver.
(6) Cromack R.G.H. (1953) A survey of coniferous forest succession in the eastern Rockies. The Foresty Chronicle 29: 218-232.
(7) Cromack R.G.H. (1956) Spruce-fir climax vegetation in southwestern Alberta. The Foresty Chronicle 32: 346-349.
(8) Daubenmire R.F. (1943) Vegetational zonation in the rocky mountains. The Botanical Review 9: 326-393.
(9) Daubenmire R. (1980) Mountain topography and vegetation patterns. Northwest Science 54: 146-152,
(10) Day R.J. (1967) Whitebark pine in the Rocky Mountains of Alberta. Forestry Chronicle 43: 278-283.
(11) Day R.J. (1970) Shelterwood felling in late successional stands in Alberta's Rocky mountain subalpine forest. The Foresty Chronicle 46: 380-386.
(12) Gorzelak M.A., Hambleton S., Massicotte H.B. (2012) Community structure of ericoid mycorrhizas and root-associated fungi of *Vaccinium membranaceum* across

an elevational gradient in the Canadian Rocky Mountains. Fungal Ecology 5: 36-45.

(13) Gugger P.F., Sugita S., Cavender-Bares J.（2010）Phylogeography of Douglas-fir based on mitochondrial and chloroplast DNA sequences: testing hypotheses from the fossil record. Molecular Ecology 19: 1877-1897.

(14) Hrapko J.O., La Roi G.H.（1978）The alpine tundra vegetation of Signal Mountain, Jasper National Park. Canadian Journal of Botany 56: 309-332.

(15) Hyodo F., Tayasu I., Kanote S., Tondoh J.E., Lavelle P., Wada E.（2008）Gradual enrichment of ^{15}N with humification of diets in a below-ground food web: relationship between ^{15}N and diet age detemined using ^{14}C. Functional Ecology 22: 516-522.

(16) Kay C.E., Patton B., White C.A.（1994）Assessment of long-term terrestrial ecosystem states and processes in Banff National Park and the Central Canadian Rockies. Banff National Park Resource Conservation.

(17) Kearney M.S.（1983）Modern pollen deposition in the Athabasca valley, Jasper National Park. Botanical Gazette 144: 450-459.

(18) Kearney M.S., Luckman B.H.（1983）Postglacial vegetational history of Tonquin Pass, British Colulmbia. Canadian Journal of Earth Science 20: 776-786.

(19) Kearney M.S., Luckman B.H.（1987）A mid-Holocene vegetational and climatic record from the subalpine zone of the Maligne valley, Jasper National Park, Alberta（Canada）. Palaeogeography, Palaeoclimatology, Palaeoecology 59: 227-242.

(20) Kernaghan G., Currah R.S.（1998）Ectomycorrhizal fungi at tree line in the Canadian Rockies. Mycotaxon 69: 39-80.

(21) Kernaghan G., Currah R.S., Bayer R.J.（1997）Russulaceous ectomycorrhizae of *Abies lasiocarpa* and *Picea engelmannii*. Canadian Journal of Botany 75: 1843-1850.

(22) King R.H., Brewster G.R.（1978）The impact of environmental stress on subalpine pedogenesis, Banff National Park, Alberta, Canada. Arctic and Alpine Research 10: 295-312.

(23) Knapik L.L., Scotter G.W., Pettapiece W.W.（1973）Alpine soil and plant community relationships of the Sunshine area, Banff National Park. Arctic and Alpine Research 5: A161-A170.

(24) 小島覚（2012）カナダの植生と環境．北海道大学出版会．

(25) Landhäusser S.M., Deshaies D., Lieffers V.J.（2010）Disturbance facilitates rapid range expansion of aspen into higher elevations of the Rocky Mountains under a warming climate. Journal of Biogeography 37: 68-76.

(26) La Roi G.H., Hnatiuk R.J. (1980) The *Pinus contorta* forests of Banff and Jasper National Parks: a study in comparative synecology and syntaxonomy. Ecological Monograph 50: 1-29.
(27) Lee T.D., La Roi G.H. (1979a) Bryophyte and understory vascular plant beta diversity in relation to moisture and elevation gradients. Vegetatio 40: 29-38.
(28) Lee T.D., La Roi G.H. (1979b) Gradient analysis of bryphytes in Jasper National Park, Alberta. Canadian Journal of Botany 57: 914-925.
(29) MacDonald G.M. (1982) Late Quaternary paleoenvironments of the Morley Flats and Kananaskis Valley of southwestern Alberta. Canadian Journal of Earth Science 19: 23-35.
(30) MacDonald G.M. (1987) Postglacial development of the subalpine-boreal transition forest of western Canada. Journal of Ecology 75: 303-320.
(31) MacDonald G.M., Cwynar L.C. (1985) A fossil pollen based reconstruction of the late Quarternary history of lodgepole pine (*Pinus contorta ssp. latifolia*) in the western interior of Canada. Canadian Journal of Forest Research 15: 1039-1044.
(32) MacKinnon A., Pojar J., Coupe R. (1999) Plants of Northern British Columbia. Second Edition. Lone Pine Publishing, Alberta.
(33) McGillivray B. (2005) Geography of British Columbia. UBC Press,Vancouver.
(34) Meidinger D., Pojar J. (1991) Ecosystems of British Columbia. BC Ministry of Forests, Victoria.
(35) Natural Regions Committee (2006) Natural regions and subregions of Alberta. Compiled by Downing D.J., Pettapiece W.W. Government of Alberta. Pub. No. T/852.
(36) Ochyra R., Lewis Smith R.I., Bednarek-Ochyra H. (2008) The illustrated moss flora of Antarctica. Cambridge University Press, Cambridge.
(37) Osono T., Ueno T., Uchida M., Kanda H. (2012) Abundance and diversity of fungi in relation to chemical changes in arctic moss profiles. Polar Science 6: 121-131.
(38) Pole G. (1997) Canadian Rockies. An Altitude Superguide. Altitude Publishing Canada Ltd. Alberta.
(39) Rajora O.P., Dancik B.P. (2000) Population genetic variation, structure, and evolution in Engelmann spruce, white spruce, and their natural hybrid complex in Alberta. Canadian Journal of Botany 78: 768-780.
(40) Rhemtulla J.M., Hall R.J., Higgs E.S., Macdonald S.E. (2002) Eighty years of change: vegetation in the montane ecoregion of Jasper National Park, Alberta, Canada. Canadian Journal of Forest Research 32: 2010-2021.

(41) Stringer P.W.（1973）An ecological study of grasslands in Banff, Jasper, and Waterton Lakes National Parks. Canadian Journal of Botany 51: 383-411.
(42) Stringer P.W., La Roi G.H.（1970）The Douglas-fir forests of Banff and Jasper National Parks, Canada. Canadian Journal of Botany 48: 1703-1726.
(43) Strong W.L.（1999）Mountain Park area: a plant refugium in the Canadian Rocky Mountains? Journal of Biogeography 26: 413-423.
(44) Ueno T., Osono T., Kanda H.（2009）Inter- and intraspecific variations of the chemical properties of high-Arctic mosses along water-regime gradients. Polar Science 3: 134-138.
(45) Westgate J.A., Dreimanis A.（1967）Volcanic ash layers of recent age at Banff National Park, Alberta, Canada. Canadian Journal of Earth Science 4: 155-161.

第3章

(1) Armstrong R.A.（2011）The biology of the crustose lichen *Rhizocarpon geographicum*. Symbiosis 55: 53-67.
(2) Bassman J.H., Johnson J.D., Fins L., Dobrowolski P.（2003）Rocky mountain ecosystems: diversity, complexity and interactions. Tree Physiology 23: 1081-1089.
(3) Bentz B.J., Régnière J., Fettig C.J., Hansen M., Hayes J.L., Hicke J.A., Kelsey R.G., Negrón J.F., Seybold S.J.（2010）Climate change and bark beetles of the Western United States and Canada: direct and indirect effects. Bioscience 60: 602-613.
(4) Blundon D.J., Dale M.R.T.（1990）Dinitrogen fixation（acetylene reduction）in primary succession near Mount Robson, British Columbia, Canada. Arctic and Alpine Research 22: 255-263.
(5) Blundon D.J., MacIsaac D.A., Dale M.R.T.（1993）Nucleation during primary succession in the Canadian Rockies. Canadian Journal of Botany 71: 1093-1096.
(6) Bray J.R., Struik G.J.（1963）Forest growth and glacial chronology in eastern British Columbia, and their relation to recent climatic trends. Canadian Journal of Botany 41: 1245-1271.
(7) Butler D.R.（1979）Snow avalanche path terrain and vegetation, Glacier National Park, Montana. Arctic and Alpine Research 11: 17-32.
(8) Butler D.R.（1989）Subalpine snow avalanche slopes. The Canadian Geographer 33: 269-273.
(9) Carroll A.L., Safranyik L.（2004）The bionomics of the mountain pine beetle in lodgepole pine forests: establishing a context. In: Shore T.L., Brooks J.E., Stone J.E.（eds）Challenges and Solutions: Proceedings of the Mountain Pine Beetle

Symposium. Kelowna, British Columbia, Canada. Natural Resources Canada, Canadian Forest Service, Pacific Forestry Center, Information Report BC-X-399, pp. 21-32.

(10) Corns I.G.W., La Roi G.H. (1976) A comparison of mature with recently clear-cut and scarified lodgepole pine forests in the Lower Foothills of Alberta. Canadian Journal of Forest Research 6: 20-32.

(11) Cromack R.G.H. (1953) A survey of coniferous forest succession in the eastern Rockies. The Foresty Chronicle 29: 218-232.

(12) Cullingham C.I., Cooke J.E.K., Dang S., Davis C.S., Cooke B.J., Coltman D.W. (2011) Mountain pine beetle host-range expansion threatens the boreal forest. Molecular Ecology 20: 2157-2171.

(13) Dalman D. (2004) Mountain pine beetle management in Canada's mountain national parks. In: Shore T.L., Brooks J.E., Stone J.E. (eds) Challenges and Solutions: Proceedings of the Mountain Pine Beetle Symposium. Kelowna, British Columbia, Canada. Natural Resources Canada, Canadian Forest Service, Pacific Forestry Center, Information Report BC-X-399, pp. 87-93.

(14) De la Giroday H.M.C., Carroll A.L., Aukema B.H. (2012) Breach of the northern Rocky Mountain geoclimatic barrier: initiation of range expansion by the mountain pine beetle. Journal of Biogeography 39: 1112-1123.

(15) Denyer W.B.G., Riley C.G. (1953) Decay in white spruce at the Kananaskis forest experiment station. Forestry Chronicle 29: 233-247.

(16) Ebata T. (2004) Current status of mountain pine beetle in British Columbia. In: Shore T.L., Brooks J.E., Stone J.E. (eds) Challenges and Solutions: Proceedings of the Mountain Pine Beetle Symposium. Kelowna, British Columbia, Canada. Natural Resources Canada, Canadian Forest Service, Pacific Forestry Center, Information Report BC-X-399, pp. 52-56.

(17) Fitter A.H., Parsons W.F.J. (1988) Changes in phosphorus and nitrogen availability on recessional moraines of the Athabasca Glacier, Alberta, Canada. Canadian Journal of Botany 65: 210-213.

(18) Fryer G.I., Johnson E.A. (1988) Reconstructing fire behabiour and effects in a subalpine forest. Journal of Applied Ecology 25: 1063-1072.

(19) Gardner J. (1970) Geomorphic significance of avalanches in the Lake Louise Area, Alberta, Canada. Arctic and Alpine Research 2: 135-144.

(20) Gardner J.S. (1983) Observations on erosion by wet snow avalanches, Mount Rae area, Alberta, Canada. Arctic and Alpine Research 15: 271-274.

(21) Gilbert R.W., Shaw J. (1981) Sedimentation in proglacial Sunwapta Lake, Alberta. Canadian Journal of Earth Science 18: 81-93.

(22) Hallett D.J., Walker R.C.（2000）Paleoecology and its application to fire and vegetation management in Kootenay National Park, British Columbia. Journal of Paleolimnology 24: 401-414.
(23) Hallett D.J., Hills L.V.（2006）Holocene vegetation dynamics, fire history, lake level and climate change in the Kootenay Valley, southeastern British Columbia. Journao f Paleolimnology 35: 351-371.
(24) Hawkes B.C.（1981）Fire history of Kananaskis Provincial Park - mean fire return intervals. In: Stokes M.A., Dieterich J.H.（eds）Proceedings of the fire history workshop. U.S. For. Ser. Gen. Tech. Rep. RM-81, pp. 42-45.
(25) Heusser C.J.（1956）Postlacial environments in the Canadian Rocky Mountains. Ecological Monograph 26: 263-302.
(26) Insam H. and Haselwandter K.（1989）Metabolic quotient of the soil microflora in relation to plant succession. Oecologia 79: 174-178.
(27) Johnson E.A.（1987）The relative importance of snow avalanche disturbance and thinning on canopy plant populations. Ecology 68: 43-53.
(28) Johnson E.A., Fryer G.I.（1987）Historical vegetation change in the Kananaskis Valley, Canadian Rockies. Canadian Journal of Botany 65: 853-858.
(29) Johnson E.A., Fryer G.I.（1989）Population dynamics in lodgepole pine-engelmann spruce forests. Ecology 70: 1335-1345.
(30) Johnson E.A., Larsen C.P.S.（1991）Climatically induced change in fire frequency in the southern Canadian Rockies. Ecology 72: 194-201.
(31) Kay C.E., Patton B., White C.A.（1994）Assessment of long-term terrestrial ecosystem states and processes in Banff National Park and the Central Canadian Rockies. Banff National Park Resource Conservation.
(32) Kite G.W., Reid I.A.（1977）Volumetric change of the Athabasca glacier over the last 100 years. Journal of Hydrology 32: 279-294.
(33) Kohl S.J., van Kessel C, Baker D.D., Grigal D.F., Lawrence D.B.（1994）Assessment of N_2 fixation and N cycling by *Dryas* along a chronosequence within the forelands of the Athabasca glacier, Canada. Soil Biology and Biochemistry 26: 623-632,
(34) Kojima S.（1986）Fen vegetation of Banff National Park, Canada. Phytocoenologia 14: 1-17.
(35) 小島覚（2012）カナダの植生と環境．北海道大学出版会．
(36) Kostaschuk R.A., MacDonald G.M., Jackson Jr L.E.（1987）Rocky Mountain alluvial fans. The Canadian Geographer 31: 366-368.
(37) Kucera R.E.（1999）Exploring the Columbia Icefield. Special 5th edition. High Country Colour, Calgary.

(38) Landhäusser S.M., Deshaies D., Lieffers V.J. (2010) Disturbance facilitates rapid range expansion of aspen into higher elevations of the Rocky Mountains under a warming climate. Journal of Biogeography 37: 68-76.
(39) La Roi G.H., Hnatiuk R.J. (1980) The *Pinus contorta* forests of Banff and Jasper National Parks: a study in comparative synecology and syntaxonomy. Ecological Monograph 50: 1-29.
(40) Luckman B.H. (1977) Lichenometric dating of Holocene moraines at Mount Edith Cavell, Jasper, Alberta. Canadian Journal of Earth Science 114: 1809-1822.
(41) Luckman B.H. (1978) Geomorphic work of snow avalanches in the Canadian Rocky Mountains. Arctic and Alpine Research 10: 261-276.
(42) Luckman B.H. (1988) Dating the moraines and recession of Athabasca and Dome glaciers, Alberta, Canada. Arctic and Alpine Research 20: 40-54.
(43) Luckman B.H. (1995) Calendar-dated, early 'Little Ice Age' glacier advance at Robson Glacier, British Columbia. The Holocene 5: 149-159.
(44) Masters A.M. (1990) Changes in forest fire frequency in Kootenay National Park, Canadian Rockies. Canadian Journal of Botany 68: 1763-1767.
(45) Matthews J.A. (1992) The ecology of recently-deglaciated terrain. A geoecological approach to glacier forelands and primary succession. Cambridge University Press, Cambridge.
(46) Meyn A., Taylor S.W., Flannigan M.D., Thonicke K., Cramer W. (2010) Relationship between fire, climate oscillations, and drought in British Columbia, Canada, 1920-2000. Global Change Biology 16: 977-989.
(47) Mori A.S. (2011) Climatic variability regulates the occurrence and extent of large fires in the subalpine forests of the Canadian Rockies. Ecosphere 2: 7.
(48) Mori A.S., Lertzman K.P. (2011) Historic variability in fire-generated landscape heterogeneity of sualpine forests in the Canadian Rockies. Journal of Vegetation Science 22: 45-58.
(49) Mustaphi C.J.C., Pisaric M.F.J. (2013) Varying influence of climate and aspect as controls of montane forest fire regimes during the late Holocene, south-eastern British Columbia, Canada. Journal of Biogeography 40: 1983-1996.
(50) 大園享司 (2011) 病原菌との相互作用が作り出す森林の種多様性. 日本生態学会誌 61: 297-309.
(51) Roe A.D., James P.M.A., Rice A.V., Cooke J.E.K., Sperling F.A.H. (2011) Spatial community structure of mountain pine beetle fungal symbionts across a latitudinal gradient. Microbial Ecology 62: 347-360.
(52) Roed M.A., Wasylyk D.G. (1973) Age of inactive alluvial fan - Bow River valley,

Alberta. Canadian Journal of Earth Science 10: 1834-1840.
(53) Safranyik L. (2004) Mountain pine beetle epidemiology in lodgepole pine. In: Shore T.L., Brooks J.E., Stone J.E. (eds) Challenges and Solutions: Proceedings of the Mountain Pine Beetle Symposium. Kelowna, British Columbia, Canada. Natural Resources Canada, Canadian Forest Service, Pacific Forestry Center, Information Report BC-X-399, pp. 33-40.
(54) Samarasekera G.D.N.G., Bartell N.V., Lindgren B.S., Cooke J.E.K., Davis C.S., James P.M.A., Coltman D.W., Mock K.E., Murray B.W. (2012) Spatial genetic structure of the mountain pine beetle (*Dendroctonus ponderosae*) outbreak in western Canada: historical patterns and contemporary dispersal. Molecular Ecology 21: 2931-2948.
(55) Sambaraju K.R., Carroll A.L., Zhu J., Stahl K., Moore R.D., Aukema B.H. (2011) Climate change could alter the distribution of mountain pine beetle outbreaks in western Canada. Ecography 34: 1-13.
(56) Sandford R.W. (1993) The Columbia Icefield. An Altitude Superguide. Altitude Publishing Canada Ltd. Alberta.
(57) Smith D.J., McCarthy D.P., Luckman B.H. (1994) Snow-avalanche impact pools in the Canadian Rocky Mountains. Arctic and Alpine Research 26: 116-127.
(58) Sondheim M.W., Standish J.T. (1983) Numerical analysis of a chronosequence including an assessment of variability. Canadian Journal of Soil Science 63: 501-517.
(59) Tande G.F. (1979) Fire history and vegetation pattern of coniferous forests in Jasper National Park, Alberta. Canadian Journal of Botany 57: 1912-1931.
(60) Tande G.F. (1981) Interpreting fire history in Jasper National Park, Alberta. In: Stokes M.A., Dieterich J.H. (eds) Proceedings of the fire history workshop. U.S. For. Ser. Gen. Tech. Rep. RM-81, pp. 31-34.
(61) Taylor S.W., Carroll A.L. (2004) Disturbance, forest age, and mountain pine beetle outbreak dynamics in BC: a historical perspective. In: Shore T.L., Brooks J.E., Stone J.E. (eds) Challenges and Solutions: Proceedings of the Mountain Pine Beetle Symposium. Kelowna, British Columbia, Canada. Natural Resources Canada, Canadian Forest Service, Pacific Forestry Center, Information Report BC-X-399, pp. 41-51.
(62) Tisdale E.W., Fosberg M.A., Poulton C.E. (1966) Vegetation and soil development on a recently glaciated area near Mount Robson, British Columbia. Ecology 47: 517-523.
(63) White C. (1985) Wildland fires in Banff National Park 1880-1980. Occasional Paper 3. National Parks Branch, Parks Canada, Environmental Canada, Ottawa.

第4章

(1) Aber J.D., Mellilo J.M. (1982) Nitrogen immobilization in decaying hardwood leaf litter as a function of initial nitrogen and lignin content. Canadian Journal of Botany 60: 2263-2269.

(2) Anderson J.P.E., Domsch K.H. (1978) A physiological method for the quantitative measurement of microbial biomass in soil. Soil Biology & Biochemistry 10: 215-221.

(3) Berg B. (1986) Nutrient release from litter and humus in coniferous forest soils - a mini review. Scandinavian Journal of Forest Research 1: 359-369.

(4) Berg B., McClaugherty C. (2003) Plant litter, decomposition, humus formation, and carbon sequestration. Springer, Berlin.

(5) Coxson D.S., Parkinson D. (1987) Winter respiratory activity in aspen woodland forest floor litter and soils. Soil Biology & Biochemistry 19: 49-59.

(6) Cragg J.B., Carter A., Leischner C., Peterson E.B., Sykes G.N. (1977) Litter fall and chemical cycling in an aspen (*Populus tremuloides*) woodland ecosystem in the Canadian Rockies. Pedobiologia 17: 428-443.

(7) Howell J.D., Harris S.A. (1978) Soil-forming factors in the Rocky Mountains of southwestern Alberta, Canada. Arctic and Alpine Research 10: 313-324.

(8) Hrapko J.O., La Roi G.H. (1978) The alpine tundra vegetation of Signal Mountain, Jasper National Park. Canadian Journal of Botany 56: 309-332.

(9) Insam H., Haselwandter K. (1989) Metabolic quotient of the soil microflora in relation to plant succession. Oecologia 79: 174-178.

(10) Johnson E.A., Greene D.F. (1991) A method for studying dead bole dynamics in *Pinus contorta* var. *latifolia-Picea engelmannii* forests. Journal of Vegetation Science 2: 523-530.

(11) King R.H., Brewster G.R. (1976) Characteristics and genesis of some subalpine Podzols (Spodosols) , Banff National Park, Alberta. Arctic and Alpine Research 8: 91-104.

(12) King R.H., Brewster G.R. (1978) The impact of environmental stress on subalpine pedogenesis, Banff National Park, Alberta, Canada. Arctic and Alpine Research 10: 295-312.

(13) Kjøller A., Struwe S. (1982) Microfungi in ecosystems: fungal occurrence and activity in litter and soil. Oikos 39: 389-422.

(14) Knapik L.L., Scotter G.W., Pettapiece W.W. (1973) Alpine soil and plant community relationships of the Sunshine area, Banff National Park. Arctic and Alpine Research 5: A161-A170.

(15) Laiho R., Prescott C.E. (1999) The contribution of coarse woody debris to carbon, nitrogen, and phosphorus cycles in three Rocky Mountain coniferous forests. Canadian Journal of Forest Research 29: 1592-1603.
(16) Lousier J.D., Parkinson D. (1976) Litter decomposition in a cool temperate deciduous forest. Canadian Journal of Botany 54: 419-436.
(17) Lousier J.D., Parkinson D. (1978) Chemical element dynamics in decomposing leaf litter. Canadian Journal of Botany 56: 2795-2812.
(18) Lousier J.D., Parkinson D. (1979) Organic matter and chemical element dynamics in an aspen woodland soil. Canadian Journal of Forest Research 9: 449-463.
(19) Ogilvie R.T., Baptie B. (1967) A permafrost profile in the Rocky Mountains of Alberta. Canadian Journal of Earth Science 4: 744-745.
(20) Olson J. (1963) Energy storage and the balance of produces and decomposers in ecological systems. Ecology 44: 322-331.
(21) 大園享司（2008）カナダにおけるリター分解の地域間比較：CIDETプロジェクトの成果と課題．日本生態学会誌 58: 87-101.
(22) 大園享司・武田博清（2006）森林生態系における分解系の働き．（陸域生態系の科学　地球環境と生態系．武田博清・占部城太郎編，共立出版，東京）．96-119.
(23) Osono T. (2011) Diversity and functioning of fungi associated with leaf litter decomposition in an Asian climatic gradient. Fungal Ecology 4: 375-385.
(24) Osono T., Takeda H. (2004) Accumulation and release of nitrogen and phosphorus in relation to lignin decomposition in leaf litter of 14 tree species in a cool temperate forest. Ecological Research 19: 593-602.
(25) Parkinson D., Gray T.R.G., Williams S.T. (1977) Methods for Studying the Ecology of Soil Microorganisms. Blackwell, Oxford.
(26) Parsons W.F.J., Taylor B.R., Parkinson D. (1990) Decomposition of aspen (*Populus tremuloides*) leaf litter modified by leaching. Canadian Journal of Forest Research 20: 943-951.
(27) Petersen H., Luxton M. (1982) A comparative analysis of soil fauna populations and their role in decomposition processes. Oikos 39: 287-388.
(28) Prescott C.E., Corbin J.P., Parkinson D. (1989a) Biomass, productivity, and nutrient-use efficiency of aboveground vegetation in four Rocky Mountain coniferous forests. Canadian Journal of Forest Research 19: 309-317.
(29) Prescott C.E., Corbin J.P., Parkinson D. (1989b) Input, accumulation, and residence times of carbon, nitrogen, and phosphorus in four Rocky Mountain coniferous forests. Canadian Journal of Forest Research 19: 489-498.

(30) Prescott C.E., Corbin J.P., Parkinson D. (1992a) Availability of nitrogen and phosphorus in the forest floors of Rocky Mountain coniferous forests. Canadian Journal of Forest Research 22: 593-600.
(31) Prescott C.E., Corbin J.P., Parkinson D. (1992b) Immobilization and availability of N and P in the forest floors of fertilized Rocky Mountain coniferous forests. Plant and Soil 143: 1-10.
(32) Prescott C.E., Taylor B.R., Parsons W.F.J., Durall D.M., Parkinson D. (1993) Nutrient release from decomposing litter in Rocky Mountain coniferous forests: influence of nutrient availability. Canadian Journal of Forest Research 23: 1576-1586.
(33) Taylor B.R., Parkinson D. (1988a) A new microcosm approach to litter decomposition studies. Canadian Journal of Botany 66: 1933-1939.
(34) Taylor B.R., Parkinson D. (1988b) Annual difference in quality of leaf litter of aspen (*Populus tremuloides*) affecting rates of decomposition. Canadian Journal of Botany 66: 1940-1947.
(35) Taylor B.R., Parkinson D. (1988c) Respiration and mass loss rates of aspen and pine leaf litter decomposing in laboratory microcosms. Canadian Journal of Botany 66: 1948-1959.
(36) Taylor B.R., Parkinson D. (1988d) Aspen and pine leaf litter decomposition in laboratory microcosms. II. Interactions of temperature and moisture level. Canadian Journal of Botany 66: 1966-1973.
(37) Taylor B.R., Parkinson D. (1988e) Does repeated wetting and drying accelerate decay of leaf litter? Soil Biology & Biochemistry 20: 647-656.
(38) Taylor B.R., Parkinson D. (1988f) Does repeated freezing and thawing accelerate decay of leaf litter? Soil Biology & Biochemistry 20: 657-665.
(39) Taylor B.R., Parkinson D. (1989) Decomposition of *Populus tremuloides* leaf litter accelerated by addition of *Alnus crispa* litter. Canadian Journal of Forest Research 19: 674-679.
(40) Taylor B.R., Parkinson D., Parsons W.F.J. (1989) Nitrogen and lignin content as predictors of litter decay rates: a microcosm test. Ecology 70: 97-104.
(41) Taylor B.R., Prescott C.E., Parsons W.J.F., Parkinson D. (1991) Substrate control of litter decomposition in four Rocky Mountain coniferous forests. Canadian Journal of Botany 69: 2242-2250.
(42) Thirukkumaran C.M., Parkinson D. (2000) Microbial respiration, biomass, metabolic quotient and litter decomposition in a lodgepole pine forest floor amended with nitrogen and phosphorus fertilizers. Soil Biology & Biochemistry 32: 59-66.

(43) Thirukkumaran C.M., Parkinson D. (2002) Microbial activity, nutrient dynamics and litter decomposition in a Canadian Rocky Mountain pine forest as affected by N and P fertilizers. Forest Ecology and Management 159: 187-201.
(44) 堤利夫 (1989) 森林生態学. 朝倉書店、東京.

第5章

(1) Anderson J.P.E., Domsch K.H. (1978) A physiological method for the quantitative measurement of microbial biomass in soil. Soil Biology & Biochemistry 10: 215-221.
(2) Bissett J., Parkinson D. (1979a) The distribution of fungi in some alpine soils. Canadian Journal of Botany 57: 1609-1629.
(3) Bissett J., Parkinson D. (1979b) Fungal community structure in some alpine soils. Canadian Journal of Botany 57: 1630-1641.
(4) Bissett J., Parkinson D. (1979c) Functional relationships between soil fungi and environment in alpine tundra. Canadian Journal of Botany 57: 1642-1659.
(5) Bissett J., Parkinson D. (1980) Long-term effects of fire on the composition and activity of the soil microflora of a subalpine, coniferous forest. Canadian Journal of Botany 58: 1704-1721.
(6) Boyd E.S., Skidmore M., Mitchell A.C., Bakermans C., Peters J.W. (2010) Metanogenesis in subglacial sediments. Environmental Microbiology Reports 2: 685-692.
(7) Coûteaux M.M., Sarmiento L., Bottner P., Acevedo D., Thiéry J.M. (2002) Decomposition of standard plant material along an altitudinal transect (65-3968 m) in the tropical Andes. Soil Biology & Biochemistry 34: 69-78.
(8) Dash M.C., Cragg J.B. (1972a) Selection of microfungi by Enchytraediae (Oligochaeta) and other members of the soil fauna. Pedobiologia 12: 282-286.
(9) Dash M.C., Cragg J.B. (1972b) Ecology of Enchytraeidae (Oligochaeta) in Canadian Rocky Mountain soils. Pedobiologia 12: 323-335.
(10) De Bellis T., Kernaghan G., Widden P. (2007) Plant community influences on soil microfungal assemblages in boreal mixed-wood forests. Mycologia 99: 356-367.
(11) Dinishi Jayasinghe B.A.T., Parkinson D. (2008) Actinomycetes as antagonists of litter decomposer fungi. Applied Soil Ecology 38: 109-118.
(12) Dymond P., Scheu S., Parkinson D. (1997) Density and distribution of Dendrobaena octaedra (Lumbricidae) in aspen and pine forests in the Canadian Rocky Mountains (Alberta) . Soil Biology & Biochemistry 29: 265-273.
(13) Eisenhauer N., Partsch S., Parkinson D., Scheu S. (2007) Invasion of a

deciduous forest by earthworms: changes in soil chemistry, microflora, microarthropods and vegetation. Soil Biology & Biochemistry 39: 1099-1110.
(14) Gams W.（2007）Compendium of soil fungi, 2nd ed. IHW-Verlag & Verlagsbuchhandlung, Eching.
(15) Hassall M., Visser S., Parkinson D.（1986a）Vertical migration of *Onychiurus subtenuis*（Collembola）in relation to rainfall and microbial activity. Pedobiologia 29: 175-182.
(16) Hassall M., Parkinson D., Visser S.（1986b）Effects of the collembolan *Onychiurus subtenuis* on decomposition of *Populus tremuoides* leaf litter. Pedobiologia 29: 219-225.
(17) 広瀬大・大園享司（2011）菌類の生物学．京都大学学術出版会．
(18) Kaneko N., McLean M.A., Parkinson D.（1995）Grazing preference of *Onychiurus subtenuis*（Collembola）and *Oppiella nova*（Oribatei）for fungal species inoculated on pine needles. Pedobiologia 39: 538-546.
(19) Kaneko N., McLean M.A., Parkinson D.（1998）Do mites and Collembola affect pine litter fungal biomass and microbial respiration? Applied Soil Ecology 9: 209-213.
(20) Lousier J.D.（1974a）Effects of experimental soil moisture fluctuations on turnover rates of Testacea. Soil Biology & Biochemistry 6: 19-26.
(21) Lousier J.D.（1974b）Response of soil Testacea to soil moisture fluctuations. Soil Biology & Biochemistry 6: 235-239.
(22) Lousier J.D.（1984a）Population dynamics and production studies of species of Euglyphidae（Testacea, Rhizopoda, Protozoa）in an aspen woodland soil. Pedobiologia 26: 309-330.
(23) Lousier J.D.（1984b）Population dynamics and production studies of *Phryganella acropodia* and *Difflugiella oviformis*（Testacea, Rhizopoda, Protozoa）in an aspen woodland soil. Pedobiologia 26: 331-347.
(24) Lousier J.D., Parkinson D（1982）Colonization of decomposing deciduous leaf litter by Testacea（Protozoa, Rhizopoda）: species succession, abundance, and biomass. Oecologia 52: 381-388.
(25) Lousier J.D., Parkinson D.（1984）Annual population dynamics and production ecology of Testacea（Protozoa, Rhizopoda）in an aspen woodland soil. Soil Biology & Biochemistry 16: 103-114.
(26) Masters A.M.（1990）Changes in forest fire frequency in Kootenay National Park, Canadian Rockies. Canadian Journal of Botany 68: 1763-1767.
(27) McLean M.A., Kolodka D.U., Parkinson D.（1996）Survival and growth of *Dendrobaena octaedra*（Savigny）in pine forest floor materials. Pedobiologia 40:

281-288.
(28) McLean M.A., Parkinson D. (1997a) Changes in structure, organic matter and microbial activity in pine forest soil following the introduction of *Dendrobaena octaedra* (Oligochaeta, Lumbricidae) . Soil Biology & Biochemistry 29: 537-540.
(29) McLean M.A., Parkinson D. (1997b) Soil impacts of the epigeic earthworm Dendrobaena octaedra on organic matter and microbial activity in lodgepole pine forest. Canadian Journal of Forest Research 27: 1907-1913.
(30) McLean M.A., Parkinson D. (1998a) Impacts of the epigeic earthworm *Dendrobaena octaedra* on oribatid mite community diversity and microarthropod abundances in pine forest floor: a mesocosm study. Applied Soil Ecology 7: 125-136.
(31) McLean M.A., Parkinson D. (1998b) Impacts of the epigeic earthworm *Dendrobaena octaedra* on microfungal community structure in pine forest floor: a mesocosm study. Applied Soil Ecology 8: 61-75.
(32) McLean M.A., Parkinson D. (2000) Field evidence of the effects of the epigeic earthworm *Dendrobaena octaedra* on the microfungal community in pine forest floor. Soil Biology & Biochemistry 32: 351-360.
(33) Migge-Kleian S., McLean M.A., Maerz J.C., Heneghan L. (2006) The influence of invasive earthworms on indigenous fauna in ecosystems previously uninhabited by earthworms. Biological Invasions 8: 1275-1285.
(34) Mitchell M.J. (1977) Population dynamics of oribatid mites (Acari, Cryptostigmata) in an aspen woodland soil. Pedobiologia 17: 305-319.
(35) Mitchell M.J. (1978) Vertical and horizontal distributions of oribatid mites (Acari: Cryptostigmata) in an aspen woodland soil. Ecology 59: 516-525,
(36) Mitchell M.J., Parkinson D. (1976) Fungal feeding of orbatid mites (Acari: Cryptostigmata) in an aspen woodland soil. Ecology 57: 302-312.
(37) Osono T. (2007) Ecology of ligninolytic fungi associated with leaf litter decomposition. Ecological Research 22: 955-974.
(38) 大園享司 (2009) わが国における樹木の葉圏菌類（エンドファイト・エピファイト）の生態学的研究．日本菌学会会報 50: 1-20.
(39) Osono T. (2014) Hyphal length in the forest floor and soil of subtropical, temperate, and subalpine forests. Journal of Forest Research 20: 69-76.
(40) Osono T., Mori A. (2004) Distribution of phyllosphere fungi within the canopy of Giant dogwood. Mycoscience 45: 161-168.
(41) Osono T., Ueno T., Uchida M., Kanda H. (2012) Abundance and diversity of fungi in relation to chemical changes in arctic moss profiles. Polar Science 6: 121-131.

(42) Osono T., Matsuoka S., Hirose D., Uchida M. & Kanda H.（2014）Fungal colonization and decomposition of leaves and stems of Salix arctica on deglaciated moraines in high-Arctic Canada. Polar Science 8: 207-216.
(43) Parkinson D., Visser S., Whittaker J.B.（1979）Effects of collembolan grazing on fungal colonization of leaf litter. Soil Biology & Biochemistry 11: 529-535.
(44) Petersen H., Luxton M.（1982）A comparative analysis of soil fauna populations and their role in decomposition processes. Oikos 39: 287-388.
(45) Scheu S., Parkinson D.（1994a）Effects of earthworms on nutrient dynamics, carbon turnover and microorganisms in soils from cool temperate forests of the Canadian Rocky Mountains - laboratory studies. Applied Soil Ecology 1: 113-125.
(46) Scheu S., Parkinson D.（1994b）Effects of invasion of an aspen forest（Canada）by *Dendrobaena octaedra*（Lumbricidae）on plant growth. Ecology 75: 2348-2361.
(47) Scheu S., Parkinson D.（1994c）Changes in bacterial and fungal biomass C, bacterial and fungal biovolume and ergosterol content after drying, remoistening and incubation of different layers of cool temperate forest soils. Soil Biology & Biochemistry 26: 1515-1525.
(48) Scheu S., Parkinson D.（1995）Successional changes in microbial biomass, respiration and nutrient status during litter decomposition in an aspen and pine forest. Biology and Fertility of Soils 19: 327-332.
(49) 武田博清（2002）トビムシの住む森―土壌動物から見た森林生態系. 京都大学学術出版会.
(50) 武田博清・大園享司　有機物の分解をめぐる微生物と土壌動物の関係. 土壌微生物生態学（掘越孝雄・二井一禎編）、朝倉書店、2003、97-113.
(51) Visser S., Parkinson D.（1975）Fungal succession on aspen poplar leaf litter. Canadian Journal of Botany 53: 1640-1651.
(52) Visser S., Whittaker J.B.（1977）Feeding preferences for certain litter fungi by *Onychiurus subtenuis*（Collembola）. Oikos 29: 320-325.
(53) Visser S., Whittaker J.B., Parkinson D.（1981）Effects of collembolan grazing on nutrient release and respiration of a leaf litter inhabiting fungus. Soil Biology & Biochemistry 13: 215-218.
(54) Visser S., Parkinson D., Hassall M.（1987）Fungi associated with *Onychiurus subtenuis*（Collembola）in an aspen woodland. Canadian Journal of Botany 65: 635-642.
(55) Whittaker J.B.（1981）Feeding of *Onychiurus subtenuis*（Collembola）at snow melt in aspen litter in the Canadian Rocky Mountains. Oikos 36: 203-206.
(56) Widden P.（1979）Fungal populations from forest soils in southern Quebec.

Canadian Journal of Botany 57: 1324-1331.
(57) Widden P., Parkinson D.（1973）Fungi from Canadian coniferous forest soils. Canadian Journal of Botany 51: 2275-2290.
(58) Widden P., Parkinson D.（1975）The effects of forest fire on soil microfungi. Soil Biology & Biochemistry 7: 125-138.
(59) Widden P., Parkinson D.（1979）Populations of fungi in a high arctic ecosystem. Canadian Journal of Botany 57: 2408-2417.
(60) Wildman H.G., Parkinson D.（1979）Microfungal succession on living leaves of *Populus tremuloides*. Canadian Journal of Botany 57: 2800-2811.
(61) Wildman H.G., Parkinson D.（1981a）Comparison of germination of *Cladosporium herbarum* and *Botrytis cinerea* conidia *in vitro* in relation to nutrient conditions on leaf surfaces. Canadian Journal of Botany 59: 584-561.
(62) Wildman H.G., Parkinson D.（1981b）Seasonal changes in water-soluble carbohydrates of *Populus tremuloides* leaves. Canadian Journal of Botany 59: 862-869.

第6章

(1) Arocena J.M., Nepal S.K., Rutherford M.（2006）Visitor-induced changes in the chemical composition of soils in backcountry areas of Mt Robson Provincial Park, British Columbia, Canada. Journal of Environmental Management 79: 10-19.
(2) Banci V., Demarchi D.A., Archibald W.R.（1994）Evaluation of the population status of grizzly bears in Canada. International Conference on Bear Research and Management 9: 129-142.
(3) Benn B., Herrero S.（2002）Grizzly bear mortality and human access in Banff and Yoho National Parks, 1971-98. Ursus 13: 213-221.
(4) Berland A., Nelson T., Stenhouse G., Graham K., Cranston J.（2008）The impact of landscape disturbance on grizzly bear habitat use in the Foothills Model Forest, Alberta, Canada. Forest Ecology and Management 256: 1875-1883.
(5) Boulanger J., Stenhouse G（2009）Demography of Alberta grizzly bears: 1999-2009. Nelson, BC: Integrated Ecological Research.
(6) Breen K., Lévesque E.（2008）The influence of biological soil crusts on soil characteristics along a high arctic glacier foreland, Nunavut, Canada. Arctic, Antarctic, and Alpine research 40: 287-297.
(7) Carroll C., Noss R.F., Paquet P.C.（2001）Carnivores as focal species for conservation planning in the Rocky Mountain region. Ecological Applications

11: 961-980.
(8) Chamberlain E.C., Rutherford M.B., Gibeau M.L. (2012) Human perspectives and conservation of grizzly bears in Banff National Park, Canada. Conservation Biology 26: 420-431.
(9) Clark D.A., Slocombe D.S. (2011) Grizzly bear conservation in the Foothills Model Forest: appraisal of a collaborative ecosystem management effort. Policy Science 44: 1-11.
(10) Clevenger A.P., Waltho N. (2000) Factors influencing the effectiveness of wildlife underpasses in Banff National Park, Alberta, Canada. Conservation Biology 14: 47-56.
(11) Crisfield V.E., Macdonald S.E., Gould A.J. (2012) Effects of recreational traffic on alpine plant communities in the Northern Canadian Rockies. Arctic, Antarctic, and Alpine Research 44: 277-287.
(12) Garshelis D.L., Gibeau M.L., Herrero S. (2005) Grizzly bear demographics in and around Banff National Park and Kananaskis Country, Alberta. Journal of Wildlife Management 69: 227-297.
(13) Gaulton R., Hilker T., Wulder M.A., Coops N.C., Stenhouse G. (2011) Characterizing stand-replacing disturbance in western Alberta grizzly bear habitat, using a satellite-derived high temporal and spatial resolution change sequence. Forest Ecology and Management 261: 865-877.
(14) Gibeau M.L. (1998) Grizzly bear habitat effectiveness model for Banff, Yoho, and Kootenay National Parks, Canada. Ursus 10: 235-241.
(15) Gibeau M.L., Clevenger A.P., Herrero S., Wierzchowski J. (2002) Grizzly bear response to human development and activities in the Bow River Watershed, Alberta, Canada. Biological Conservation 103: 227-236.
(16) Graham K., Boulanger J., Duval J., Stenhouse G. (2010) Spatial and temporal use of roads by grizzly bears in west-central Alberta. Ursus 21: 43-56.
(17) Hamer D. (1996) Buffaloberry [*Shepherdia canadensis* (L.) Nutt.] fruit production in fire-successional bear feeding sites. Journal of Range Management 49: 520-529.
(18) Hamer D., Herrero S. (1987a) Wildfire's influence on grizzly bear feeding ecology in Banff National Park, Alberta. International Conference on Bear Research and Management 7: 179-186.
(19) Hamer D., Herrero S. (1987b) Grizzly bear food and habitat in the front ranges of Banff National Park, Alberta. International Conference on Bear Research and Management 7: 199-213.
(20) Hebblewhite M., Pletscher D.H. (2002) Effects of elk group size on predation

by wolves. Canadian Journal of Zoology 80: 800-809.
(21) Hebblewhite M., Pletscher D.H., Paquet P.C.（2002）Elk population dynamics in areas with and without predation by recolonizing wolves in Banff National Park, Alberta. Canadian Journal of Zoology 80: 789-799.
(22) Hebblewhite M., White C.A., Nietvelt C.G., McKenzie J.A., Hurd T.E., Fryxell J.M., Bayley S.E., Paquet P.C.（2005）Human activity mediates a trophic cascade caused by wolves. Ecology 86: 2135-2144.
(23) Herrero S.（1994）The Canadian national parks and grizzly bear ecosystems: the need for interagency management. International Conference on Bear Research and Management 9: 7-21.
(24) Hood G.A., Parker K.L.（2001）Impact of human activities on grizzly bear habitat in Jasper National Park. Wildlife Society Bulletin 29: 624-638.
(25) Huggard D.J.（1993a）Prey selectivity of wolves in Banff National Park. I. Prey species. Canadian Journal of Zoology 71: 130-139.
(26) Huggard D.J.（1993b）Prey selectivity of wolves in Banff National Park. II. Age, sex, and condition of elk. Canadian Journal of Zoology 71: 140-147.
(27) 森章（2012）エコシステムマネジメント、共立出版.
(28) McLellan B.N., Hovey F.W., Mace R.D., Woods J.G., Carney D.W., Gibeau M.L., Wakkinen W., Kasworm W.F.（1999）Rates and causes of grizzly bear mortality in the interior mountains of British Columbia, Alberta, Montana, Washington, and Idaho. Journal of Wildlife Management 63: 911-920.
(29) Munro R.H.M., Nielsen S.E., Price M.H., Stenhouse G.B., Boyce M.S.（2006）Seasonal and diel patterns of grizzly bear diet and activity in west-central Alberta. Journal of Mammalogy 87: 1112-1121.
(30) Nelson J.G., Byrne A.R.（1966）Man as an instrument of landscape change. Fires, floods, and national parks in the Bow Valley, Alberta. Geographical Review 56: 226-238.
(31) Nepal S.K., Way P.（2007a）Comparison of vegetation conditions along two backcountry trails in Mount Robson Provincial Park, British Columbia（Canada）. Journal of Environmental Management 82: 240-249.
(32) Nepal S.K., Way P.（2007b）Characterizing and comparing backcountry trail conditions in Mount Robson Provincial Park, Canada. Ambio 36: 394-400.
(33) Nielsen S.E., Boyce M.S., Stenhouse G.B., Munro R.H.M.（2003）Development and testing of phenologically driven grizzly bear habitat models. Écoscience 10: 1-10.
(34) Nielsen S.E., Herrero S., Boyce M.S., Mace R.D., Benn B., Gibeau M.L., Jevons S.（2004）Modelling the spatial distribution of human-caused grizzly bear

mortalities in the Central Rockies ecosystem of Canada. Biological Conservation 120: 101-113.
(35) Nielsen S.E., Stenhouse G.B., Boyce M.S.（2006）A habitat-based framework for grizzly bear conservation in Alberta. Biological Conservation 130: 217-229.
(36) Northrup J.M., Pitt J., Muhly T.B., Stenhouse G.B., Musiani M., Boyce M.S.（2012a）Vehicle traffic shapes grizzly bear behaviour on a multiple-use landscape. Journal of Applied Ecology 49: 1159-1167.
(37) Northrup J.M., Stenhouse G.B., Boyce M.S.（2012b）Agricultural lands as ecological traps for grizzly bears. Animal Conservation 15: 369-377.
(38) Pole G.（1997）Canadian Rockies. An Altitude Superguide. Altitude Publishing Canada Ltd. Alberta.
(39) Proctor M., McLellan B., Boulanger J., Apps C., Stenhouse G., Paetkau D., Mowat G.（2010）Ecological investigations of grizzly bears in Canada using DNA from hair, 1995-2005: a review of methods and progress. Ursus 21: 169-188.
(40) Roever C.L., Boyce M.S., Stenhouse G.B.（2008）Grizzly bears and forestry. II. Grizzly bear habitat selection and conflicts with road placement. Forest Ecology and Management 256: 1262-1269.
(41) Roever C.L., Boyce M.S., Stenhouse G.B.（2010）Grizzly bear movements relative to roads: application of step selection functions. Ecography 33: 1113-1122.
(42) Rutherford M.B., Gibeau M.L., Clark S.G., Chamberlain E.C.（2009）Interdisciplinary problem solving workshops for grizzly bear conservation in Banff National Park, Canada. Policy Science 42: 163-187.
(43) Sawaya M.A., Stetz J.B., Clevenger A.P., Gibeau M.L., Kalinowski S.T.（2012）Estimating grizzly and black bear population abundance and trend in Banff National Park using noninvasive genetic sampling. PlosONE 7: e34777.
(44) Stenhouse G., Boulanger J., Lee J., Graham K., Duval J., Cranston J.（2005）Grizzly bear associations along the eastern slopes of Alberta. Ursus 16: 31-40.
(45) Stewart B.P., Nelson T.A., Wulder M.A., Nielsen S.E., Stenhouse G.（2012）Impact of disturbance characteristics and age on grizzly bear habitat selection. Applied Geography 34: 614-625.
(46) Wasser S.K., Davenport B., Ramage E.R., Hunt K.E., Parker M., Clarke C., Stenhouse G.（2004）Scat detection dogs in wildlife research and management: application to grizzly and black bears in the Yellowhead Ecosystem, Alberta, Canada. Canadian Journal of Zoology 82: 475-492.
(47) White C.A., Feller M.C., Bayley S.（2003）Predation risk and the functional

response of elk-aspen herbivory. Forest Ecology and Management 181: 77-97.

付録　生物名リスト

和名，英名（学名）の順.

植物名

ミヤマツガ　mountain hemlock（*Tsuga mertensiana*）
ポンデローサマツ　ponderosa pine（*Pinus ponderosa*）
アメリカツガ　western hemlock（*Tsuga heterophylla*）
チョウノスケソウ　white mountain-avens（*Dryas octopetala*）
ホッキョクヤナギ　arctic willow（*Salix arctica*）
ヒロハヤマハハコ　rosy pussytoes, woolly possytoes（*Antennaria lanata*）
クロホタカネスゲ　black alpine sedge（*Carex nigricans*）
オニイワヒゲ　four-angled mountain heath（*Cassiope tetragona*）
ネバリツガザクラ　yellow mountain heather（*Phyllodoce glanduliflora*）
レッドステムドサキシフリッジ　red-stemmed saxifrage（*Saxifraga lyallii*）
ヨモギ属　（*Artemisia*）
コントルタマツ　lodgepole pine（*Pinus contorta*）
シロハダマツ　white bark pine（*Pinus albicaulis*）
エンゲルマントウヒ　Engelmann spruce（*Picea engelmannii*）
ミヤマモミ　subalpine fir（*Abies lasiocarpa*）
タカネカラマツ　subalpine larch（*Larix lyallii*）
ヤナギ属　willow（*Salix*）
ヒメカンバ　glandular birch（*Betula glandulosa*）
スノキ属　（*Vaccinium*）
カバノキ属　birch（*Betula*）
カナダスノキ　black huckleberry（*Vaccinium membranaceum*）
雑種トウヒ　interior spruce（*Picea engelmannii* × *P. glauca*）
カナダトウヒ　white spruce（*Picea glauca*）
アメリカヤマナラシ　trembling aspen（*Populus tremuloides*）
カナダコヨウラク　False-azalea（*Menziesia ferruginea*）
シロバナツツジ　white rhododendron（*Rhododendron albiflorum*）
イワダレゴケ　stair-step moss（*Hylocomium splendens*）
シモフリゴケ　（*Racomitrium lanuginosum*）
ダグラスモミ　Douglas-fir（*Pseudotsuga mensiesii*）
スゲ属　（*Carex*）

アメリカカンバ　white birch（*Betula papyrifera*）
バルサムポプラ　balsam poplar（*Populus balsamifera*）
バッファローベリー　Canada buffaroberry（*Shepherdia canadensis*）
プリッキーローズ　prickly rose（*Rosa acicularis*）
ジュングラス　Junegrass（*Koeleria macrantha*）
ロージープッシトウズ　rosy pussytoes（*Antennaria rosea*）
プレーリースモーク　Prairie smoke（*Geum triflorum*）
ケンタッキーブルーグラス　Kentucky bluegrass（*Poa pratensis*）
ビャクシン属　（*Juniperus*）
ダグラスモミ（沿海型）　coastal Douglas-fir（*P. menziesii var. menziesii*）
ダグラスモミ（内陸型）　interior Douglas-fir（*P. menziesii var. glauca*）
クロトウヒ　black spruce（*Picea mariana*）
キバナチョウノスケソウ　yellow mountain-avens（*D. drummondii*）
チョウノスケソウ属　（*Dryas*）
マキバチョウノスケソウ　entire-leaved mountain-avens（*D. integlifolia*）
ハイイロヤナギ　grey-leaved willow（*Salix glauca*）
ロックウィロー　Rock willow（*Salix vestita*）
ノーザンスウィートヴェッチ Northern Sweet-Vetch（*Hedysarum boreale*）
アカミノウラシマツツジ　alpine bearberry（*Arctostaphylos rubra*）
ゴゼンタチバナ　Bunchberry（*Cornus canadensis*）
グリーニッシュフラワードウィンターグリーン Greenish-flowered wintergreen（*Pyrola chlorantha*）
オオバイチヤクソウ　pink wintergreen（*Pyrola asarifolia*）
アメリカカラマツ　tamarack（*Larix laricina*）
ガマ　cattail（*Typha latifolia*）
カナダミズキ　red-osier dogwood（*Cornus sericea, C. stolonifera*）
チャボカンバ　swamp birch（*Betula pumila*）
シュラビーシンフォイル　shrubby Cinquefoil（*Pentaphylloides floribunda*）
ミズスゲ　water sedge（*Carex aquatilis*）
ゴールデンスターモス　golden star-moss（*Campylium stellatum*）
ダグラスカエデ　Douglas maple（*Acer glabrum*）
バンクスマツ　Jack pine（*Pinus banksiana*）
ヤナギラン　fireweed（*Epilobium angustifolium*）
ヘアリーワイルドライ　hairy wildrye（*Elymus innovatus*）
クマコケモモ　（*Arctostaphyllis uva-ursi*）
クロマメノキ　（*Vaccinium uliginosum*）
ヒロハヤナギラン　（*Epilobium latifolium*）

クッションバックウィート　Cushion buckwheat（*Eriogonum ovalifolium*）
キバナエフデグサ　Western Indian paintbrush（*Castilleja occidentalis*）
カナダノイチゴ　Virginia strawberry（*Fragaria virginiata*）
アメリカミヤマハンノキ　green alder（*Alnus crispa*）
アウンレスブローム　awnless brome（*Bromus inermis*）
フウセンゲンゲ　stalked-pod locoweed（*Oxytropis podocarpa*）
スレンダーウィートグラス　Slender wheatgrass（*Elymus trachycaulus*）
ピンクヘダイセラム　pink hedysarum（*Hedysarum alpinum*）
イエローヘダイセラム　yellow hedysarum（*Hedysarum sulphurescens*）
スギナ　horsetail（*Equisetum arvenese*）
カウパースニップ　cow-parsnip（*Heracleum lanatum*）
アメリカノエンドウ　peavine（*Lathyrus ochroleucus*）
コケモモ　lingonberry（*Vaccinium vitis-ideae*）
ラズベリー　raspberry（*Rubus idaeus*）
アメリカニンジン　wild sarsaparilla（*Aralia nudicaulis*）
ツルコケモモ　bog cranberry（*Vaccinium oxycoccus*）
アメリカネズコ　western red cedar（*Thuja plicata*）
セイヨウタンポポ common dandelion（*Taraxum officinale*）
アカツメクサ　red clover（*Trifolium pratense*）

動物名

マウンテンパインビートル　mountain pine beetle（*Dendroctonus ponderosae*）
ウプテロテゲス・ロストラタス（*Eupterotegaeus rostratus*）
エレマエウス属（*Eremaeus*）
セラトジタス・カナナスキス（*Ceratozetes kananaskis*）
セラトジタス・グラシリス（*Ceratozetes gracilis*）
シェロリベーツ属（*Scheloribates*）
オニチウルス・サブテニュイス（*Onychiurus subtenuis*）
デンドロビナ・オクテドラ（*Dendrobaena octaedra*）
ウグリファ・レヴィス（*Euglypha laevis*）
ウグリファ・ロタンダ（*Euglypha rotunda*）
トライニマ・エンクライス（*Trinema enchelys*）
トライニマ・リニア（*Trinema lineare*）
オオツノヒツジ　bighorn sheep（*Ovis canadensis*）
シロイワヤギ　mouitain goat（*Oreamnos americanus*）
ミュールジカ　mule deer（*Odocoileus hemionus*）
オジロジカ　white-tailed deer（*Odocoileus virginanus*）

ワピチ　elk（*Cervus elaphus*）
ヘラジカ　moose（*Alces alces*）
アメリカグマ　black bear（*Ursus americanus*）
ハイイログマ　grizzly bear（*Ursus arctos*）
コヨーテ　coyote（*Canis latrans*）
シンリンオオカミ　gray wolf（*Canis lupus*）
ピューマ　couger（*Puma concolor*）
テン　fisher（*Martes pennanti*）
ヤマネコ　lynx（*Lynx canadensis*）
クロアナグマ　wolverine（*Gulo gulo*）

菌類名

ベニタケ属（*Russula*）
チチタケ属（*Lactarius*）
リゾスキファス・エリカエ（*Rhizoscyphus ericae*）
メリニオミケス属（*Meliniomyces*）
フィアロケファラ・フォルティーニ（*Phialocephala fortinii*）
クリプトスポリオプシス属（*Cryptosporiopsis sp.*）
マツタケ（*Tricholoma matsutake*）
グロスマニア・クラビジェラ（*Grosmannia clavigera*）
レプトグラフィウム・ロンジクラバタム（*Leptographium longiclavatum*）
オフィオストマ・モンティウム（*Ophiostoma montium*）
ポリポルス・サーシネイタス（*Polyporus circinatus*）
フォームス・ピニ（*Fomes pini*）
チウロコタケモドキ（*Stereum sanguinolentum*）
ペニオフォラ・セプテントリオナリス（*Peniophora septentrionalis*）
エゾノサビイロアナタケ（*Phellinus weirii*）
ペニシリウム・ジャンシネルム（*Penicillium janthinellum*）
フォーマ属（*Phoma*）
クラドスポリウム属（*Cladosporium*）
トリコデルマ属（*Trichoderma*）
ペニシリウム・シリアクム（*Penicillium syriacum*）
クサレケカビ属（*Mortierella*）
サイトスポラ・クリソスペルマ（*Cytospora chrysosperma*）
アクレモニウム・チャルティコラ（*Acremonium charticola*）
ケカビ属（*Mucor*）
ジェラシノスポラ属（*Gelasinospora sp.*）

キリンドロカルポン・デストラクタンス（*Cylindrocarpon destructans*）
トリコデルマ・ポリスポルム　（*Trichoderma polysporum*）
レカニシリウム・レカニ（*Lecanicillium lecanii*）
モルティィエレラ・アルピナ（*Mortierella alpina*）
クラドスポリウム・クラドスポリオイデス（*Cladosporium cladosporioides*）
クリソスポリウム・パノラム（*Chrysosporium pannorum*）
フォーマ・ウピレナ（*Phoma eupyrena*）
ペニシリウム・ステキ　（*Penicillium steckii*）
ペニシリウム・リストリクタム（*Penicillium restrictum*）
シイタケ（*Lentinula edodes*）

大園　享司（おおその　たかし）

京都大学生態学研究センター・准教授。博士（農学）京都大学。
京都大学農学部林学科卒業、同大学院農学研究科修士課程地域環境科学専攻修了、同大学院農学研究科博士後期課程地域環境科学専攻退学。京都大学大学院農学研究科・助手・助教を経て、2008年より現在に至る。

【主な著書・訳書】

大園享司（訳）グラスエンドファイト―その生態と進化（原題：Ecology and Evolution of the Grass-Endophyte Symbiosis, Cheplick G.P. & Faeth S.H.）東海大学出版会、2012.

大園享司・鏡味麻衣子（共編著）微生物の生態学、共立出版、2011.

広瀬大・大園享司（訳）菌類の生物学（原題：Fungal Biology, Understanding the fungal lifestyle, second edition, Lysek G. & Jennings D.H.）京都大学学術出版会、2011.

大園享司（訳）森林生態系の落葉分解と腐植形成（原題：Plant Litter, decomposition, humus formation, carbon sequestration, Berg B. & McClaugherty C.）シュプリンガー・フェアラーク東京、2004.

学術選書

カナディアンロッキー
—山岳生態学のすすめ　学術選書 071

2015年8月25日　初版第1刷発行

著　　者…………大園 享司
発 行 人…………末原 達郎
発 行 所…………京都大学学術出版会
京都市左京区吉田近衛町69
京都大学吉田南構内（〒606-8315）
電話（075）761-6182
FAX（075）761-6190
振替 01000-8-64677
URL http://www.kyoto-up.or.jp

印刷・製本…………㈱太洋社
装　　幀…………鷺草デザイン事務所

ISBN 978-4-87698-871-6
定価はカバーに表示してあります

学術選書［既刊一覧］

＊サブシリーズ「心の宇宙」→心　「諸文明の起源」→諸
「宇宙と物質の神秘に迫る」→宇

001 土とは何だろうか？　久馬一剛
002 子どもの脳を育てる栄養学　中川八郎・葛西奈津子
003 前頭葉の謎を解く　船橋新太郎　心1
005 コミュニティのグループ・ダイナミックス　杉万俊夫 編著　心2
006 古代アンデス 権力の考古学　関 雄二　諸12
007 見えないもので宇宙を観る　小山勝二ほか 編著　宇1
008 地域研究から自分学へ　高谷好一
009 ヴァイキング時代　角谷英則　諸9
010 GADV仮説 生命起源を問い直す　池原健二
011 ヒト 家をつくるサル　榎本知郎
012 古代エジプト 文明社会の形成　高宮いづみ　諸2
013 心理臨床学のコア　山中康裕　心3
014 古代中国 天命と青銅器　小南一郎　諸5
015 恋愛の誕生 12世紀フランス文学散歩　水野 尚
016 古代ギリシア 地中海への展開　周藤芳幸　諸7
018 紙とパルプの科学　山内龍男
019 量子の世界　川合・佐々木・前野ほか編著　宇2
020 乗っ取られた聖書　秦 剛平
021 熱帯林の恵み　渡辺弘之
022 動物たちのゆたかな心　藤田和生　心4
023 シーア派イスラーム 神話と歴史　嶋本隆光
024 旅の地中海 古典文学周航　丹下和彦
025 古代日本 国家形成の考古学　菱田哲郎　諸14
026 人間性はどこから来たか サル学からのアプローチ　西田利貞
027 生物の多様性ってなんだろう？ 生命のジグソーパズル　京都大学総合博物館 京都大学生態学研究センター編
028 心を発見する心の発達　板倉昭二　心5
029 光と色の宇宙　福江 純
030 脳の情報表現を見る　櫻井芳雄　心6
031 アメリカ南部小説を旅する ユードラ・ウェルティを訪ねて　中村紘一
032 究極の森林　梶原幹弘
033 大気と微粒子の話 エアロゾルと地球環境　笠原三紀夫 東野 達 監修
034 脳科学のテーブル　日本神経回路学会監修／外山敬介・甘利俊一・篠本滋編
035 ヒトゲノムマップ　加納 圭
036 中国文明 農業と礼制の考古学　岡村秀典　諸6

037 新・動物の「食」に学ぶ　西田利貞
038 イネの歴史　佐藤洋一郎
039 新編 素粒子の世界を拓く　湯川・朝永から南部・小林・益川へ　佐藤文隆 監修
040 文化の誕生　ヒトが人になる前　杉山幸丸
041 アインシュタインの反乱と量子コンピュータ　佐藤文隆
042 災害社会　川崎一朗
043 ビザンツ　文明の継承と変容　井上浩一　諸8
044 江戸の庭園　将軍から庶民まで　飛田範夫
045 カメムシはなぜ群れる？　離合集散の生態学　藤崎憲治
046 異教徒ローマ人に語る聖書　創世記を読む　秦 剛平
047 古代朝鮮　墳墓にみる国家形成　吉井秀夫　諸13
048 王国の鉄路　タイ鉄道の歴史　柿崎一郎
049 世界単位論　高谷好一
050 書き替えられた聖書　新しいモーセ像を求めて　秦 剛平
051 オアシス農業起源論　古川久雄
052 イスラーム革命の精神　嶋本隆光
053 心理療法論　伊藤良子　心7
054 イスラーム　文明と国家の形成　小杉 泰　諸4
055 聖書と殺戮の歴史　ヨシュアと士師の時代　秦 剛平
056 大坂の庭園　太閤の城と町人文化　飛田範夫
057 歴史と事実　ポストモダンの歴史学批判をこえて　大戸千之
058 神の支配から王の支配へ　ダビデとソロモンの時代　秦 剛平
059 古代マヤ　石器の都市文明［増補版］　青山和夫　諸11
060 天然ゴムの歴史　ヘベア樹の世界一周オデッセイから「交通化社会」へ　こうじや信三
061 わかっているようでわからない数と図形と論理の話　西田吾郎
062 近代社会とは何か　ケンブリッジ学派とスコットランド啓蒙　田中秀夫
063 宇宙と素粒子のなりたち　糸山浩司・横山順一・川合 光・南部陽一郎
064 インダス文明の謎　古代文明神話を見直す　長田俊樹
065 南北分裂王国の誕生　イスラエルとユダ　秦 剛平
066 イスラームの神秘主義　ハーフェズの智慧　嶋本隆光
067 愛国とは何か　ヴェトナム戦争回顧録を読む　ヴォー・グエン・ザップ著・古川久雄訳・解題
068 景観の作法　殺風景の日本　布野修司
069 空白のユダヤ史　エルサレムの再建と民族の危機　秦 剛平
070 ヨーロッパ近代文明の曙　描かれたオランダ黄金世紀　樺山紘一　諸10
071 カナディアンロッキー　山岳生態学のすすめ　大園享司